可可西里地质地貌及其形成演化

李江海　闻　丞　刘持恒　主编

科　学　出　版　社

北　京

内 容 简 介

　　本书从区域地质的角度总结了可可西里地区的地质地貌特征，内容涉及构造特征、沉积地层、岩浆活动、高原夷平面、冰川、冰缘地貌和水系特征。本书将可可西里与整个青藏高原的发展演化相结合，揭示了可可西里的构造演化过程及其在青藏高原新生代隆升阶段的重要意义。在总结可可西里地质地貌特征的基础上，通过与全球遗产地的对比，提取凝练了可可西里地区的地质地貌突出普遍价值，探讨其威胁因素和保护措施。

　　本书可供从事地质学、地貌学、地质遗产的有关研究人员，以及相关专业的研究生、本科生参考使用。

图书在版编目（CIP）数据

可可西里地质地貌及其形成演化/李江海，闻丞，刘持恒主编 .—北京：科学出版社，2017.6
　ISBN 978-7-03-052890-2

　Ⅰ.①可⋯　Ⅱ.①李⋯②闻⋯③刘⋯　Ⅲ.①可可西里−地质演化②可可西里−地貌演化　Ⅳ.①P942.7

中国版本图书馆 CIP 数据核字（2017）第 113224 号

责任编辑：王　运／责任校对：张小霞
责任印制：肖　兴／封面设计：铭轩堂

斜 学 出 版 社 出版
北京东黄城根北街 16 号
邮政编码：100717
http://www.sciencep.com
中国科学院印刷厂 印刷
科学出版社发行　各地新华书店经销
*
2017 年 6 月第 一 版　开本：787×1092　1/16
2017 年 6 月第一次印刷　印张：14 1/4
字数：350 000
定价：178.00 元（含光盘）
（如有印装质量问题，我社负责调换）

作者简介

李江海，1965 年出生于山西省太原市，理学博士，北京大学地球与空间科学学院教授、博士生导师。1982～1992 年在北京大学地质学系学习，先后获得理学学士、硕士和博士学位。1992～1994 年，中国科学院地质研究所博士后。1994 年至今，在北京大学地球与空间科学学院工作，2001 年被聘请为北京大学教授、博士生导师。已发表学术论文 300 余篇，出版专著和图集 8 部。专长于地质学研究和教学，主要研究领域为大地构造学。

闻丞，1981 年出生于云南省个旧市，本科至博士分别就读于北京大学信息科学技术学院和北京大学工学院，博士后至北京大学生命科学学院自然与社会研究中心，从事中国生物多样性分布格局和保护优先区识别研究。现任北京市海淀区山水自然保护中心科学主任。2011 年至今，先后参与环保部"气候变化与生物多样性相互作用指标体系"项目，科技部"十三五"重点研发计划"自然遗产地生态保护与管理技术"项目，以及四川、青海、山西、河北等地的多个世界自然遗产申报与保护规划项目。

刘持恒，1989 年出生于四川省资阳市，北京大学地球与空间科学学院博士研究生，2008～2015 年在成都理工大学地球科学学院和沉积地质研究院学习，先后获得理学学士和理学硕士学位。研究生阶段主要从事沉积学、含油气盆地构造和洋底构造的课题研究。

前　　言

　　位于青藏高原腹地的可可西里，杳无人烟，素有"人类禁区""神秘国土"之称。它是地球上迄今为止人类知之甚少的地区之一，是世界生物、地学研究的重要地区。由于地处青藏高原腹地，地势高亢，气候干寒，自然环境极其恶劣，交通条件十分落后，除南部和东部有零星的牧民外，广大地区至今仍为高寒无人区。

　　可可西里的地质考察历史可以追溯到 1844 年，当时仅有少数的外国地质地理学者和探险家沿着古青藏通道对可可西里地区做过地理踏勘式调查（沙金庚，1995）。20 世纪 50 年代以前，我国乃至世界对于可可西里的自然环境、地质地貌等调查研究极少。直至 50 年代以后，我国各大高校和科研单位开始逐渐对该地区的地质、地理、生态环境等进行调查与研究，先后组织了数十次科学考察，获得了一系列珍贵的原始资料，取得了重要的科学成果，现将历史上可可西里地区考察事件总结为四个阶段，梳理如下。

1. 区域地质预查阶段（20 世纪 70 年代以前）

　　第一阶段主要为 20 世纪 70 年代以前，由于当时的人力、物力及科研水平有限，对于可可西里地区的科学研究多停留在探险或是区域预查层面。

　　1844 年 8 月，法国传教士古伯察（Evariste Régis Huc）和同伴秦噶哗（J. Gabet）从位于现在辽宁西北角建平县的黑水出发，经内蒙古、宁夏、甘肃，于 1845 年年初到达青海。1845 年 11 月 15 日，他从青海湖出发，南经格尔木及玉树的曲麻莱和治多，再经唐古拉山口，最终在 1846 年年初到达拉萨。停留两个月后，被驻藏大臣琦善抓获并上奏清廷，很快被遣送出藏，在清军的押解下回到澳门。古伯察在澳门整理了考察期间所收集的资料，并撰写了回忆录，命名为《鞑靼和西藏游记》。游记主要描述了他从西湾子到拉萨、再从拉萨到四川成都的一段经历。

　　从 1870 年开始，白俄罗斯普尔热瓦尔斯基受军方和皇家地理学会资助，作为俄军总参谋部军官先后四次到中国的内蒙古、青海、新疆、西藏等地探险考察，有很多开拓性的发现，比如新疆的普氏野马、可可西里高原上的普氏原羚。

　　1893 年 6 月下旬，法国探险家李默德与吕推从新疆于阗县南下入藏，同年冬天在藏北被遣回，第二年 2 月被迫进入现在的玉树藏族自治州界。吕推在称多拉布寺附近的囹不大（现玉树县仲达乡）被杀，但是李默德带回了惊人的地质学和考古学标本，以及照片、地图等资料，在巴黎出版了三大卷本《高地亚洲一次科学考察记》，内附地图——《西藏全图·附西藏印度通道图》，这是李默德根据亲身经历及参考他人成果编绘而成，当时较为全面的有经纬度的全藏地图仅此一份。

　　1919～1935 年，英国外交官台克满他在英国政府资助下作了穿越中亚的长途旅行。并于 1922 年在剑桥大学出版了《一位领事官员在西藏东部的旅行》，详述了他经由三江源地区入藏的路线。

1922～1949 年，美国植物学家和探险家约瑟夫·洛克先后六次到中国探险考察，在美国《国家地理》上发表了大量文章和照片，将多种植物样本带回西方。洛克曾三次在岷山和阿尼玛卿山之间的河谷地带拍摄照片，测绘地形地图，搜集实物标本及文物资料。他业余的测量方法曾出现严重失误，测出阿尼玛卿雪山高 29661 英尺（1 英尺＝30.48cm），比珠穆朗玛峰还要高。直到 20 世纪 70 年代，中国地理学家确定阿尼玛卿雪山海拔仅 6282m（20730 英尺），这一错误才得以纠正。

1951～1953 中国科学院西藏工作队李璞等人在西藏东部、中部和南部作了路线地质调查，编写有《西藏东部地质及矿产调查资料》等，对所及地区的地层进行剖面测量。1954～1959 年先后有地质、石油、中国科学院等系统的人员沿青藏公路沿线及其邻近区域做过一些先导性的地质调查和矿产普查。1967～1969 年，青海省区测队在青海南部开展了 1：200 万精度的地质调查，完成了 1：100 万温泉幅区测报告，此次调查开创了该区区域地质的新研究，结束了可可西里地质的空白历史。

2. 青藏公路沿线小范围地质普查阶段（20 世纪 70 年代）

第二阶段为小范围普查阶段，主要为 20 世纪 70 年代末至 80 年代，该阶段的研究取得了很多成果。70 年代测绘部门完成了该区 1：10 万航测地形图的野外测绘工作，在我国历史上第一次揭示了长江及羌塘东部山水情况及其他自然环境信息。主要研究成果为查明了江源水系，探明了沱沱河源头，重新划分了水系中河流的从属关系，将长江全长定为约 6300km，修正了过去 5800km 的长度，绘制了 1：100 万《青海省水系图》、江源地区 1：10 万航测地形图。该时期的工作为本区自然环境调查研究提供了基本图件。

1974～1975 年中国科学院地质力学研究所等单位组织了水文地质和工程地质方面的野外调查工作，长江流域规划办公室也在 1976 年和 1978 年组织了长江源区的调查工作。与此同时，中国科学院等单位对青藏高原进行了多次综合科学考察，但涉及部分仅限于青藏公路沿线。纵观这些科学调查，主要限于青藏公路沿线及长江河源地区的研究。

3. 综合科考阶段（20 世纪 80～90 年代）

第三阶段为综合考察阶段，主要为 20 世纪 80～90 年代。80 年代初，中法合作喜马拉雅地质考察（1980～1982 年）、中国地质科学院、青海地质科学研究所等单位先后对青藏公路沿线作了比较深入的地质构造研究和深部地球物理探测（Allegre et al.，1984）。亚东—格尔木和格尔木—额济纳旗两条大地电磁测深剖面从西藏亚东到青海格尔木直至中蒙边境，完成了整个青藏高原的跨越，揭示了高原的电性结构特征和岩石圈特征（卢占武等，2006）

1986 年起，青海省地质矿产局在本区开展 1：20 万区域地质矿产调查，填图区域已覆盖了可可西里盆地大部分地区。涉及的图幅有可可西里湖幅、库赛湖幅、不冻泉幅、错仁德加幅和五道梁幅。

1990 年国家科学技术委员会、中国科学院、青海省和国家环保局集资立项，中国科学院和青海省相关部门成立"可可西里综合科学考察队"，先后两次进入可可西里进行实地考察。本阶段首次完成了穿越可可西里腹地的考察任务，发现了昆仑山脉北缘变质程度较深的地层，确定了青藏高原内第三缝合带通过可可西里地区，对特提斯北界的确定具有重要意义（李炳元，1990）。在此基础上，出版了《青海可可西里及邻区地质概论》和相应的地质图说明书《青海可可西里及邻区地质概论1：50万青海可可西里及邻区地质图说明书》（张以茀和郑健康，1994）、《青海可可西里地区地质演化》（张以茀和郑祥身，1996）、《青海可可西里地区古生物》（沙金庚等，1995）、《青海可可西里地区自然环境》（李炳元等，1996）、《青海可可西里地区生物与人体高山生理》（武素功和冯祚建，1997）等一系列成果，对本区的地貌、气候、湖泊、冰川、冻土、植被、土壤等自然环境的各要素及其系统取得了较全面的认识，填补了青藏高原研究上最大的空白区。

1994～1997年，成都地质学院（现成都理工大学）和成都地质矿产研究所等单位科研人员在藏北、青海可可西里地区开展了1：5万地质填图，对可可西里盆地新生代地层特征和横向变化有了全新的认识，使该地区地质研究更加完善，其中包括通过磁性地层的测量，对该区地层年龄进行了重新厘定（刘志飞等，2001）。

1997年中国石油天然气总公司勘探局成立了新区油气勘探事业部青藏油气勘探项目经理部，组织成都理工大学对可可西里盆地开展"可可西里盆地路线地质调查"的石油地质调查工作。该工程完成了约500km长的石油地质路线调查并提交研究成果报告，初步查明了可可西里盆地烃源岩、储层和盖层的层位、厚度、品质、分布等基本石油地质特征（姜琳，2009）。五道梁群的生烃指标偏高，说明其原始丰度较高。但是由于可可西里盆地为非持续性沉降盆地，层位较高，生油岩层暴露地表较多，因此石油保存条件较差，其寒冷的条件和还原性的水体环境使得油气多以生物气形式保存于冻土中。

作为亚洲水塔，可可西里长江源区的科学研究从20世纪90年代后开始兴起，以气候变化、水文响应、生态环境演化以及冰川冻土等方面的研究为主（王得祥等，2004）。1998年，邵玉红和张海玲等（1998）采用长江源的沱沱河和黄河源的玛多气象站资料，分析了三地太阳辐射、日照、气温、降水、湿度、风等诸多气象要素的时间变化规律，进而揭示了江河源地的基本气候特征。同年，汪青春和周陆生（1998）分析比较了长江源与黄河源近40年气温、降水的变化，结果表明两地总体呈变暖趋势，后者增温趋势大于前者，且长江源年降水量呈减少趋势，而黄河源年降水量呈增加趋势。

4. 专项系统科研阶段（21世纪初至今）

第四阶段为21世纪初至今，对于可可西里的研究进入了系统的专题研究，该阶段对于可可西里的科学研究更加系统全面。多年积累的观测、实测数据为可可西里地区的河流、湖泊、冰川变化提供了充足的资料，对于可可西里地区乃至整个青藏高原的隆升过程、气候变化都进入了详细的研究阶段。

2000～2002年，成都理工大学科研人员在可可西里地区乌兰乌拉湖区域开展的1：25万区域地质调查中，对研究区新生代地层进行了系统的野外观察、采样、测试和综合分析，获取了丰富的岩石学、地球化学等资料（周恳恳，2007）。在自然科学基金"青藏高原可可西里地区新生代气候记录"和国土资源部专项基金课题"高原新生代磨拉石沉积于典型盆地对比研究"的项目支持下，科研人员提出了青藏高原从中部向南北两侧依次隆升的模型（Wang et al.，2008）。

2005～2007 年，在中国科学院丁林研究员的组织下完成了对可可西里大规模的科学考察。此次科考对青藏高原的隆升、青藏高原中央山脉的形成演化进行了考察与研究，积累了大量关于岩石、地质构造、宇宙同位素、地质矿产、植物、湖泊、冰川等的原始数据。这些珍贵资料对研究青藏高原地质演化、生态环境演变提供了直接可靠的证据。

2010～2012 年，成都理工大学受中国地质科学院矿产资源研究所委托，进行了"可可西里盆地新生代钾盐资源远景调查评价"项目，完成约 147km 长的地质调查和 17km 长的剖面测制工作并提交研究成果报告，初步预测可可西里盆地的含盐部位和盐类发育状态，探讨成盐聚钾次级盐盆的有利区块，提出钾盐找矿的方向；对可能存在钾盐矿体的部位进行钻探工程验证，作出藏北地区新生代钾盐成矿远景评价（吴驰华，2014）。

随着 2014 年 11 月青海可可西里申报世界自然遗产工作的正式启动，亟须出版一本能够反映可可西里自然保护区及其周边地质地貌特征、地史演化过程以及自然遗产价值的专著，以向广大读者展示可可西里地区气势磅礴的高原自然美景以及独一无二的地学遗产价值。以此为重要机遇，北京大学地球与空间科学学院李江海课题组和生命科学学院闻丞课题组组织相关人员编写《可可西里地质地貌及其形成演化》一书。

课题组李江海、闻丞、刘持恒、范庆凯等人于 2015 年和 2016 年多次参与深入可可西里腹地的野外地质科学考察活动，为本书编写积累了大量一手素材。国内外相关领域发表的大量文献，研究区的卫星遥感照片和网络上可可西里地区的相关资料也为本书编写提供了丰富的资料。

本书立足于表述藏北可可西里地区地质地貌特征及形成演化。通过引证大量的遥感影像图片，对可可西里地区高原冰川、高原湖泊、高原河流和高原夷平面等地貌特征进行详细描述，表现可可西里地区高山宽谷的地貌特征。在前人的研究基础上，该书通过遥感、地球物理以及实地考察，对研究区构造组合、断裂样式等进行构造分析。可可西里地区地表出露的西金乌兰—蛇形沟、冈齐曲和巴音查乌马的蛇绿混杂岩带清晰地记录了中生代以来可可西里地区从古特提斯洋闭合到抬升造山的海陆变迁过程。大帽山、可考湖东、大坎顶、五雪峰等处的中新世火山遗迹、布喀达坂峰—库赛湖—昆仑山口全新世活动断裂带、昆仑山口西 8.1 级地震遗迹等地质特征说明了青藏高原自中新世至今持续向北扩张的过程。可可西里新生代以来的沉积盆地完整地记录了青藏高原隆升在藏北的沉积响应。可可西里区内丰富的地貌类型形成的独特自然景观与地质遗迹所代表的地球重要演化过程和阶段组成了其重要的自然遗产价值。

本书共 8 章，李江海、闻丞、刘持恒为主编。第 1 章为青藏高原地质地貌概述，主要介绍青藏高原地貌气候特征以及区域地质概况，由王洪浩、范庆凯、张红伟和崔鑫编写；第 2 章为可可西里地貌特征，主要介绍可可西里地貌区划以及高原夷平面地貌、第四纪冰川、冰缘地貌和高原水系等，由刘持恒、张红伟和范庆凯编写；第 3 章为可可西里区域地质特征，主要介绍可可西里大地构造单元划分、地层与化石特征、构造样式与变形作用、蛇绿岩混杂带和岩浆活动等，由刘持恒、范庆凯和贠晓瑞编写；第 4 章为可可西里区域大地构造演化，主要介绍可可西里构造演化阶段和构造-热事件，由刘持恒编写；第 5 章为可可西里新生代演化与青藏高原隆升过程，主要介绍青藏高原隆升过程及可可西里新生代演化与青藏高原隆升关系，由崔鑫、刘持恒和王洪浩编写；第 6 章为可可西里地质地貌的突出普遍价值，主要介绍可可西里地质地貌的遗产价值及完整性，由许丽、王辉和张红伟编写；第 7 章为可可西里地质地貌价值对比，主要介绍国内外世界遗产地与可可西里自然保护区地质地貌价值对比，由王辉和张红伟编写；第 8 章为威胁因素及其保护管理，主要介绍可可西里地区的自然灾害及人为活动威胁，还包括管理保护措施，由许丽、王辉和张红伟编写。书中附图主要由许丽、张红伟完成，同时吴桐雯、马雨轩也参与著作编写的部分工作。本书基础研究材料及编写思路由李江海完成，统稿工作由李江海、刘持恒负责。

在著作编写过程中，住房和城乡建设部、青海省政府、青海省住房和城乡建设厅等单位的领导给予了关怀与帮助，在此表示衷心的感谢！特别感谢吕植、姚宽一、姚天玮、康学林、左小平、何露、刘红纯、贾建中、布琼等专家和领导。本书封面照片由布琼先生提供。

由于编者水平有限，书中缺点和错误在所难免，恳请读者批评指正！

编　者
2016 年 10 月

目　　录

第1章 青藏高原地质地貌概述

1.1 青藏高原地貌、气候特征

1.1.1 青藏高原地貌特征

青藏高原是一系列巨大山系和辽阔高原面的组合体（崔之久等，2001），由于在高原形成过程中受到内外动力的作用，高原面发生了不同程度的变形。青藏高原及其四周发育一系列巨大的高山山脉，根据山脉走向大体可分为东西向山脉和南北向山脉。东西向山脉占据了青藏高原的大部分地区，从北到南有阿尔金山—祁连山、昆仑山、巴颜喀拉山、喀喇昆仑山、唐古拉山、冈底斯山、念青唐古拉山和喜马拉雅山（邵兆刚等，2009）。这些山脉除祁连山海拔为4500～5500m外，其余山脉主要山峰海拔都在6000m以上；南北向山脉分布于高原东南部的横断山地区，自西向东有伯舒拉岭、他念他翁山、宁静山、大雪山和龙门山—夹金山—大凉山。东西向和南北向两组山脉成为青藏高原地区的地貌骨架，控制着高原地区地貌的基本格局。

在东西向和南北向山脉之间，还有许多次一级的山脉、高原、宽谷和盆地。包括的高原和盆地如下（张继承，2008）：青海省南部的青南高原，范围包括昆仑山以南的广大地区。可可西里大部分地区都位于青南高原内，区内湖泊众多，有大面积的沼泽分布，长江、黄河、澜沧江等均发源于此，故有"江河源"之称；以丘状高原及山原地貌为主的川西北高原，西部又细分为康巴高原，东为阿坝高原。青南高原东部和川西北高原成为青藏高原一个较湿润的地区，是高寒草甸的重要分布区；青藏高原的主体羌塘高原，包括冈底斯山、念青唐古拉山以北、以西的广大地区，境内气候干寒，以碱湖或盐湖为主的湖泊众多，河流短小。盆地主要有柴达木盆地、青海湖盆地、藏南高山湖盆及河湟谷地（韩海辉，2009）。

青藏高原地势高亢，地面平均海拔超过4km，为全球之最（图1.1）。青藏高原大区地貌组合特征是由一系列近5500～6500m的大起伏和极大起伏的高山、极高山组成的巨大山系与高原盆地、谷地构成的山系–盆地系统。高原内部以5000m左右的平原、台地、丘陵和小起伏高山为主，地貌起伏和缓，夷平面广泛分布并保存较完整；湖泊广布，以其为中心形成封闭水系；多年冻土发育，融冻作用盛行，冰缘夷平作用使地面起伏更趋缓和。高原边缘，河流分割下切，地形起伏增大，高原与其外围低地之间出现2500～5000m高差，形成起伏高度达2500m以上的极大起伏高山、极高山，河流干流谷地多为深切峡谷，溯源侵蚀未及之地则为宽谷，河谷内出现地面侵蚀回春形成的典型成层地貌。边缘山地谷地的地面破碎、山坡陡峭，崩塌、滑坡和泥石流等重力过程频繁（李炳元等，2013）。

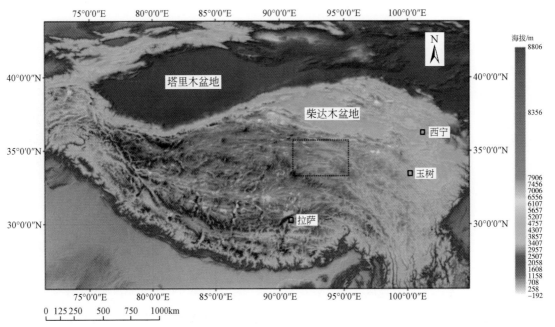

图 1.1　青藏高原地貌图（黑框为可可西里地区）

地形数据来源于中国科学院计算机网络信息中心国际科学数据镜像网站 SRTMDEM 90M，
http：//www.gscloud.cn

1. 水系特征

青藏高原水系（图 1.2）发育，是中国乃至东亚地区大江大河的发源地，该地区孕育了黄河、长江、恒河、湄公河、印度河、萨尔温江和伊洛瓦底江七条亚洲的重要河流，因此被称为"亚洲水塔"（关志华，2006），大型河流对青藏高原的侵蚀作用在青藏高原地貌的塑造过程中起了十分重要的作用。青藏高原河流分布主要受到气候和地形的影响，除青藏高原东南部外，河流补给主要依靠高大山脉的冰川和积雪。

从水系的空间特征上看，青藏高原的北部为内陆盆地水系，高原的东、西和南部为外流水系（图 1.2），外流水系在高原的东部所占面积最大（马耀明，2014）。青藏高原的抬升在长时间尺度和大空间尺度上影响了河流地貌发育过程，这种独特影响在高原边缘尤为强烈。青藏高原大幅度抬升使得高原边缘形成众多的深切峡谷，形成了高原边缘最显著的地貌特征。在内外营力共同作用下，青藏高原上在中国境内发育了 6 条著名的外流河，从北往南依次是黄河、雅砻江、金沙江、澜沧江、怒江和雅鲁藏布江（图 1.2）。这 6 条河流均发源于海拔 4500m 以上的高原内部山脉（冰川、雪山或沼泽），流经约 1000km 以后穿越高原边缘，总落差都大于 3000m，形成巨大的水力坡降（李志威等，2016）。内流区划分为河西走廊、塔里木盆地、柴达木—青海湖盆地、羌塘、玛旁雍错 5 个内流分区（朱大岗等，2007）。青藏高原的河流具有如下特点：①发源于冰川雪山；②河网水系发达；③大尺度河流形态受高原抬升和地质构造控制；④高原边缘的基岩河床比降大，下切速率

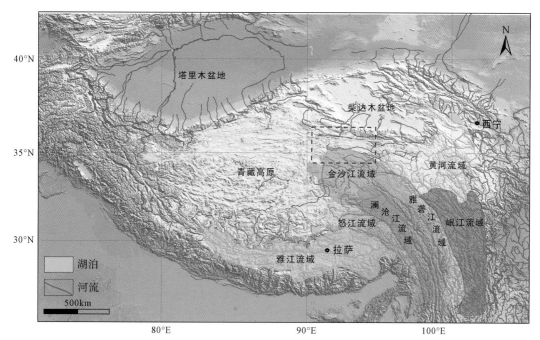

图 1.2　青藏高原水系分布图（黑框为可可西里地区，水系分布参考李志威等，2016）
地形数据来源于中国科学院计算机网络信息中心国际科学数据镜像网站 SRTMDEM 90M，
http://www.gscloud.cn

高；⑤冲积河型与形态具有多样性；⑥以卵砾石河床为主；⑦气候变化对径流影响强；⑧现阶段无大规模人类活动扰动（李志威等，2016）。

青藏高原是地球上海拔最高、湖泊数量最多、湖泊面积最大的高原湖群区，湖泊成因类型复杂多样（万玮等，2014）。青藏高原上湖泊形成主要受新构造运动控制，部分湖泊是由冰川侵蚀造成的洼地、冰碛物或滑坡体堆积堵塞的河谷所形成。受新构造运动控制的构造湖因受到不同方向的构造带控制，在高原内部形成了纵横交错的湖泊格局；而冰川湖多分布在高原边缘海拔较高的高山冰川和古冰川活动区；堰塞湖主要分布在海拔相对较低的藏东南高山峡谷和地形切割强烈地区（韩海辉，2009）。

青藏高原湖泊与河流的关系密切，在外流区多数湖泊都分布在河道中，属外流湖；在内流区湖泊都是内流河的尾闾和汇水中心，多数湖泊为内陆湖（朱大岗等，2007）。在空间分布方面，青藏高原的湖泊分布并不均匀，有 72.4% 的湖泊集中在西部地区，该区湖泊分布的密集程度远远大于其他地区；在湖泊面积方面，青藏地区较大湖泊主要有青海湖和分布在西藏中部地区的大型湖泊，藏北高原西北角和东北角分布有较多的中型湖泊，而青藏高原的小型湖泊分布极为广泛。青藏高原内的湖泊大多为面积不足 100km² 的小型湖泊（占高原湖泊总数的 81.5%），面积大于 500km² 的大型湖泊有 13 个，其中面积最大的是青海湖；在海拔方面，有 65.9% 的湖泊分布在海拔 4500～5000m 的范围内，海拔最高的湖泊是森里错，湖面海拔为 5393m（董斯扬等，2014）。

2. 第四纪冰川

青藏高原是世界上中低纬地区最大的现代冰川分布区，寒区旱区科学数据中心（2014）中国第二次冰川编目数据集统计的青藏高原现代冰川共计 36793 条，冰川面积 49873.44km²，冰川冰储量 4561.3857km³，分别占我国冰川总数的 79.4%、84.0% 和 81.6%，是世界上中低纬度地区最大的现代冰川分布区（刘宗香等，2000）。其中，可可西里发育现代冰川 255 条，面积 750.7km²，冰储量 816.489 亿 m³。

青藏高原现代冰川主要有：喜马拉雅现代冰川、昆仑山现代冰川、喀喇昆仑山现代冰川、横断山现代冰川、唐古拉山现代冰川、冈底斯山现代冰川、羌塘高原现代冰川和祁连山现代冰川等（图 1.3），其数量和规模占冰川总数的一半以上（蒲健辰，2004）。由于气候和地形要素的不同组合，除念青唐古拉山和冈底斯山外，山脉北坡冰川在数量和规模上均大于南坡。

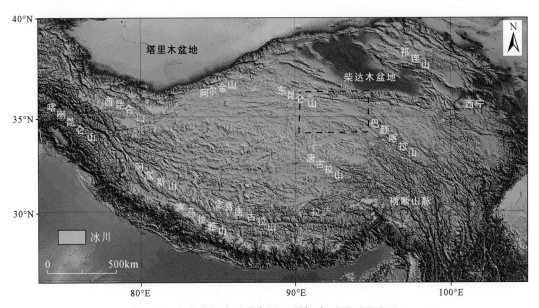

图 1.3　青藏高原冰川分布图（黑框为可可西里地区）
地形数据来源于中国科学院计算机网络信息中心国际科学数据镜像网站 SRTMDEM 90M；
冰川数据来源于国家科技基础条件平台—国家地球系统科学数据共享平台—冰川冻土科学数据

青藏高原冰川的地貌形态大体可分为两种，即分别由冰川侵蚀作用和冰川沉积作用形成的地貌形态。冰川侵蚀是指冰川在运动过程中通过磨蚀、拔蚀、挤压等动力对冰川地形进行的塑造。冰川侵蚀地貌主要包括冰斗和冰川谷。冰川沉积是指由冰川沉积下来的，分选性和磨圆度都很差，呈次棱角状，未经后期扰动的沉积。最常见的是分布在冰川两侧和末端的侧碛垄和终碛垄。多种地貌形态相互交错、叠加，广泛分布于青藏高原的冰川中，构成了极为复杂的山地冰川地貌（祁洁，2015）。可可西里冰川主要集中在区内北部的布喀达坂峰和马兰山等高大山峰（图 1.3）。

青藏高原现代冰川折合成淡水约有 39228×10⁸m³，是青藏高原地表径流总量的 10.8 倍，是巨大的优质淡水资源（表 1.1）。初步计算，每年可提供冰川融水 504×10⁸m³。青藏高原冰川水资源在各大水系的分布上不均匀，海洋性冰川区冰川融水径流模数远大于大陆性冰川区（王宁练，2013）。

表 1.1 青藏高原各大山脉冰川水资源统计（刘宗香等，2000）

山脉名称	冰川储量		折合水量		冰川融水流量	
	km³	%	亿 m³	%	亿 m³	%
祁连山	93.4962	2.1	804.068	2.1	11.32	2.7
昆仑山	1282.9279	28.2	11033.180	82.62	61.87	12.3
阿尔金山	15.8402	0.3	136.225	0.3	1.39	0.3
唐古拉山	183.8761	4.0	1581.334	4.0	17.59	3.5
羌塘高原	162.1640	3.6	1394.610	3.6	9.29	1.8
喀喇昆仑山	686.2967	15.0	5902.152	15.0	38.47	7.6
横断山	97.1203	2.1	835.235	2.1	49.94	9.9
帕米尔	248.4596	5.4	2136.753	5.4	15.35	3.0
冈底斯山	81.0793	1.8	697.282	1.8	9.41	1.8
念青唐古拉山	1001.5806	22.0	8613.593	22.0	213.27	42.3
喜马拉雅山	708.5448	15.5	6093.485	15.5	76.6	15.2
合计	4561.3857	100	39227.917	100	504.49	100

进入 20 世纪以来，随着全球气候的明显波动和 80 年代以来的快速增温，青藏高原气候也发生着显著的变化，高原冰川则表现为一系列的进退变化（蒲健辰等，2004）。GIS 结合遥感分析发现，自 1966 年以来昆仑山东段的冰川面积减少了 17%，而昆仑山西段自 1970 年以来只减少了 0.3%，昆仑山中部的冰川变化幅度介于两者之间。近 30 年来，青藏高原中部地区冰川处于相对稳定状态，但也呈现出退缩的发展趋势，例如，长江源区的冰川面积减少了 1.7%，喜马雅山北坡的冰川萎缩较为显著，近 20 年有大量小冰川已经消失（张云红等，2011）。从图 1.4 可以看出，青藏高原边缘喜马拉雅山脉地区冰川消融最快，从青藏高原东南缘往高原内陆消融减慢，而羌塘高原、阿尔金山脉、昆仑山脉直到帕米尔高原东部，冰川变化几乎处于平衡状态甚至是有所积累（叶庆华等，2016）。

3. 冻土、冰缘地貌

青藏高原的多年冻土面积约 150 万 km²，占全国冻土面积的 70%（图 1.5），实测厚度 10~175m，计算最大厚度可达 700m，冻土层年均地温为−4~0℃（陈多福等，2005），是中国面积最大、最集中，也是世界上中低纬地区分布范围最广的多年冻土区。青藏高原现存的多年冻土层主体是晚更新世末次冰期形成的（周幼吾，2000）。多年冻土厚度大，温度低，稳定性强，呈大面积连续分布，同时纬度变化也有显著规律，多年冻土层下限的分布随纬度的降低而逐步升高，呈不连续的岛状分布。除多年冻土外，青藏高原上的季节性冻土，主要分布在海拔相对较低的地区，这些地区的冻土随季节变化而出现交替冻结、融化，从而形成一系列的融冻地貌（潘卫东，2002）。

青藏高原多年冻土分布主要受垂直海拔和纬度地带性的制约，纬度每升高 1°，地温降

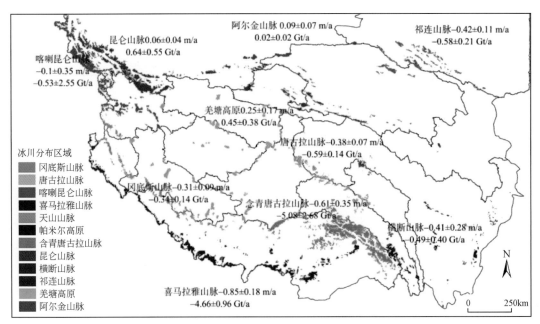

图 1.4 青藏高原 2003~2009 年各山系冰川变化（叶庆华等，2016）

低 1℃ 左右，冻土厚度约增大 20~30m；海拔每升高 100m，地温下降 0.8~0.9℃，冻土厚度增加 20m 左右（韩海辉，2009）。除此之外，多年冻土分布还受到坡向、植被、雪盖、地质构造和地下水等区域因素的强烈影响。青藏高原多年冻土在平面上大致分为 4 个区域，即阿尔金山—祁连山高山多年冻土区、羌塘高原大片连续多年冻土区、青南山原和东部高山岛状多年冻土区以及念青唐古拉山和喜马拉雅山高山岛状多年冻土区（赵尚民，2007）。其中羌塘高原大片连续多年冻土区是青藏高原多年冻土的主体，具体分布如图 1.5 所示。可可西里位于青藏高原永久性冻土和季节性冻土的过渡区，东部主要是季节性冻土，西部以永久性冻土为主，最大厚度达 400m。冰川和冻土是巨大的固体水库。目前青藏高原冻土的形成机制主要有两个：一是由地下水冻结过程中分凝而形成的内成冰；二是由地表水、大气降水形成的冰川冰、湖冰、泉冰、河冰经埋藏的外成冰（李树德，1991）。

　　青藏高原广泛的多年冻土分布，使冰缘地貌成为重要的地貌类型之一（赵尚明，2004）。青藏高原急剧隆起，导致高原面由温暖、半干旱的草原环境逐渐变化为严寒干旱的冰缘环境（王绍令，1989）。根据研究发现本区有 50 种以上的冰缘现象：在东昆仑山发现有厚 40m 的中更新世冰碛层和早更新世洪积物，这些松散物质在冰融作用下，顺北坡的宽浅沟谷蠕动而下，形成了十六条石冰川；在昆仑山—唐古拉山之间，特别是在风火山黏性土区，有大量平行地表的透镜状和层状地下冰，最大厚度达 5m 左右，顶部距地表 1.5~2m 左右，基本上与冻土上限一致。由于埋藏浅易受温度变化影响，因此地下冰融化处岸坡的块体错落和崩塌，从而形成热融滑塌体；除此之外还有冰丘、成层岩屑、成型地面等冰缘类型。

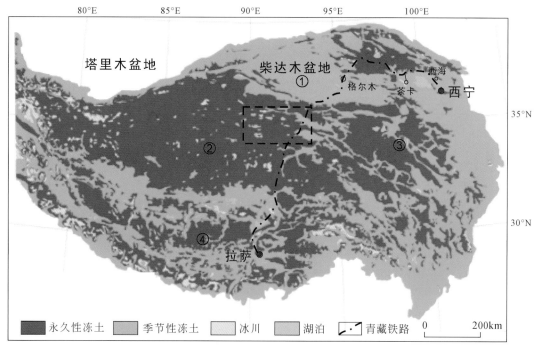

图 1.5　青藏高原冻土分布图

（图片来自寒区旱区科学数据中心 2014 年数据；数据范围：中国境内；黑框为可可西里地区）
①阿尔金山−祁连山高山多年冻土区；②羌塘高原大片连续多年冻土区；③青南山原和东部高山岛状多年冻土区；
④念青唐古拉山和喜马拉雅山高山岛状多年冻土区。可可西里位于青藏高原永久性冻土和季节性冻土的过渡
区，东部主要是季节性冻土，西部主要是永久性冻土，最厚处厚度达 400m（韩海辉，2009）

1.1.2　青藏高原气温及降水特征

　　青藏高原的年平均气温比其周围地区要低，约为 1.37℃，这是高原气候的主要特征
（图 1.6）。气温的分布与高原的地形分布关系密切，气温最低的区域在青海南部高原，以
及西藏北部，祁连山区域是另外一个低值区，年平均气温在−3 ~ 6℃之间（张丁玲，
2013）；其次是羌塘高原、喜马拉雅山和帕米尔高原东南侧，年平均气温在 0 ~ 3℃之间
（杜军，2014）。

　　高原相对暖的地区在柴达木盆地、青海东部、高原东南角和雅鲁藏布江下游及河谷地
带，其中柴达木盆地几乎被 0 度等温线包围，是一个闭合的暖中心，这应该是由地形造成
的（张丁玲，2014），年平均气温在 0 ~ 5℃之间；青海东部区域的年平均气温和柴达木盆
地相近。东边缘区域略高，高原东部和雅鲁藏布江区域气温相对最高。年平均气温在 0 ~
15℃之间（叶笃正，2011），这是因为这两个区域受季风影响比较大，海拔相对较低（张
丁玲，2014）。

　　张丁玲（2013）通过统计分析 1901 年到 2011 年整体青藏高原四个季节的气温变化趋
势和年平均的变化趋势，认为高原呈现增温的趋势，冬季气温振幅最大，其次是春季和秋

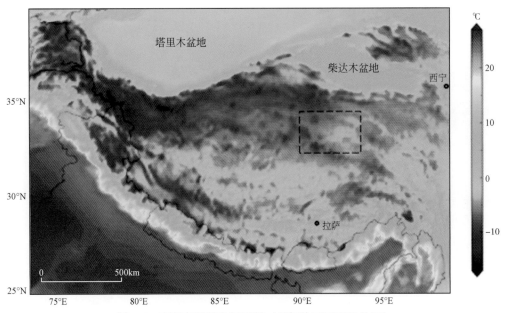

图 1.6　青藏高原平均气温图（黑框为可可西里地区）

平均气温来自 NCAR 2001～2012 年统计数据，http://www.ncl.ucar.edu/Applications/wrf.shtml。青藏高原
的年平均气温较低，为 1.37℃；气温最低的区域在青海南部高原，以及西藏北部；相对暖的地区在
柴达木盆地、青海东部、高原东南角和雅鲁藏布江下游及河谷地带

季，夏季振幅最小；增温速率也是冬季最大，约 1.2℃/100a，春季、秋季和夏季则分别为
0.9℃/100a、0.6℃/100a、0.4℃/100a，冬季增温约是夏季的 3 倍（张丁玲，2013）。

　　青藏高原的降水量主要受暖湿西南季风支配，年平均降水量总的趋势是从南部多雨区
向西北递减的规律（韩海辉，2009）（图 1.7）。喜马拉雅山南段迎风坡、雅鲁藏布江河谷
地带以及怒江下游流域以西，是青藏高原最为湿润多雨的地区，年平均相对湿度达 70% 左
右，降水量一般在 800～1000mm 以上；而年平均降水量最少的区域位于柴达木盆地以及
靠近塔克拉玛干沙漠的高原北边缘，降水量一般小于 100mm（韦志刚等，2003）。可见，
青藏高原各地降水量相差悬殊，最大降水量地区的降水量与最小降水量地区的降水量相差
200～250 倍（韩海辉，2009）。可可西里位于青藏高原降水量的过渡带，由东南向西北逐
渐减少，年均降水量在 173～495mm 之间。降水主要集中在 5～9 月份，占年降水量的
90% 以上。

　　青藏高原另一降水特征为在同一纬度处高原主体中部偏西区域（约 80°～88°E）的降
水量要比中部偏东区域（约 88°～98°E）的降水量大，形成这种分布最可能的影响因子就
是地形，当外来水汽到达高原南部，由于雅鲁藏布江河谷地带海拔相对比较低，这样使得
水汽更容易沿着大峡谷进入高原腹地，使得处于同一纬度的区域的降水量明显大于高原东
部。同样，在高原东南部边缘，越靠东南边缘降水量越大，这也是水汽遇到高原阻挡绕行
的结果（张丁玲，2014）。

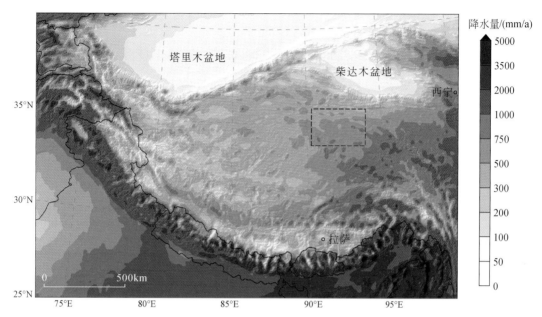

图 1.7　青藏高原年平均降水量分布图（黑框为可可西里地区）

平均降水量来自 NCAR 2001～2012 年统计数据 http：//www.ncl.ucar.edu/Applications/wrf.shtml。青藏高原年平均降水量总的趋势是从南部多雨区向西北逐渐递减；平均降水量最多的区域位于喜马拉雅山南段迎风坡、雅鲁藏布江河谷地带以及怒江下游流域以西，降水量一般在 800～1000mm 以上；年平均降水量最少的区域位于柴达木盆地以及靠近塔克拉玛干沙漠的高原北边缘，降水量一般小于 100mm；可可西里位于青藏高原降水量的过渡带，由东南向西北逐渐减少，年均降水量在 173～495mm 之间

1.1.3　青藏高原对季风环流系统的影响

　　青藏高原对于西风的影响表现在当冬季西风带移到青藏高原时，受到高原的阻碍，4500m 以上的西风从高原上空东流，4500m 以下的被高原分为南北两支。北支在高原西北部为西南气流，绕过新疆北部转为西北气流，气流线呈反气旋性弯曲，而南支在高原西南部为西北气流，到高原东南部转为西南气流，气流线呈气旋性弯曲，南北两支气流绕过高原后支，在高原以东长江中下游地区汇合东流，由于受到高原的分流，西风带在我国范围向南扩大，还使冬季风在我国向南扩展得很远（图 1.8）。可可西里地区由于受高空强劲西风动量下传的影响，成为整个青藏高原和全国风速主值区之一，年均风速分布由东南、东北向腹地及西部逐渐增大，等值线基本呈"喇叭口形"，风速为 8.0～3.5m/s。由于气候特别严寒，人类无法长期居住，所以大部分地区至今仍是无人区。

　　青藏高原的存在使冷空气受到高原地形的阻挡和挤压，向我国东部地区倾泻到更南的纬度。高原东侧的西南地区，地处高原西风带的背风位置，风速小，天气气候别具一格。在夏季，由于西风带北移，南支西风消失，北支西风控制的范围较小，为西南季风进入我国提供了条件，使夏季风迅速向北推进，同时南支西风急流的消失，又是冬夏季风交替的一个重要因素。从以上情况来看，青藏高原是我国季风气候显著的一个控制因素。

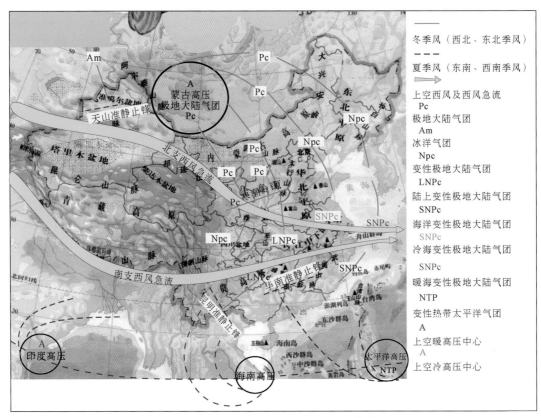

图 1.8　青藏高原隆升对季风的影响（据赵福岳等修改，2012）

　　青藏高原对南北向气流的影响表现在：在冬季，南下的冷空气遇到高原的阻碍，南下的路径偏东，使东部地区冬季风更为猛烈；在夏季，西南季风受到高原的阻挡，不能深入北上，只能绕过高原，在它的东南边缘进入我国西南、华南、华中和华东地区，加强了这些地方的降水。高原北侧又不易受到南来的暖湿气流影响，有利于冷空气堆积，进一步加强蒙古高压的势力，进而产生对我国东部地区的强寒流影响。高原阻挡海洋湿润气流进入我国西北盆地，形成少雨的燥热天气，使我国新疆极端干旱，成为少雨区和无流区。

　　青藏高原的隆升改变了西风和印度季风的流向，同时在青藏高原区域内形成了独特的大气环流系统。中国科学院青藏高原研究所姚檀栋研究员通过对青藏高原24个站点（19个 TNIP 站点和5个 GNIP 站点）长达10年的降水氧稳定同位素观测分析，建立了一个目前最完整的青藏高原降水氧稳定同位素数据库。利用这一数据库研究了降水氧稳定同位素的时空分布模式及其与气温、降水量的相关性，从而将青藏高原降水氧稳定同位素分为三个不同的模态，即印度季风模态、西风模态和过渡模态（Yao et al.，2009）。印度季风模态表现为降水氧稳定同位素在春季达到最高值，自5月开始迅速减小，8月达到最低值。西风模态表现为降水氧稳定同位素与气温和降水量具有相同的季节变化模式，即夏季高值，冬季低值，其降水氧稳定同位素与气温呈显著正相关关系。过渡模态表现为降水氧稳定同位素没有明显的冬季或者夏季的极值，其与气温和降水量的关系也较其他两个区域复杂（图 1.9）。研究发现，当西风区和季风区受单一主导大气过程控制时，温度效应更显著。

图 1.9　青藏高原上 $\delta^{18}O$ 影响降雨的主要过程示意图（据 Yao et al.，2009）

　　青藏高原的隆升对亚洲季风的形成无疑具有巨大影响。但是，把亚洲季风完全归因于青藏高原的隆升，这是不合理的。古近纪广阔的干旱带（包括膏盐沉积）从西藏一直延伸到长江中下游，因此不存在亚洲季风已是不争的事实。究其原因，不仅是因为当时还没有高大的青藏高原，还在于亚洲西部古地中海还有很大海域，欧洲与亚洲隔着一个海峡而被孤立。亚洲东部和南部的边缘海尚未开裂，因此海陆对立不强，难于引发深入内陆的季风现象。渐新世中国东南部显著变湿润，东南季风已经出现，但其原因并非青藏高原隆升，更可能是亚洲中部地中海收缩、欧洲与亚洲连接形成超级大陆的结果。中新世的开始是和喜马拉雅山的隆起同时发生的，人们有理由把西南季风的开始与高原隆升联系起来。但是，临夏盆地的孢粉记录表明，除了 22～17Ma 确实有森林代替草原，表明气候变湿外，8.5～4Ma 出现一个 3000 万年以来最干旱的时期，而在 6Ma 前后近百万年森林植被又再度出现。如果变湿代表季风，凸显高原的影响，那么变干并非季风消逝的表现。这种气候的忽干忽湿也要与高原隆升或下降相对应，显然是于理不通的（李吉均，1999）。

1.2　青藏高原区域地质概述

1.2.1　青藏高原地球物理场特征及岩石圈结构

　　青藏高原的地球物理特征基本上划分为西、中、东三个区域（Wang et al.，2002；滕吉文，1996；许志琴，2011a），其东、西两侧的重力场、地磁场、地震活动、深部介质与结构和其物质组成的属性均存在着显著差异（Kumar and Alice，2009；Shin et al.，2015），表征出分区的深层过程和动力学响应。

1. 重力异常

青藏高原以高负值布格重力异常为特征（卢占武，2006）。整个高原重力场呈四周高中间低的态势（Shin et al.，2015）。布格重力异常场总体呈东西和北西西向展布，呈现一个形状略似纺锤形的不对称封闭异常。异常形态复杂多变，但具有明显的规律性。边缘负异常值小，内部值大。形成了一个不对称的"重力盆地"，可可西里研究区正位于其中（图1.10）。

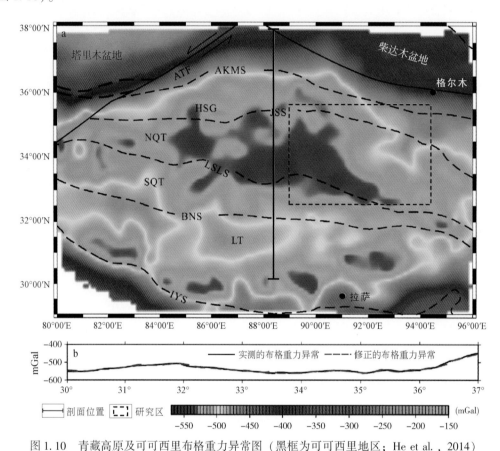

图1.10　青藏高原及可可西里布格重力异常图（黑框为可可西里地区；He et al.，2014）

a. 青藏高原布格重力异常平面分布图；b. 青藏高原布格重力异常剖面图（剖面位置见图a）。

IYS. 印度河—雅鲁藏布江缝合带；BNS. 班公湖—怒江缝合带；LSLS. 龙木错—双湖缝合带；JSS. 金沙江缝合带；AKMS. 阿尼玛卿—昆仑—木孜塔格缝合带；ATF. 阿尔金走滑断裂；KLF. 昆仑走滑断裂；LT. 拉萨地体；SQT. 南羌塘地体；NQT. 北羌塘地体；HSG. 可可西里—松潘—甘孜地体

整个高原内绝大部分地区的布格重力异常在$-400×10^{-5}$ m/s^{2}以上。中部大部分地区布格重力异常为$-550×10^{-5}$ ~ $-500×10^{-5}$ m/s^2，向周边地区异常值递增（郑洪伟等，2010），形成布格重力异常高梯度带。这些明显的高梯度带可大致勾画出青藏高原的边界。由于区域布格重力场与地形呈宏观的镜像关系，其反映了莫霍面的深度变化，即地壳厚度的变化（郭良辉等，2012）。青藏高原地壳厚度平均在60~70km内变化，明显高于邻区的地壳厚度（平均变化范围在35~45km）（张燕等，2013），因此青藏高原与高原外围形成明显的布格重力异常梯度带。

可可西里及邻区存在多个走向呈北西向的封闭的布格重力异常等值线圈。向南直到金沙江缝合带，也同样存在上述的封闭状的等值线圈，规模较小，形态零乱，等值线更加稀疏。这是由于可可西里地区位于藏北，由于印度板块持续向北挤压造成了深部层间剪切带的向北传递，深部热流沿构造通道上升，使得该区地壳厚度增大，从而导致该区的布格重力呈现负异常。

青藏高原剩余重力异常具有"东西分区，南北分带"的特征（张燕等，2013，图1.11），其内部多条重力高值异常带分别对应雅鲁藏布江、班公湖—怒江、乌兰乌拉—北澜沧江、甘孜—理塘等缝合带，其间的岛弧和弧后盆地则表现为明显的重力低值带，显示现今青藏高原具有多块体拼合的特点（Tapponier，2001）。其中，班公湖—怒江缝合带表现为高原内部最重要的重力高异常带，在不同深度层次的重力场中将高原重力场分为截然不同的南北两大区块。对于青藏高原内部的多条重力异常带成因可分为两种：一种是由于地壳均衡作用使缝合带区域的地壳变厚，产生重力异常值；另一种则是由于缝合带地壳内分布有大量低密度地质体，如壳源花岗岩等，从而形成重力异常（郭良辉等，2012）。

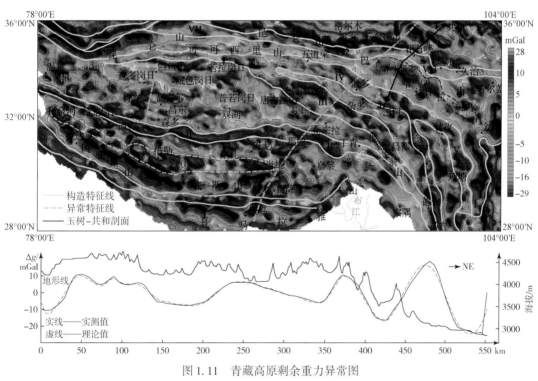

图 1.11　青藏高原剩余重力异常图

（据张燕等，2013 修改，青藏高原内部资料据 1：100 万区域重力数据与部分 1：20 万重力数据）

Ⅰ. 雅鲁藏布江缝合带；Ⅱ. 班公湖—怒江缝合带；Ⅲ. 乌兰乌拉—北澜沧江缝合带；Ⅳ. 西金乌兰—金沙江—哀牢山缝合带；Ⅴ. 甘孜—理塘缝合带；Ⅵ1. 木孜塔格—西大滩缝合带；Ⅵ2. 布尔汗布达缝合带；Ⅵ3. 布青山—玛沁缝合带；①狮泉河—申扎—嘉黎缝合带；②鄂陵湖—达日凸起

2. 航磁异常

青藏高原磁异常具有明显的南北分带特征（Hemant and Maus，2005；Kumar and Alice，2009）。在南部喜马拉雅山北坡地区，为平静的负异常；向北在冈底斯山、念青唐古拉山一带为近东西走向，强度较大、梯度剧烈变化的正负磁异常带；羌塘地区为北东走向和东西走向局部磁异常组成的块体；在青藏高原中西部呈近东西走向，西南部和东部为弧状，东南部为近南北走向，与构造走向一致（许志琴等，2011b）。

通过匹配滤波得到的区域异常场特征（贺日政等，2007）和向上延拓方法得到的不同上延高度异常场特征（熊盛青等，2001）一致显示，在青藏高原中部存在一个区域性的北北东向负异常带（图 1.12）。穿过青藏高原中西部的地震波形数据显示在青藏高原 20km 向下直至下地壳存在一个近南北向的低速带（Shapiro et al.，2004），P 波层析成像结果显示青藏高原羌塘地体北部下有一个来自地幔的低速异常体（Zhou et al.，2005；郑洪伟，2006），其顶部为藏北钾质火山岩广泛分布区域，该低速体的位置可与北北东向航磁负异常位置对比，深部地幔的热异常物质沿着北北东向向上流动，形成了北北东向的热围陷异常带，使得青藏高原中部岩石圈内部的磁性矿物发生了热消磁作用。因此，形成了区域性的北北东向航磁负异常带（贺日政等，2007）。

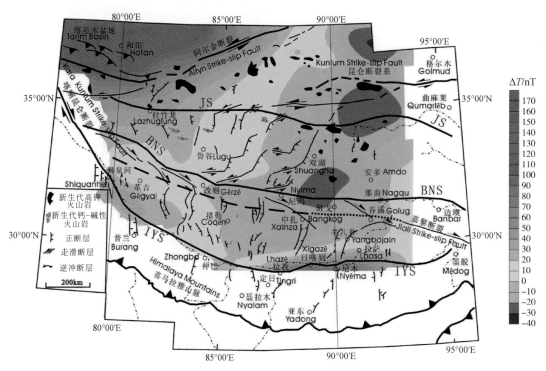

图 1.12　青藏高原磁异常图（贺日政等，2007）

可可西里地区为强度很弱、梯度极为平静的近东西走向磁异常带。造成这种现象的原因主要是印度板块持续向北挤压，初期的挤压造成了各地块南北向缩短而东西向拉长，而当这种挤压使南北方向无法进一步缩短时，会造成深部沿北北西方向的张裂或形成深部层间剪切带，深部热流沿构造通道沿北北东向上升，引起局部岩浆熔融，使上地壳下部具有较高的地温，导致磁性层底部消磁作用从而形成低异常带（周伏红和姚正煦，2002）。

3. 地震活动

青藏高原腹地、周边和不同构造部位的地震活动存在很大差别（袁学诚等，2006），然而不论是震源深浅还是震级大小，它们的分布特征亦千差万别（图1.13）。这反映出它们受控要素的差异和各自的动力学响应特征。

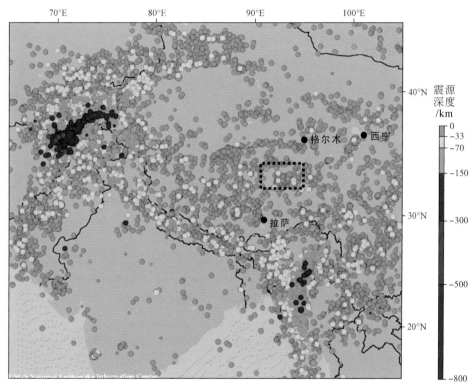

图 1.13　青藏高原自 2001 年以来 $M_s \geqslant 6.0$ 地震分布图（邓起东等，2014；黑框为可可西里地区位置）

青藏高原最早的 7.0 级地震记录是公元前 186 年武都东北、公元 143 年和 180 年的甘肃陇西和高台西地震，但至公元 160 年实际上只有少数 7.0 级地震记载。而且，直到 1900 年以前历史上记载的 7.0 级地震绝大多数都发生在青藏高原的北部和东部边界构造带，也有一些大地震发生在喜马拉雅造山带南缘构造带上。因此，就整个青藏高原来说，即使是 7.0 级地震的记载也是很不平衡的。所以，在分析高原大地震的时序特征时，选取 1900 年以来的 7.0 级及以上地震，因为这一段时期以来，全球已开始有地震仪器记录，对高原大地震的记载已经比较完整了（邓起东等，2014）。

喜马拉雅构造带是一条强烈的地震活动带，沿该构造带发生过多次 8.0 级及 8.0 级以上的大地震，自东向西有：1950 年我国察隅 8.6 级地震、1897 年印度阿萨姆邦 8.7 级地震、1934 年尼泊尔比哈尔邦 8.1 级地震、1833 年尼泊尔加德满都北部 8.0 级地震、1505 年尼泊尔格尔纳利河 8.2 级地震、1803 年印度库马翁 8.1 级地震和 1905 年印度坎格拉 8.0

级地震（M_w = 7.8），以及 1669 年巴基斯坦拉瓦尔品第 8.0 级地震等。

喜马拉雅东西构造结及其影响区也是 7.0 级以上地震频发的地区，如东构造结影响区内滇西南地区的 1976 年龙陵 7.4 级和 7.3 级地震、1988 年澜沧—耿马 7.2 级和 7.4 级地震，以及缅甸 2011 年 7.0 级地震。在西构造结影响的帕米尔地区，1974 年和 1985 年在帕米尔前缘断裂上曾发生喀什西 7.3 级和乌恰 7.1 级地震，塔什库尔干断陷盆地内 1895 年发生过 7.0 级地震。这些地震均发生在晚第四纪活动断裂带上，有的发育相应规模的同震破裂带，如 1985 年乌恰地震逆断层型地表破裂带国内部分长度大于 15km，1895 年塔什库尔干地震正断层型破裂带长约 30km（冯先岳，1994；李文巧等，2011）。

青藏高原北部边界构造带西起西昆仑北缘和阿尔金断裂带，向东经祁连山山前和河西走廊至海原和天景山断裂，全长 2600km 以上，宽度达 50～100km，均为左旋走滑断裂（图 1.14），其中段北西西向的祁连山北缘和河西走廊断陷带的走向与印度板块向北的挤压方向有较大交角，因而具有较大的挤压分量，其左旋水平滑动速率和缩短速率均为 2mm/a 左右（国家地震局地质研究所，1993）。

青藏高原以发育浅源地震为主，中源地震主要分布在兴都库什和印缅山区，在喜马拉雅造山带中麓地带仅有几个中源地震带，与其东、西两侧呈现出明显差异，例如 2004 年 12 月 26 日发生在苏门答腊的 9.0 级地震、2005 年印尼苏门答腊 8.1 级地震、2007 年 9 月 12 日苏门答腊 8.5 级地震和 9 月 13 日苏门答腊 8.3 级地震等（陈立军，2013）。

90°E 附近及其以东地区的地震分布表明：这里有震源深度 150km 和 170km 的地震和震级 M_s ≥6.7 级的地震。在高原 90°±20°E 以西地带，170km 深处的地震和 M_s ≥6.7 级的地震均非常少，而在 90°±20°E 范围内强烈地震却异常活动，且呈现出带状展布特征，高原内部 170km 深处的地震主要分布在亚当—安多—工布江达—丁青地带，在 90°±20°E 界带的东部和西部不论是震级，还是震源深度均存在着较大差异，表明高原腹地深部物质与能量的交换及其深层动力过程在深度上和强度上均存在显著差异。从宏观角度去审视 90°±20°E 地带的强烈地震或大地震的孕育、发生和发展，则可发现沿 90°±20°E 在高原内部腹地向北、向南延伸出国境，一系列的 8.0 级以上地震均发生在这一区带内。

4. 速度场及应变强度

青藏高原现今水平运动的空间差异性主要反映在运动强度和运动方式的差异性。青藏高原与华南地块、鄂尔多斯地块和阿拉善地块交界地带水平运动速率较小，高原内部运动速率增大，反映青藏高原强烈活动与周边相对稳定地块活动的差异。如柴达木-祁连山地区 GPS 速度矢量由高原内部的 15～20mm/a 减小到高原边界地带的 5～10mm/a，地壳缩短明显（葛伟鹏等，2013）；汶川震前龙门山断裂带发震构造附近 GPS 站点水平运动速率只有巴颜喀拉地块内部 GPS 站点水平运动速率的 1/3～1/2，2008 年汶川 8.0 级特大地震就发生在巴颜喀拉地块向东运动受华南地块阻挡而长期挤压积累应变的背景下（江在森等，2009）。

通过以欧亚大陆为固定参照系测定的 GPS 速度场（图 1.15，据 Zhang et al.，2008）及其反映的陆内构造位移和应变强度显示，在环青藏高原盆山体系西段，从塔里木盆地南缘的西昆仑山到北缘的天山再到准噶尔北缘的阿尔泰山，近南北方向的速度矢量显示高原隆升—扩张过程中从南向北的位移消减，应变的传播在一定程度上波及准噶尔盆地北缘

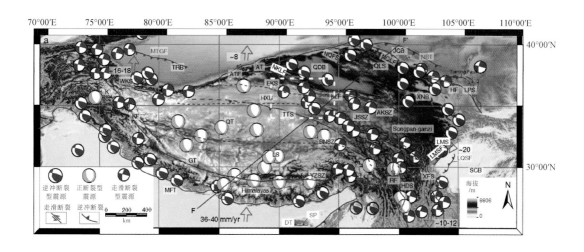

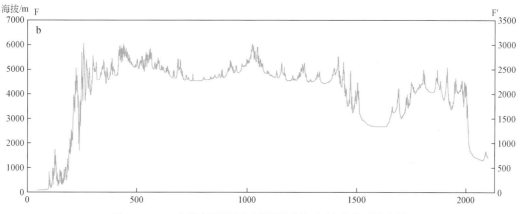

图 1.14　a. 青藏高原及邻区震源机制解与构造单元叠合图；
b. 青藏高原南西—北东向地形剖面（Wang et al.，2014）

（图 1.15）；在环青藏高原盆山体系中段，从柴达木盆地到阿拉善地区，速度场近北东方向，夹持在其间的阿尔金山—祁连山已受到高原向北增生的影响（Bendick et al.，2000），应变强度沿造山带边缘显示为一个弧形边界带，强烈的高原增生导致柴达木盆地卷入到青藏高原的造山过程中；在环青藏高原盆山体系东段，从四川盆地到鄂尔多斯盆地，速度场显示近南东方向，高原隆升—推挤的应变强烈地收敛于这两个克拉通盆地西侧，并显示南北向的应变梯度带（Kreemer et al.，2000）。由西向东，青藏高原 GPS 速度矢量由南北向逐渐发生顺时针偏转至东段近南东向，并形成了以羌塘地块北部（玛尼—玉树—鲜水河断裂）和祁连山中部为中心的两个地壳物质向东流动带。青藏高原的向东挤出实际上是地壳物质在印度板块推挤和周边刚性地块阻挡下围绕东构造结发生的顺时针旋转（张培震等，2002）。

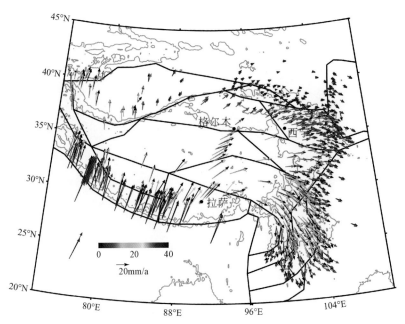

图 1.15　青藏高原 GPS 速度场分布图

相对于欧亚板块，黑色箭头为模型速度，彩色箭头为观测速度，据 Meade，2007；
GPS 速度场据 Zhang et al.，2007；Wang and Zhang，2002

5. 岩石圈结构特征

青藏高原区域内 100km 深度范围的岩石圈结构表现为（许志琴等，2001；Klemperer，2011）高速体和低速体相间分布。昆北—柴达木地体由低速体组成，昆南地体由高速体组成，巴颜喀拉—松甘地体西段由高速体组成，东段较复杂，其北部和南部由低速体，中部由高速体物质组成，羌塘地体由低速体组成（图 1.16）。

Hirn 等（1984）和熊绍柏（1993）认为青藏高原南部西藏的莫霍面具有南北变化特征：高原南缘和北缘莫霍面深度相对较浅，向高原内部加深，并且在主要缝合带两侧均有不同程度的错断。对高原整体而言，高原地壳厚度是一个两边薄，内部厚，中心又变薄的倒凹透镜形状。

青藏高原主体部分地壳厚度为 71～75km，在主缝合带附近和藏南萨马达附近可达75～78km。喜马拉雅山系及高原北部地区地壳较薄，可小于 65km。雅鲁藏布江缝合带南侧地壳厚 62～64km，北侧的拉萨地块超过 70km，莫霍界面错距 6～8km。在班公湖—怒江缝合带两侧，莫霍面错距达 10km，北侧羌塘地体厚 65～70km，南侧的拉萨地体厚 75～78km，形成一个莫霍界面深槽。

可可西里地区地壳厚度变化比较平缓，平均厚度为 72km 左右，在唐古拉山地区相对较厚，可达到 74km。可可西里地区深 20～60km 处存在与新生代火山作用有成因联系的大型低速异常体（许志琴等，2001），这主要由于在印度板块持续北向俯冲作用下，亚洲板块岩石圈前缘发生拆离，进而在新近纪藏北高原广泛地发生了钾质和高钾质的火山喷发，导致藏北火山岩区下上地幔整体上处于密度亏损状态（刘国成等，2013）。

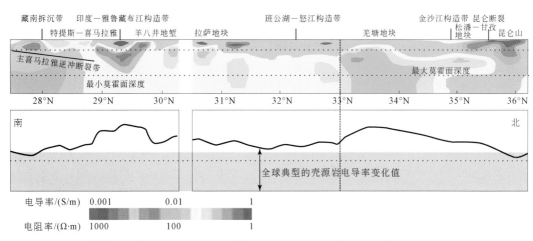

图 1.16　青藏高原近南北向岩石圈电性剖面及可可西里地区纳木错—沱沱河—格尔木—嘉峪关
断面地壳速度结构图（王有学等，2002；Klemperer，2011）

1.2.2　青藏高原大地构造单元

　　青藏高原位于中国大陆西部的冈瓦纳大陆与欧亚大陆交汇处，涵盖东特提斯构造域主体和冈瓦纳与欧亚大陆碰撞拼合的关键部位。自古特提斯洋消亡后，北部劳亚大陆、泛华夏陆块西缘和南部冈瓦纳大陆北缘不断弧后扩张、裂离，又相互对接、镶嵌（Cook et al.，2008；Wang et al.，2013；Li et al.，2015）。青藏高原由多条规模不等、东西走向的弧–弧、弧–陆碰撞结合带和其间的岛弧或陆块拼贴而成（许志琴，2011）（图 1.17）。

　　对于青藏高原的板块划分，不同的研究者利用不同方法总结了多种划分与命名方案（滕吉文和张中杰，1996；许志琴等，2006，2011；李才等，2007）。结合前人研究成果（许志琴等，2006；Li et al.，2015），将青藏高原划为喜马拉雅、冈底斯、羌塘、可可西里—巴颜喀拉、秦—祁—昆五大区块及夹在其中的多条缝合带，包括印度斯—雅鲁藏布江、班公湖—怒江、龙木错—双湖、金沙江、南昆仑—阿尼玛卿等多条缝合带（表 1.2）。可可西里地区主要位于夹持在金沙江缝合带和班公湖—怒江缝合带之间的可可西里—巴颜喀拉区块。

表 1.2　青藏高原缝合带与断裂带分布表

缝合带	缝合带时代	断裂带	断裂带性质
北祁连缝合带	早古生代（440～409Ma）	阿尔金断裂	逆冲，左旋走滑
北柴达木缝合带	早古生代（464.6Ma）	龙门山断裂	逆冲，左旋走滑
北阿尔金缝合带	早古生代（479±8.5Ma）	红河断裂	左旋走滑
南阿尔金缝合带	早古生代（481.3±53Ma）	鲜水河—小江断裂	左旋走滑
阿尼玛卿缝合带	晚古生代（336.6±7.1Ma）	喀喇昆仑断裂	右旋走滑

续表

缝合带	缝合带时代	断裂带	断裂带性质
金沙江/哀牢山/松马缝合带	二叠纪（252.5±0.58Ma）	恰曼断裂	右旋走滑
龙木错/澜沧江/昌宁—孟良缝合带	三叠纪（220～214Ma）	实皆断裂	右旋走滑
班公湖—怒江缝合带	白垩纪（116.2±4.1Ma）		
印度斯—雅鲁藏布江缝合带	侏罗纪（154.9±2.0Ma）		

注：缝合带年龄数据分别引自董顺利等，2013；杨经绥等，2008；李海兵等，2007；葛肖虹等，1999；刘银等，2014；李才等，2007；刘维亮等，2013。

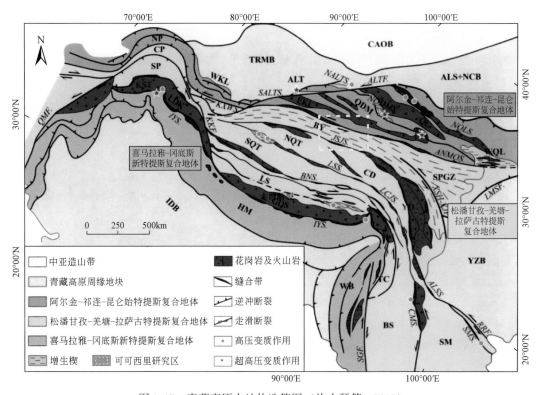

图 1.17　青藏高原大地构造简图（许志琴等，2013）

CAOB. 中亚造山系；TRMB. 塔里木陆块；IDB. 印度陆块；YZB. 扬子陆块；ALS－NCB. 阿拉善—北中国陆块；QL. 祁连地体；QDM. 柴达木地体；WQL. 西秦岭增生楔；EKL. 东昆仑地体；BY/SPGZ. 巴颜喀拉/松潘甘孜地体；NQT/CD/SM. 北羌塘/昌都/思茅地体；SQT/BS. 南羌塘/保山地体；LS. 拉萨地体；GDS. 冈底斯地体；NP. 北帕米尔地体；CP. 中帕米尔地体；SP. 南帕米尔地体；KST/LDK. 科希斯坦—拉达克地体；NQLS. 北祁连缝合带；NQDMS. 北柴达木缝合带；NALTAS. 北阿尔金缝合带；SALTAS. 南阿尔金缝合带；ANMQS. 阿尼玛卿缝合带；JSJ/ALS/SMS. 金沙江/哀牢山/松马缝合带；LSS/LCJ/CMS. 龙木错/澜沧江/昌宁—孟良缝合带；BNS. 班公湖—怒江缝合带；IYS. 印度斯—雅鲁藏布江缝合带；ALTF. 阿尔金断裂；LMSF. 龙门山断裂；RRF. 红河断裂；XSH-XJ. 鲜水河—小江断裂；KKF. 喀喇昆仑断裂；QMF. 恰曼断裂；SGF. 实皆断裂

许志琴等（2006，2011）和潘桂堂等（2006）以印度板块和欧亚板块碰撞事件为界，按照青藏高原周缘地区的拼合碰撞主要时期，将青藏高原分为两大部分：印度/亚洲碰撞前形成的两个复合单元和印度/亚洲碰撞形成的增生—挤出—移置单元。北部为阿尔金—

祁连—昆仑复合单元，包括祁连地体、柴达木地体、东昆仑地体、阿尔金地体和西昆仑地体（许志琴，2006）；中部为松潘—羌塘—拉萨增生单元，包括松潘—甘孜地体、羌塘地体和拉萨地体，可可西里地区就位于松潘—甘孜地体和羌塘地体结合处；南部为喜马拉雅新生代增生单元，包括特提斯—喜马拉雅亚地体和喜马拉雅亚地体（许志琴等，2006）。

青藏高原经历了显生宙以来特提斯洋开启、消减、闭合，最终汇聚碰撞，是自北而南相继拼合而成的碰撞拼贴体。内部发育的多条俯冲碰撞带是宽数千米至数十千米的构造带而非一条狭窄的闭合线，包括俯冲杂岩带和活动陆缘增生带两部分（Wang et al.，2011；张顺，2015）。

俯冲杂岩带通常由蛇绿岩、蛇绿混杂岩、弧前增生带、俯冲剥蚀带及高压—超高压变质带组成（潘桂堂等，2002；Klemperer，2011）。青藏高原内部由南到北存在五条大型缝合带，分别为：雅鲁藏布江缝合带、班公湖—怒江缝合带、金沙江缝合带、昆仑南缘缝合带以及最北部的西昆仑—阿尔金—北祁连缝合带（图 1.18，潘裕生，1994，2010）。除此之外，青藏高原内部还存在龙木错—双湖缝合带、乌兰乌拉—北澜沧江缝合带、木孜塔格—西大滩缝合带、布青山—玛沁缝合带和西金乌兰构造混杂岩带等较小规模的缝合带，这些缝合带密度较大，重力异常上表现为高重力值特点（王永文等，2004；李才等，2007；祁生胜等，2009）。活动陆缘增生带则由火山岛弧岩浆岩带及弧后盆地组成，并经常与 I 型花岗岩伴生（许志琴，2011）。

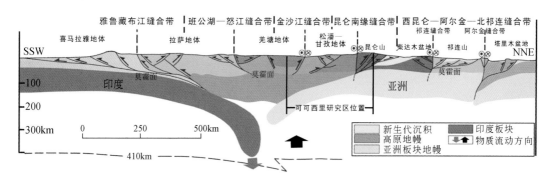

图 1.18　青藏高原南北向断示意面图

据 Tapponnier et al.，2001；Yin，2010；Madanipour et al.，2013 修改

依据前人研究（Tapponnier et al.，1986；许志琴，2006，2011），青藏高原的地体拼合与包括始特提斯洋（新元古代—早-中泥盆世）、古特提斯洋（中石炭世—早三叠世）和新特提斯洋（晚三叠世—晚白垩世）的特提斯洋盆的不断开启与闭合以及印度洋的最终打开（早中新世—现今）有着密切的关系。另外，青藏高原的地体拼合亦与区内碰撞造山作用同时进行（Tapponnier et al.，1986；Peltzer and Crampe，1998）。显生宙以来主要的碰撞造山时限为早古生代、三叠纪、晚侏罗世—早白垩世和新生代（许志琴，2006，2011；王成善，2009）。因此青藏高原巨型碰撞造山拼贴体是长期活动及多期造山作用的结果（潘桂堂，1990）。

可可西里地区位于青藏高原腹地，北部以昆仑南缘断裂为界，南部以唐古拉断裂为界，横跨巴颜喀拉褶皱带西段和羌塘地体的北部，覆盖西金乌兰—金沙江缝合带（图

1.18)。主要构造单元被北面的昆仑南缘缝合带和南面的西金乌兰缝合带分隔为三个构造单元，由北至南分别是东昆仑造山带、可可西里增生楔和北羌塘地体（许志琴等，2006）。

1.3　小　　结

（1）青藏高原地区的地貌格局主要是由东西向和南北向山脉组成，在山脉之间，还有许多次一级的山脉、高原、宽谷和盆地。区内发育中低纬地区面积最大、范围最广的多年冻土区，占中国冻土面积的70%；现代冰川地貌分布广泛，总面积是4.4万 km^2；流水地貌广布，但由于气候和地质条件不同，流水地貌也各不相同。

（2）青藏高原水系发育，从水系的空间特征上看，青藏高原的北部为内陆盆地水系，高原的东、西和南部为外流水系。该地区是地球上海拔最高、湖泊数量最多、湖泊面积最大的高原湖群区，湖泊成因类型复杂多样，主要有构造湖、冰川湖等。在多年冻土区，季节性融化层中水的融化和冻结，发生冻胀丘、热融沉陷等现象，给当地青藏高原铁路的修建造成很大困难。随着气候变暖，冻土在不断退化。

（3）青藏高原地势高峻，具有独特的高寒气候特征：大气干燥，太阳辐射强；气温低，昼夜温差较大（青海东部温差为14℃左右），年变化小；青藏高原年平均气温低，位于藏北高原的可可西里年平均气温在-4℃以下，等温线与等高线相重合，自成一闭合的低温中心，为青藏高原温度最低的地区，也是北半球同纬度气温最低的地区；降水少，地域差异大。高原年降水量自藏东南4000mm以上向柴达木盆地冷湖逐渐减少，冷湖降水量仅17.5mm。青藏高原的形成对该区和东亚气候产生极大影响，使得我国西北部地区变得更加干旱，而且强化了东亚和我国的季风环流形势，使东亚东部成为世界上季风气候最为显著的地区。

（4）青藏高原位于中国大陆西部的冈瓦纳大陆与欧亚大陆交汇处，自北向南分别由阿尔金—祁连—昆仑复合单元、松潘—羌塘—拉萨增生单元和喜马拉雅新生代增生单元组成，并发育雅鲁藏布江、班公湖—怒江、金沙江、昆仑南缘和西昆仑—阿尔金—北祁连等大型缝合带。青藏高原布格重力异常呈四周高、中间低的态势，形成一个不对称的"重力盆地"；磁异常的分布具有明显的南北分布特征，在中西部呈近东西走向，西南部和东部为弧状，东南部为近南北走向，总体与构造走向一致；构造活动强烈。在东南部存在速度场的顺时针旋转，指示青藏高原的向东挤出作用；地震活动频发，并以大破坏性的浅源地震为主；另外，高原南北缘莫霍面深度较浅，向高原内部加深，且在主要缝合带两侧均有不同程度的错断。

第2章 可可西里地貌特征

2.1 可可西里地貌概述及区划

2.1.1 可可西里地貌概述

可可西里位于青藏高原东北部，是青藏高原海拔最高的地区之一，平均海拔在5000m左右。区内地势南北两侧高，中部较低缓（图2.1）。可可西里多条东西向巨大山脉和其间的宽阔河谷构成了可可西里独特的高山宽谷地貌格局（图2.2a），其主要的山脉及山岭自北向南分别为昆仑山脉、可可西里山、风火山、乌兰乌拉山和唐古拉山脉，狭长的山脉之间分布宽阔的河谷，自北向南分布楚玛尔河谷（图2.2b）、勒玛曲河谷、日阿尺曲河谷和沱沱河河谷（图2.2c）。这些河流均为典型的辫状河，河漫滩发育，几乎占据整个河谷（图2.2d、e）。此外，可可西里还是内流水系和外流水系分界的地区（图2.2a），内流水系和外流水系均发源于可可西里地区高大雪山。不同的是，内流水系主要汇入可可西里地区众多低洼地区形成湖泊，外流水系则分别汇入黄河、长江、澜沧江、怒江、雅鲁藏布江、恒河中，并最终向东或向南入海（吴珍汉等，2009）。

1. 昆仑山脉

可可西里北缘的昆仑山脉西起帕米尔高原，全长约2500km，平均海拔5500～6000m，宽130～200km，西窄东宽。昆仑山脉西高东低，可分为西、中、东3段，可可西里北缘为昆仑山脉的东段，东昆仑山海拔在6000m以上的山峰有4座，5000m以上的山峰有8座，平均海拔4500～5000m，积雪主要分布在5800m以上的山峰。布喀达坂峰（又称新青峰或莫诺马哈峰）为东昆仑山最高峰，海拔6674m。东昆仑山向东呈扇形展开，分为3支：北支为祁漫塔格山，其南以牙克库木盆地为界，东延为唐松乌拉山、布尔汗布达山；中支阿尔格山，东延为博卡雷克塔格山、唐格乌拉山与布青山，地形上与阿尼玛卿山相接，可可西里地区位于博卡雷克塔格山南部；南支构成了可可西里地区山脉主体，包括可可西里山、风火山和乌兰乌拉山，向东延伸与巴颜喀拉山相接。

昆仑山口地处东昆仑山中段，格尔木市区南160km处，海拔4772m，是青海、甘肃两省通往西藏的必经之地，也是青藏公路上的一大关隘。昆仑山口地势高耸，群山连绵起伏，雪峰突兀林立，草原草甸广袤。气候寒冷潮湿，空气稀薄，生态环境独特，自然景象壮观。

在昆仑山口东西两侧，分别坐落着海拔6000m以上的玉珠峰（6178m）和玉虚峰（5980m），它们为一对姊妹峰，玉珠峰的两侧耸立着众多5000m以上的高峰，南北坡均有

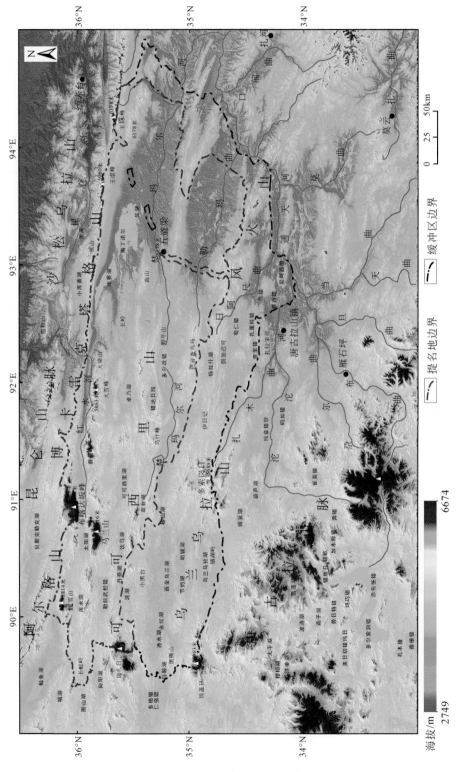

图 2.1　可可西里地貌图(数据来源：地理空间数据云 STRM 90)

图 2.2　可可西里地区的高山与宽谷

a. 可可西里地区高山与宽谷三维地形（数据来源 landsat8，http：//glovis. usgs. gov/）；b. 唐古拉山及沱沱河谷；c. 昆仑山及楚玛尔河谷；d. 沱沱河宽阔的辫状河床；e. 楚玛尔河宽阔的辫状河床；f. 可可西里地区南北向地形剖面（剖面位置见图 a）

现代冰川发育。玉珠峰南坡缓北坡陡，其中南坡冰川末端海拔5100m，而北坡冰川延伸至4400m。此外，位于东昆仑山南支的可可西里山还有岗扎日（6305m）、马兰山（6016m）、巍雪山（5814m）、五雪峰（5805m）、大雪峰（5863m）、乌兰乌拉山的岗盖日（5963m）和多索岗日（5689m）等山峰。东昆仑山南支的可可西里山、风火山和乌兰乌拉山横贯可可西里地区中部，平均海拔在5100～5400m。山地之间为宽阔的宽谷湖盆带，由北至南有楚玛尔河、勒玛曲、日阿尺曲、扎木区和沱沱河，区内还有可可西里湖、西金乌兰湖等众多湖泊镶嵌其中，这些湖盆的海拔在4500～4900m之间。

2. 唐古拉山脉

唐古拉山脉位于可可西里南部，为西藏自治区与青海省的界山，向东南部延伸与横断山脉的云岭和怒山相连。唐古拉山整体海拔较高，平均5600～5700m，多座山峰超过6000m，最高峰格拉丹东峰海拔为6621m。唐古拉山口的海拔虽高达5220m，却因坡缓、高差小而并不显得险要和难以逾越。山峰上发育有小型冰川，是可可西里地区第四纪冰川和现代冰川发育中心之一（图2.1），为长江、澜沧江、怒江等河流的发源地。

2.1.2　可可西里地貌因子分析

以90m分辨率的数字高程模型（STRM-DEM，数据来源于地理空间数据云）为基础，选取可可西里所在的89°～95°E，33°～36.5°N的矩形区域，利用Arcgis空间分析和统计功能对可可西里地区海拔、地形起伏度、坡度等一系列地貌因子进行制图和统计分析，并对可可西里地区进行地貌分区。

可可西里地区最低海拔为2749m，最高为6674m。根据中国陆地地貌三级台阶特征，结合中国1∶100万数字地貌分类系统（李炳元等，2008），全区可划分为中海拔、高海拔和极高海拔三级高程。统计分析表明（表2.1），高海拔地区占据了可可西里绝大部分的区域，达到69.28%；中海拔地区主要分布在可可西里东北部的柴达木盆地地区，仅占1.99%；极高海拔地区主要分布在可可西里北部的昆仑山南缘、南部的唐古拉山地区，在可可西里自然保护区内的可可西里山、乌兰乌拉山也有零星分布。

表2.1　可可西里地区海拔分级统计表

海拔/m	中海拔（2749～3500m）	高海拔（>3500～5000m）	极高海拔（>5000～6642m）
面积/km²	4904.32	170747.70	70453.84
百分比/%	1.99	69.38	28.63

地势起伏度是指某一确定面积内最高点和最低点之高差，是描述区域地表的侵蚀切割程度的指标，被认为是反映构造与地表侵蚀相互作用的基本参数（Montgomery，1994），也是区域地貌对比研究和地貌类型划分的客观依据（李炳元等，2013）。起伏度在一定程度上反映地貌的发育阶段：年青的地貌近期强烈抬升，褶皱或断裂发育的地形有较大的起伏度，老年的地貌经夷平作用后起伏度较小。

通过对90m分辨率的DEM数据选取10×10的栅格（900m×900m）作为地势起伏的统

计单元，编制了该区的地势起伏度图（图 2.3），结合中国 1∶100 万数字地貌制图规范（李炳元等，2008），将可可西里地区地势起伏度划分为湖平面（起伏度 0m）、平原（起伏度<30m）、台地（起伏度 30~70m）、丘陵（起伏度 70~200m）、小起伏山地（起伏度 200~500m）、中起伏山地（起伏度 500~1000m）。

可可西里地区虽然海拔高，但起伏度相对较小，并没有大起伏山地（1000~2500m）和极大起伏山地（>2500m）。除三江源地区外，可可西里大部分地区未受到青藏高原强烈隆升所造成的河流溯源侵蚀，因而区内地势起伏较小，相对海拔仅 300~600m，甚至更小。通过 GIS 平台对不同起伏度进行面积统计可知，丘陵所占的比例最大，为 33.95%，其次为平原，占 26.78%，台地为第三，占 22.77%（表 2.2）。可可西里自然保护区内以平缓、低起伏的湖平面、平原和台地为主（图 2.2b~e），被北北西向丘陵分割。仅北部东昆仑山、南部唐古拉山和东部三江源地区分布小起伏山地。

表 2.2　可可西里地区地势起伏度分类统计表

起伏度/m	湖平面（0）	平原（>0~30）	台地（>30~70）	丘陵（>70~200）	小起伏山地（>200~500）	中起伏山地（>500~1000）
面积/km²	4233	65906.92	56038.12	83552.65	34946.91	1427.41
百分比/%	1.72	26.78	22.77	33.95	14.20	0.58

坡度是地貌实体的重要形态参数之一，代表地面某点的倾斜程度，一般指水平面与局部地表之间夹角的正切值。坡度值大代表倾斜度大，比较陡，多分布于山区、沟谷区；坡度值小代表倾斜度小，比较平缓，多分布于平坦地区（龙恩等，2007）。

根据国际地理学联合会地貌调查与地貌制图委员会关于地貌详图应用的坡度分类规定，将可可西里地区按坡度分为平原（0°~0.5°）、微斜坡（0.5°~2°）、缓斜坡（2°~5°）、斜坡（5°~15°）、陡坡（15°~35°）、峭坡（35°~55°）和垂直壁（55°~90°）。其中，微斜坡、缓斜坡和斜坡所占比例较大，分别为 27.54%、23.91% 和 28.69%（表 2.3）。昆仑山、唐古拉山和三江源地区分布陡坡与峭坡，其他大部分地区地势相对平坦，坡度在 15° 以下（图 2.4）。

表 2.3　可可西里地区坡度分类统计表

坡度/（°）	平原（0~0.5）	微斜坡（>0.5~2）	缓斜坡（>2~5）	斜坡（>5~15）	陡坡（15~35）	峭坡（>35~55）	垂直壁（>55~90）
面积/km²	22207.69	67779.04	58861.17	70615.01	26206.93	434.5812	1.4
百分比/%	9.02	27.54	23.91	28.69	10.65	0.18	0.01

研究区坡度存在两个明显的特征：一是由于高原后期的快速隆升，在北部昆仑山地区和南部唐古拉山地区形成陡坡带；二是以盆缘构造带为物源进行长期"削高补低"的相对夷平作用，使得高原内流盆地底部长期发育湖相沉积，在河流源区则表现出与高原主体相同的平缓地貌特征。坡度变化除了由造山作用引起，还与冰川作用有关。冰缘环境下的坡地一般由两部分组成：上部较陡的基岩坡，坡度可达 40° 以上，由于强烈的寒冻风化和崩塌作用，通常发

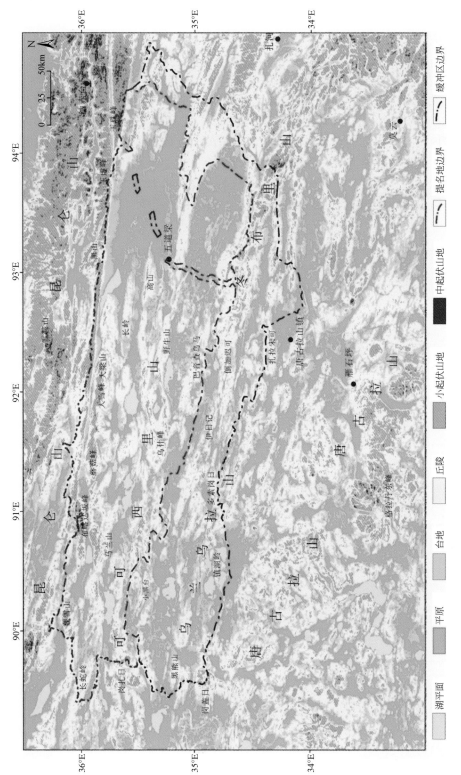

图 2.3　可可西里地区地势起伏度分级图(数据来源：地理空间数据云 STRM 90)

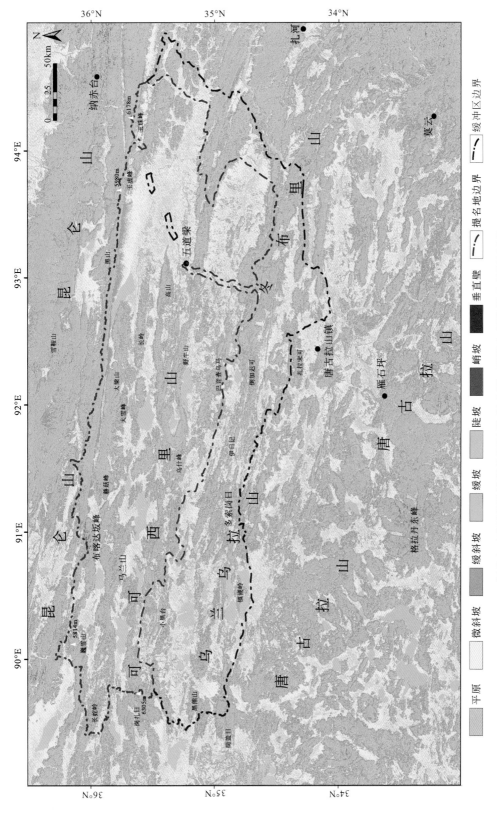

图 2.4　可可西里坡度分级图(数据来源：地理空间数据云 STRM 90)

生平行后退；下部为风化物质组成的缓坡，坡度多在 10°以下（潘保田等，2002）。

2.1.3　可可西里地貌区划及其特征

通过对 90m 分辨率的数字高程模型（STRM-DEM，数据来源于地理空间数据云）提取的高程信息、地势起伏度和坡度，结合野外地貌实地考察，以地球内动力和外动力作用为划分原则（沈玉昌等，1982；李炳元等，2013），将可可西里地区划分为三个地貌区，包括羌塘高原地貌区（Ⅰ）、东昆仑山地地貌区（Ⅱ）、三江源丘状山原地貌区（Ⅲ），作图范围内还包括柴达木高原盆地地貌区（Ⅳ）（图 2.5、图 2.6、图 2.7，表 2.4）。

（1）羌塘高原地貌区（Ⅰ）：该地貌区高山与宽谷相间分布，青藏高原的主夷平面和山顶面占据着该地貌区的主要部分，其形成与古近纪—新近纪青藏高原两期强烈隆升和两次夷平作用有关（Harris，2006）。该地貌区南部有海拔超过 5000m 的唐古拉山，其地貌特征与北部高原-山地具有显著差异。因此，该地貌区在乌兰乌拉湖南—雁石坪一线分为北部的可可西里山原地貌亚区（$Ⅰ_1$）和南部的唐古拉极高山地貌亚区（$Ⅰ_2$）。

其中，可可西里山原地貌亚区（$Ⅰ_1$）是青海可可西里保护区的主要部分，也是最具特色的地貌区域。该地貌区整体表现为高山与高原湖盆相间分布的特征，并且地貌类型多样，主要受区内活动断层影响，形成海拔 5000m 以上的马兰山-大雪峰（$Ⅰ_1^1$）、岗扎日（$Ⅰ_1^2$）、高山-乌什峰（$Ⅰ_1^3$）、多索岗日（$Ⅰ_1^4$）这样的极高山地貌小区（图 2.8），还有分布在极高山之间的可可西里高原湖盆地貌小区（$Ⅰ_1^5$）。这些地貌小区不仅具有台地和平原等基本地貌形态，还存在受断裂活动控制的火山熔岩地貌、高寒地区特有的现代冰川和冰缘冻土，以及流水地貌、湖成地貌和风成地貌。由于自然条件恶劣，人迹罕至，可可西里山原地貌亚区（$Ⅰ_1$）成为原始的生态环境和独特的高原自然景观保存最好的地区。

唐古拉极高山地貌亚区（$Ⅰ_2$）海拔多数超过 5000m，为极高海拔山地，剥蚀作用明显，极高山地区形成冰川地貌和河流源头，冰缘地貌普遍发育（图 2.9）。

（2）东昆仑山地地貌区（Ⅱ）：东昆仑山是一个经历了多期构造活动的复杂造山带（陆松年，2002；刘彬等，2012），同时也是一条巨型的岩浆岩带（莫宣学等，2007），山势走向大致为北西西—南东东，区内地势起伏较大。由于新生代以来青藏高原抬升向北扩展，东昆仑山南北海拔具有明显差异，其南部山脉多为海拔超过 5000m 的极高山，少数山峰超过 6000m，形成冰川地貌（图 2.10）；北部海拔为 3500~5000m，山地间河流作用明显，形成多个山间宽谷，且洪积扇发育。因此根据山地海拔和地表风化作用的差异将东昆仑山地地貌区（Ⅱ）按 5000m 等高线划分为东昆仑南部极高山地貌亚区（$Ⅱ_1$）和东昆仑北部高山地貌亚区（$Ⅱ_2$）。

（3）三江源丘状山原地貌区（Ⅲ）：该区为长江、黄河、澜沧江源头区，以外流水系为主，众多分支河流汇聚形成复杂的水系网，辫状河发育，形成众多河谷。地形受河流侵蚀明显，切割程度中等，大多数地区为丘陵和小起伏的山地（图 2.11），山地都被风化剥蚀为浑圆山丘。

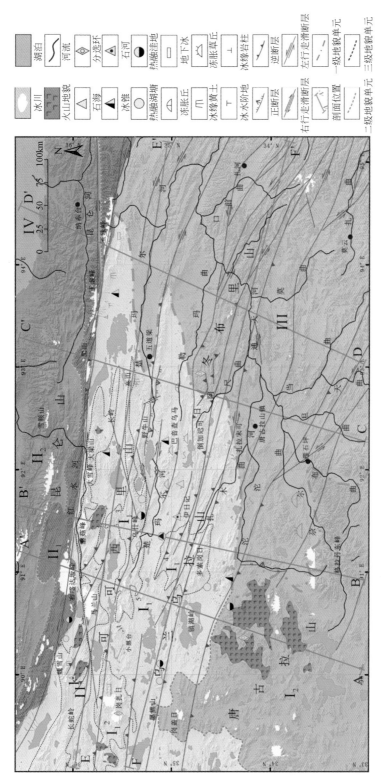

图 2.5　青海可可西里地貌区划及地貌类型分布图

I.羌塘高原地貌区；I₁.可可西里山原地貌亚区；I₁¹.乌兰乌拉-大雪峰极高山地貌亚区；I₁².岗扎日极高山地貌小区；I₁³.高山-垭什峰极高山地貌小区；I₁⁴.多索岗日极高山地貌小区；I₁⁵.可可西里高原湖盆；I₂.唐古拉极高山地貌亚区；II.东昆仑山地貌区；II₁.东昆仑南部极高山地貌亚区；II₂.东昆仑北部高山地貌亚区；III.三江源丘状山原山地貌亚区；IV.柴达木高原盆地地貌

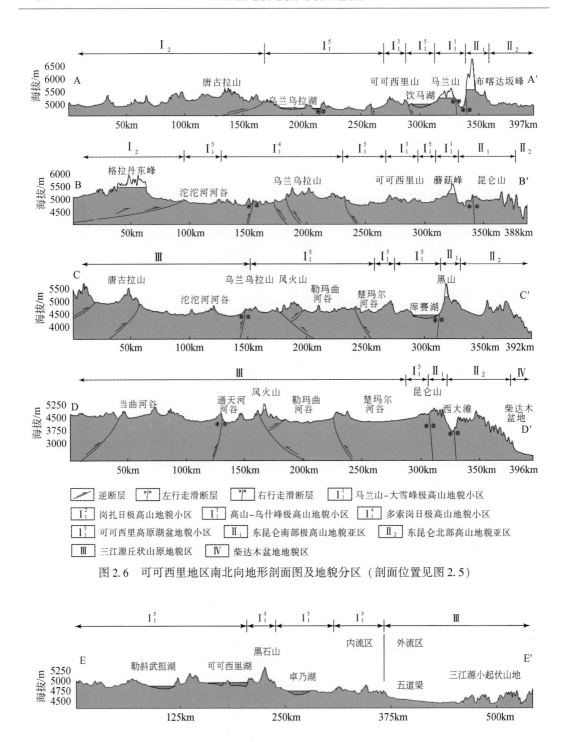

图 2.6　可可西里地区南北向地形剖面图及地貌分区（剖面位置见图 2.5）

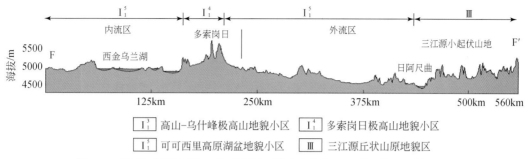

图 2.7　可可西里地区东西向地形剖面图及地貌分区（剖面位置见图 2.5）

图 2.8　可可西里山原地貌区岗扎日极高山与勒斜武担湖高原湖盆（陈志伟，2005）

图 2.9　唐古拉山主峰格拉丹东峰，海拔 6621m，发育冰舌

表 2.4　青海可可西里自然遗产保护区及周缘地貌区划特征

地貌区	地貌亚区	地貌小区	主要地貌类型	地貌特征
羌塘高原（Ⅰ）	可可西里山山原（Ⅰ₁）	马兰山-大雪峰极高山（$Ⅰ_1^1$）	冰川地貌,冰缘地貌,火山地貌,热泉,丘陵,山地,夷平面	该地貌区为可可西里古近系主要沉积区,地形起伏较小(多数地区小于200m),中新世以来青藏高原北部抬升,经过多次夷平作用形成的高原,高海拔台地,普遍发育冰缘地貌;与高原抬升相关的火山作用形成火山地貌;极高山与宽谷相间分布形成高原内极高山区和宽谷地区,极高山地区多形成冰川地貌,宽谷地区受活动断层控制形成构造湖盆
		岗扎日极高山（$Ⅰ_1^2$）	冰川地貌,冰缘地貌,丘陵,山地,夷平面	
		高山-乌什峰极高山（$Ⅰ_1^3$）	冰川地貌,冰缘地貌,丘陵,山地,夷平面	
		多索岗日极高山（$Ⅰ_1^4$）	冰川地貌,冰缘地貌,丘陵,山地,夷平面	
		可可西里高原湖盆（$Ⅰ_1^5$）	冰缘地貌,火山地貌,热泉,湿地,丘陵,小起伏山地,宽阔河谷,高原面,夷平面,高原湖泊,冲积平原	
	唐古拉极高山（Ⅰ₂）		冰川地貌,冰缘地貌,河流源头地貌,高山湖泊	青藏高原隆升在唐古拉山地区向北扩展,羌塘北部形成高海拔极高山地,剥蚀作用明显,高山地区形成冰川地貌和河流源头,冰缘地貌普遍发育
东昆仑山地（Ⅱ）	东昆仑南部极高地（Ⅱ₁）		冰川地貌,冰缘地貌,侵蚀地貌,山地	东昆仑受到青藏高原向北逐渐隆升,构造抬升幅度最大,海拔均超过5000m,在其南部峰海拔达到6000m以上,形成了冰川地貌
	东昆仑北部高山（Ⅱ₂）		山地,山间盆地,洪积洞	东昆仑山北部为高海拔山地,山地间河流作用明显,形成多个山间宽谷,强烈的剥蚀和洪积洞发育
三河源丘状山原（Ⅲ）			河流冲刷地貌,宽阔河谷,小起伏山丘	该区为长江,黄河,澜沧江源头,众多分支河流汇聚形成复杂的水系网,辫状河流发育,形成宽阔河谷。地形受河流侵蚀明显,但切割程度较浅,山地都被风化剥蚀为浑圆山丘
柴达木高原盆地（Ⅳ）			沙漠,戈壁,河流,盐湖,沼泽	具有前南华纪基底的多期叠合盆地,风蚀地貌发育,形成沙漠,戈壁等,多具高盐度湖泊形成盐湖,蒸发盐湖

图 2.10　昆仑山主峰布喀达坂峰（左，海拔 6860m）昆仑山东段玉珠峰（右，海拔 6178m）

图 2.11　风火山地区丘陵（左）和三江源地区小起伏山地（右）

2.2　可可西里高原夷平面

2.2.1　可可西里夷平面特征及研究意义

　　"夷平面"这一概念包括准平原、山麓面及联合山麓面（Adams，1975），是指由剥蚀和夷平作用所产生的，以截面形式横切所有在年龄上先于它的地层和构造的一种平缓地形，是地貌长期发展的终极产物。夷平面理论是地貌学研究的核心，准平原、山麓剥蚀平原和"双层水平面"等只能出现在低海拔地区。因此，用夷平面及其年代测定来讨论地面高度的变化是比较可靠的。可可西里地区大多数地面坡度小于 2°（约 36.56%），是青藏高原主夷平面的一部分（图 2.12）。夷平面在可可西里山和南北两端的昆仑山、唐古拉山山顶均发育。

　　夷平面的认定及其特征主要通过山地地貌形态的分析获得。由于高原上山地顶面考察较困难，因而夷平面主要在野外调查的基础上，利用 1∶100000 航测地形图所示的山丘顶面形态特征分析与制图来研究。根据现代准平原的基本形态分析，夷平面地面的坡度一般小于 2°，边缘地区达 3.5°~4°。鉴于可可西里地区夷平面为经受构造抬升和分割的残留山

图2.12 青海可可西里蘑菇峰脚下夷平面照片（图片自可可西里保护区，右图据谷歌地图解译）

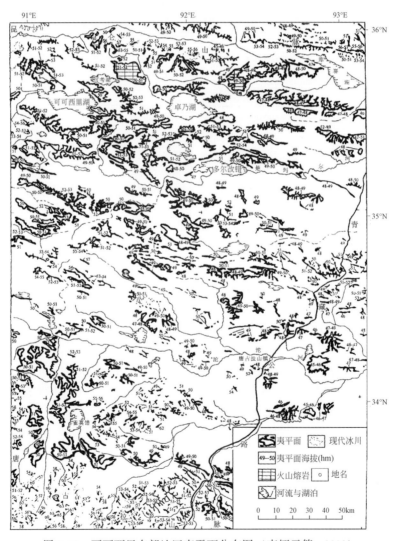

图2.13 可可西里东部地区夷平面分布图（李炳元等，2002）

丘顶面，李炳元等（2002）将可可西里地区夷平面坡度界限定在整个地面坡度一般<2°，边缘地区<8°~9°的准平面，并编制了可可西里地区夷平面分布图（图2.13）。

　　基于李炳元等（2002）编制的可可西里地区夷平面分布图和夷平面海拔测量，可以看出可可西里地区存在两级明显的夷平面，分别为山顶面（Ⅰ级面）和主夷平面（Ⅱ级面），可与青藏高原两期夷平面相对比。青藏高原山顶面在可可西里地区主要分布在其北面的昆仑山和南面的唐古拉山的残留山顶面（图2.14），是最高一级夷平面，一般分布在各大山系的顶部，保存面积较小，有些成为现代平顶冰川和古冰帽的发育中心，海拔5000~6000m（崔久之等，1996）。青藏高原主夷平面，高度在5000m左右，构成高原及其外围山地的主体，分布较广，主要在可可西里的中部和北部。有些地方海拔随高原总体地势向东有所降低，如向东至风火山地区，海拔低于5000m（图2.14）。

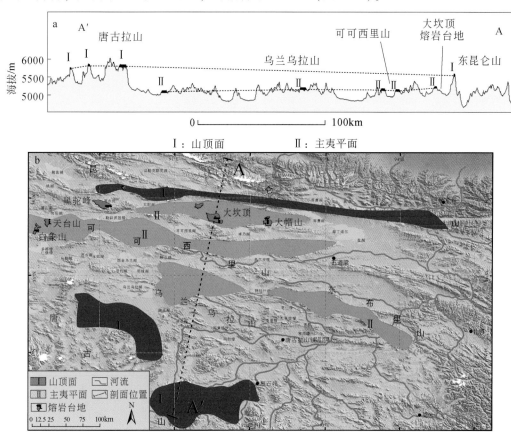

图2.14　可可西里夷平面及夷平熔岩台地分布图

2.2.2　可可西里夷平面形成时代

1. 主夷平面形成时代

　　李炳元等（2002）利用可可西里地区火山熔岩台地与夷平面的交切关系，推断可可西里东部地区夷平面的形成年代。火山地貌与夷平面具有两种交切关系：①夷平面的夷平作用切削了火山熔岩台地；②火山熔岩覆盖在夷平面之上。利用火山熔岩的同位素年龄，前者可以推断夷平面发育的年代下限，后者可以确定夷平面形成的年代上限。火山熔岩与夷平面的交切关系可以在可可西里地区东部的大帽山、勒斜武担湖和向阳湖三个地区体现。

大帽山-大坎顶火山区是可可西里最东的火山区，包括大帽山火山、可考湖东北的大坎顶和五雪峰西北等3个火山地貌区。火山地貌以熔岩方山为主，其中大坎顶熔岩台地面积最大，方山顶面宽约10km，长约25km，海拔约5100~5200m（图2.15）。位于大坎顶东部的大帽山熔岩台地海拔为4800~4900m。

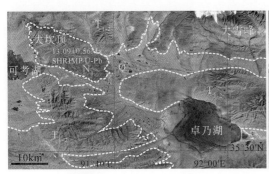

图2.15　大坎山火山与夷平面分布图（底图来自谷歌地球，火山年龄数据来自魏启荣等，2007）

本区熔岩方山周围近50km×100km范围内，山顶宽阔而平坦，坡度在2°以下，除五雪峰、大雪峰等少数山峰海拔在5600m左右外一般变化不大，自西向东稍有倾斜，西部为5100~5200m，东部为4800~4900m。熔岩方山与周围非火山岩构成平坦山地顶面的海拔完全一致，表明熔岩方山实际为主夷平面的一部分，它们在山坡形态上的差异主要是后期侵蚀分割过程中因岩性差异风化而引起的。由此推论，本地区自大规模的火山喷发以后还经历了一个较长时间的剥蚀夷平过程，火山和其他岩层被切削、剥夷形成了一个极为接近侵蚀基准面的老年期地形面，即现在看到的由众多平坦山丘顶面组成的主夷平面。因此，火山熔岩的年代早于夷平面的形成年代。在大帽山采集的粗面岩锆石 SHRIMP U-Pb 年龄为 18.28±0.72Ma（魏启荣等，2007），次火山岩中锆石 LA-ICP-MS 年龄 17.67±0.38Ma（蔡雄飞等，2008），在大坎顶测得粗面岩锆石 U-Pb 年龄为 13.09±0.56Ma（魏启荣等，2007），夷平面形成的年代应在13Ma之后。

在勒斜武担湖北部和西南部存在两个火山区，分别为西南的平顶山火山和北部的黑驼峰火山。位于勒斜武担湖西南和平顶山火山保留了两座熔岩方山，西部熔岩方山顶面长约800m，宽约300m，海拔约5420m；其东部的熔岩方山顶面面积较小，为直径约100m的圆形平顶，海拔约5330m（图2.16左）。这两座熔岩方山与其北部的可可西里山主夷平面海拔相近（5400~5450m），表明熔岩方山是主夷平面夷平作用的结果。该区粗面安山岩全岩 K-Ar 年龄为 17.9±0.57Ma（刘荣等，2006），表明夷平面形成时期晚于该时期。

黑驼峰火山熔岩为宽约10km，长20km的熔岩台地，在熔岩台地北部沿北西向分布着多个熔岩方山。熔岩方山顶面海拔在5500~5200m，自北西向南东海拔略有抬升，与可可西里山主夷平面高度相近（图2.16右），同样表明黑驼峰方山顶面为主夷平面的一部分。

在黑驼峰获取的粗面岩全岩 K-Ar 表面年龄为 7.77 ± 0.13 Ma（江东辉等，2008），表明夷平作用晚于该时期。

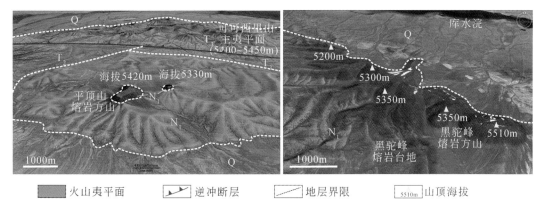

图 2.16　勒斜武担湖西南部平顶山火山（左）和北部黑驼峰火山（右）与夷平面关系图
（底图引自谷歌地球）

从鲸鱼湖和雄鹰台火山熔岩测得的年代数据分别为 0.69 Ma 和 1.08 Ma，西昆仑山内的阿什库勒火山群取得 15 个火山熔岩的同位素年龄中最大的年龄为 2.8 Ma，这些火山地貌都分布于夷平面解体后形成的山间盆地内，因此推断夷平面至少在 3 Ma 之前形成。李吉均等（2001）在藏东南芒康地区海拔 4400 m 的主夷平面上覆的玄武岩测得 K-Ar 年龄为 3.8～3.4 Ma，这可能为青藏高原主夷平面解体变形的标志，是夷平面形成的真正上限。因此，通过可可西里地区识别的主夷平面及其与火山地貌的交切关系可以认为，可可西里地区的主夷平面形成于 7.77～3.40 Ma，为中新世可可西里抬升之后的构造稳定时期。

2. 山顶面形成时代

青藏高原山顶面大多分布在一些极高山的顶面，多为被肢解的夷平面，在可可西里地区缺少相关能约束其形成年龄的火山岩年龄。由于夷平面是在构造稳定的时期发育，故在可可西里地区可以观察到一套中新世浅灰色泥岩、湖相碳酸盐层序，呈水平层状地貌，在大范围内都可以进行追踪，故认为在中新世藏北地区存在一个稳定的古大湖，是藏北高原古夷平面的沉积标志（伊海生等，2000；Wang et al.，2002；吴珍汉等，2009）。由于青藏高原普遍认为只存在两期夷平面（崔之久等，1996；李炳元等，2002；Zhang et al.，2008），故认为可可西里山顶面是中新世藏北古大湖的沉积基准面。

可可西里地区中新世古大湖时期沉积的五道梁群为稳定的湖相碳酸盐岩、泥岩沉积，不整合覆盖在强烈变形的渐新世雅西措群之上，表明雅西措群强烈变形之后可可西里地区经历了夷平作用，其原始的山麓剥蚀平原是五道梁群的沉积基底。在五道梁群底部发现的一套 0.2～0.3 m 的红色古土壤层是当时山麓剥蚀形成的风化壳（Wang et al.，2002），通过同层位的古生物地层对比确定其时代约为 22 Ma（Wang et al.，2008），故认为可可西里地区的山顶面在 22 Ma 已经完成了第一次夷平作用。

可可西里地区发育的两级夷平面与青藏高原发育的两级夷平面相吻合，表明藏北地区在 22 Ma 之前完成了第一次隆升。根据中新世古大湖和古水系发育特征（Wu et al.，2008）

可以认为可可西里中新世经历的夷平作用为山麓剥蚀作用，其形成海拔明显高于接近海平面的准平原化夷平作用，表明藏北地区第一次隆升已经具有相当的高度。藏北地区主夷平面发育之前（7.77Ma 之前）完成第二次隆升，将原山麓剥蚀面抬升并肢解，形成山顶面。7.77 ~ 3.40Ma 藏北地区完成第二次夷平作用，形成主夷平面，该夷平面切过因地壳显著加厚形成的钾玄岩，表明主夷平面形成时期藏北地区已达到现今的高度。3.4Ma 之后青藏高原完成最后一次抬升，将主夷平面抬升至可可西里盆地现今主夷平面的高度。

2.2.3　可可西里夷平面的冻融改造作用

冰缘环境下的坡地一般由两部分组成。上部为较陡的基岩坡，坡度可达 40°以上，由于强烈的寒冻风化和崩塌作用，它以平行后退为主；下部为风化物质组成的缓坡，坡度多在 10°以下，在融冻泥流和融水冲刷下，坡地不断向平坦方向发展。这种基岩坡的平行后退和低角度坡扩展作用被称为冻融夷平作用（潘保田等，2002）

在可可西里地区，山顶面上升至海拔 5500m 左右，高原周边高度逐渐下降至 4000m以下。山顶面因存在高度变化，其周缘明显发育有陡坡地貌带，坡度一般大于 30°，坡面平直延伸，多由具棱角状的砾石构成，其成因明显与冰川刨蚀和流水侵蚀作用无关，是高原冻融风化作用的直接结果。高原山顶冻融陡坡带在高原广泛分布，与其相伴生的冻融夷平作用发育的海拔范围与现今保存的山顶面发育范围一致（邵兆刚等，2009）。可以认为，青藏高原山顶面必然会受到广泛存在并持续至今的高原冻融作用的改造。

冻融山顶面与冻融陡坡带往往同时存在，其成因源于冻融差异风化作用。在高原山顶及平缓地带，冻融作用产生的砾石等碎屑物的保存，使得冻融作用对下部基岩的作用减弱，而砾石层本身透水性好，水分不宜保存，也减慢了冻融作用对砾石的进一步分解速度，水分流失的同时也带走了大量的细粒物质，在这些部位形成由巨大砾石组成的石海直

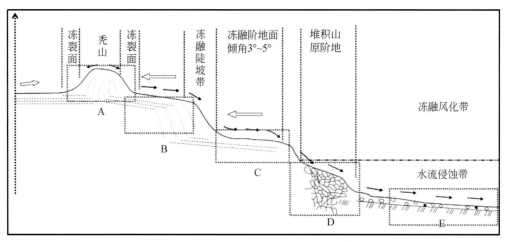

图 2.17　可可西里高原夷平面冻融改造下的地貌类型（参考邵兆刚等，2009）

A. 夷平面顶端的山川景观；B. 冻裂面的冰舌景观；C. 冻融陡坡带的冻融石笋景观；

D. 冻胀草丘景观；E. 冻融风化带的冻胀石环景观

接覆盖于基岩之上，并长期保存。而在其周缘的坡地由于冻融砾石不易保存，基岩容易裸露，冻融风化强烈，形成冻融陡坡带，并持续后退，形成冻融夷平作用。

可可西里现今存在的层状地貌与青藏高原内流湖盆演化以及持续至今的冻融夷平作用密切相关，其形成是青藏高原以南北构造挤压为特征的内动力因素，以及以高原各独立湖盆为基点的地表剥蚀夷平作用和高温差下的冻融夷平为特征的外动力因素共同作用的结果（邵兆刚等，2009）。高原山顶面的形成和分布受高原广泛发育并持续至今的冻融作用的强烈改造，其分布与冻融陡坡带发育密切相关，同一地区根据原始地貌的不同，往往有多级冻融夷平面同时存在（图 2.17）。

2.3　可可西里第四纪冰川与冰缘地貌

2.3.1　可可西里第四纪冰川

可可西里冰川是提名地景观中重要元素——各种水体的源头，具有"亚洲水塔"的美誉（Owen et al.，2014）。区内冰川主要为大陆性现代冰川，具有顶部平缓，周围伸出众多大小冰舌的典型冰帽冰川形态。青藏高原地区普遍开始冰冻圈记录是在中更新世早期，伴随着中更新世早期全球冰期的到来，冰川沉积在青藏高原广泛分布、最为发育（赵越

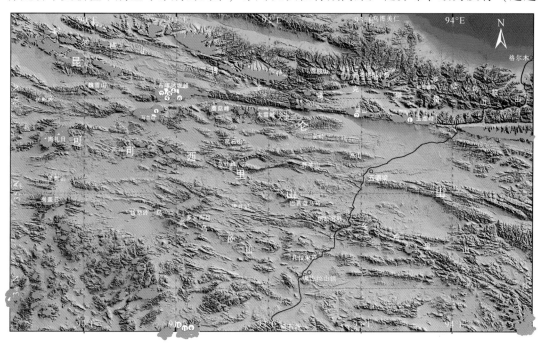

图 2.18　可可西里地区冰川分布图

地形数据来源于中国科学院计算机网络信息中心国际科学数据镜像网站（http：//www.gscloud.cn）SRTMDEM 90M；冰川数据来源于国家科技基础条件平台—国家地球系统科学数据共享平台—冰川冻土科学数据中心（http：//westdc.geodata.cn）和中国 1 : 10 万冰川编目数据库，图中标号为可可西里主要冰川所在地，冰川名称见表 2.1

等，2009）。可可西里地区冰川主要分布在昆仑山、唐古拉山山脉及零星分布的东岗扎日、马兰山等海拔6000m左右的高山上（图2.18）。这些冰川的主要特点是依赖低温而存，冰川的面积积累少，消融弱，运动速度缓慢。根据2014年最新数据统计（表2.5），该区发育429条冰川，发育面积为852.65km²，冰川储量为71.33km³（图2.19），是本区众多河流湖泊水体的重要补给源泉。由于气候等原因，与2004年统计数据相比，冰川面积有明显的缩小，但是数量上略有增加。

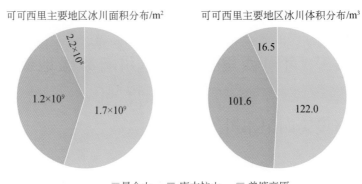

图2.19　可可西里地区冰川面积与体积分布示意图

数据来自中国第二次冰川编目数据集（V1.0），2014；冰川面积是将冰川shape文件投影到Albers等积投影下进行计算，冰川体积采用Grinsted（2013）方法计算，具体公式如下：$V=0.0433A^{1.29}$

表2.5　可可西里地区主要冰川分布表

冰川名	所属山脉	经度	纬度	冰川表面积/m²	冰川体积/km³
煤矿冰川	昆仑山	94.18397	35.66876	1052983.5	0.046282
野牛沟冰川1	昆仑山	93.52359	35.7611	7619423.7	0.594521
湖北冰峰冰川2	昆仑山	92.95456	35.85004	12474323.6	0.84528
马兰山冰川3	昆仑山	90.57493	35.8394	47458199.3	3.981559
太阳湖冰川4	昆仑山	90.6677	35.83984	10653740.3	0.905691
足冰川5	昆仑山	90.90076	36.00187	22929002.9	2.462548
莫诺马哈冰川6	昆仑山	91.0324	36.06039	84170505.1	13.14078
西莫诺玛哈冰川7	昆仑山	90.88389	36.07583	68974216.9	10.19515
北莫诺玛哈冰川8	昆仑山	90.962	36.11627	46311094.6	4.495739
龙匣宰陇巴冰川	唐古拉山	92.06254	33.11645	19406456.6	1.985814
冬克玛底冰川	唐古拉山	92.06338	33.0818	15970235.4	1.544399
陇尼亚麦岗纳楼冰川	唐古拉山	92.09639	33.07752	5635602.5	0.402903
岗加曲巴冰川9	唐古拉山	91.17126	33.45987	31873768.8	3.519059
姜根迪如北侧冰川	唐古拉山	91.07146	33.46258	26142281.6	2.916493
姜根迪如南侧冰川	唐古拉山	91.09116	33.4237	34705887	4.203469

注：冰川数据来自中国第二次冰川编目数据集（V1.0），寒区旱区科学数据中心，2014。

　　可可西里地区冰川发育是以山地为依托的。它的南、北边缘分别为唐古拉山和昆仑山的主脊，以大、中起伏的高山和极高山分布为主；中部地区则是中小起伏的高山和高海拔丘陵、台地和平原，山地平缓，河谷、盆地宽坦，是青藏高原上高原面保存最完好的地区之一（李世杰，1996）。根据冰川的形态特征，可将冰川分为山岳冰川、大陆冰川以及山麓冰川三种类型（施雅风等，2011）。在可可西里地区，最常见的是山岳冰川。山岳冰川即为发育在山地的冰川，又可细分为冰斗冰川、悬冰川和山谷冰川（祁洁，2015）。在可可西里地区，山谷冰川的面积和储量所占比例较大，而冰斗冰川和悬冰川的分布最广、数量最多。

　　冰斗冰川常分布在雪线附近，是发育在山坡或者呈围椅状岩盆中的冰川。冰斗内长期积雪，表面为凹形，冰舌不明显，一般很少向外流动（图 2.20a）。悬冰川为冰川发育的雏形期，在适宜的条件下山坡上形成积雪悬贴于山坡上，一般规模较小，冰舌短（图 2.20b）。山谷冰川是指降落在雪线以上的积雪，在重力作用下沿山坡运动形成的冰川，具有明显的粒雪盆和冰舌，冰川发育规模较大，其补给和消融基本保持平衡（图 2.20c）。

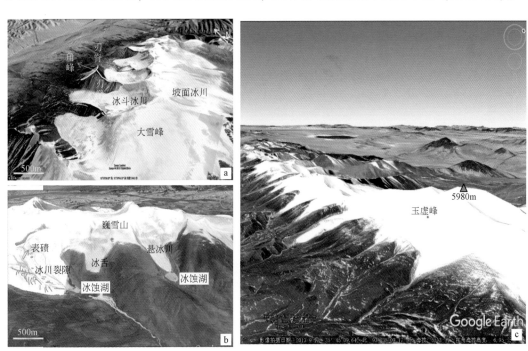

图 2.20　可可西里地区典型冰川地貌类型（底图据自谷歌地球）
a. 大雪峰发育的冰斗冰川和坡面冰川；b. 巍雪山发育的悬冰川；c. 玉虚峰山谷冰川

　　青藏高原是中低纬度地区最大的冰川作用中心，现代冰川发育，占全国冰川面积的 4/5 以上。可可西里地区位于昆仑山古老褶皱和喜马拉雅造山运动形成的高原隆起的结合部，发育着世界屋脊上高海拔高寒区的现代冰川，具有代表意义的有布喀达坂峰冰川和马兰山冰川（苏珍等，1998）。两座山峰隔着红水河谷和太阳湖而对峙，同属大陆性冰川类型。

1. 布喀达坂峰冰川

布喀达坂峰冰川集中发育有大片完整的山顶夷平面，地形宽缓，在此基础上发育了冰帽和宽尾山谷冰川，并且周边分布着众多冰蚀湖泊（李树德，1991）。布喀达坂峰区发育着总面积超过 700km² 的现代冰川（方明，1986）。峰区内巨大的冰帽冰川，最高海拔 6860m，平均雪线高度 5550m，相对高差在 800～1970m。山脊偏南侧，呈东西向分布，东西长约 36km，南北约 26km。地形起伏变化很大，其总体形态为典型的马鞍形山地。它的典型特征是南坡高大陡峭，雪线高度介于海拔 5540～5760m 之间；而北坡相对平缓，较南坡雪线海拔低矮 800～1000m，类型是以山谷冰川为主，此外还有冰斗、坡面冰川等多种形态冰川，冰舌伸至山麓海拔 4960～5100m 之间，并展宽为多种形态的宽尾冰川（姜珊，2012）。布喀达坂峰中最大的莫诺马哈冰川，长 24.2km，平卧于东南坡，形成尾宽 3000m 的宽尾冰川，冰舌末端海拔约 4910m，冰川流出山谷后呈宽尾状展布，末端最宽处达 3km，冰塔发育。冰帽西北侧的西莫诺马哈冰川，面积 67191km²，长 16km，为该冰帽第二大溢出山谷冰川（图 2.21），两冰川面积之和占布喀达坂峰冰帽总面积的 40%（刘时银等，2004）。

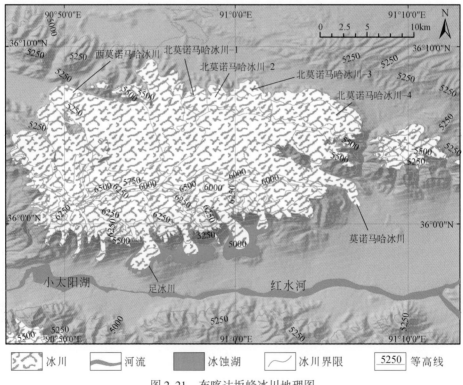

图 2.21　布喀达坂峰冰川地理图

数字地形来自于地理空间数据云 STRM 90，冰川数据来自于中国第二次冰川编目数据集（V1.0）

在冰舌前缘平坦谷地近 2000m 的范围内，残留的冰塔状孔冰、冰塔林（图 2.22，图 2.23b，c）和冰碛残留，穿行于破碎的冰舌之中，形成"魔鬼城"似的地貌特征，而冰川融水绕行其间，形成冰洞和冰岛，成为冰川跃动的证据，这在我国高寒大陆性冰川中十分罕见。在布喀达坂峰的南坡，海拔 5000m 左右有一片热气泉喷出，水温高达 91°，热气泉气雾和冰川的晶莹混为一体，远看高原前面是湛蓝的太阳湖水，后面是高耸入云的冰峰和悬挂半空中的银龙，形成一幅壮观的画面（图 2.23a），也正是热气泉的存在抑制了冰川的前进（李树德，1991）。

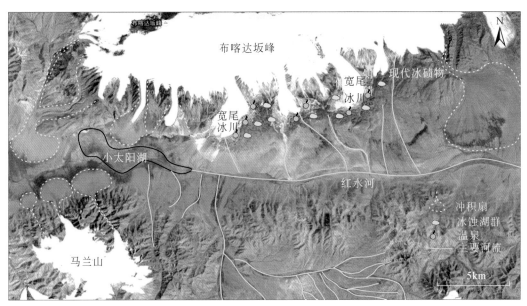

图 2.22　可可西里地区布喀达坂峰南缘冰川地貌

底图据谷歌地球，中心位置坐标：90.9°E，36.0°N

图 2.23　a. 布喀达坂峰远景图；b. 冰塔状孔冰；c. 冰塔林

图片来自青海省住房和城乡建设厅

2. 马兰山冰川

马兰山冰川最高海拔6056m，现代冰川覆盖了整个山顶，冰川覆盖率达70%（谢自楚等，2000），山顶部形态浑圆，形成了一个很大的冰帽冰川群（图2.24，图2.25a）（蒲健辰等，2001）。其山脊偏向北侧，呈东西向分布。马兰山冰帽位于布喀达坂峰冰帽西南侧，北侧属于太阳湖水系（图2.25b），南侧属于饮马湖可可西里湖水系。冰帽最高点海拔6056m，四周及临近地区有42条冰川，总面积195112km²，冰川储量为24195km³。最大的冰川为冰帽西南侧的大平顶冰川（图2.24 马兰山冰川1~7），面积49167km²，长912km；东南侧为一条大坡面冰川，冰川面积37179km²；其中最长的山谷冰川长为911km，面积为31156km²。末端最低海拔在北为5000m，在南坡为5120m；现代雪线海拔北坡为5340~5440m，南坡为5500~5540m（刘时银等，2004）。

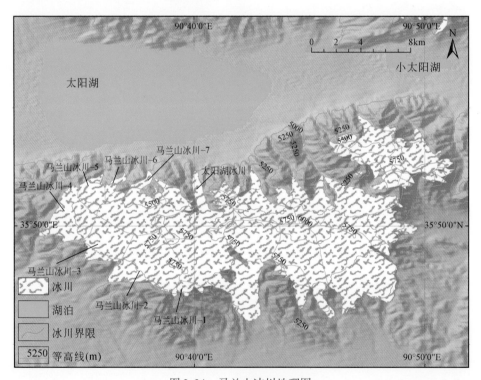

图2.24 马兰山冰川地理图

数字地形来自于地理空间数据云STRM 90，冰川数据来自于中国第二次冰川编目数据集（V1.0）

马兰冰川北坡陡峭，高差800~1100m，冰舌下伸至4980~5360m山口地带，雪线海拔在5340~5460m之间，有些冰舌区裂隙密布。南部平缓，冰川作用面积大，以冰帽型平顶冰川和积累区与冰舌均呈宽大平缓的山谷冰川为主体（姜姗，2011），冰帽南坡冰川边缘冰碛砾石较粗大，磨圆度较差，冰碛垄宽度在30~50m之间（图2.26a，b），并且越靠近冰川，新鲜冰碛垄的宽度有逐渐变宽的特点，冰川遗迹与气温变化密切相关（蒲健辰等，2001）。

冰川作为气候的产物，它的进退变化离不开气候波动变化的影响。青藏高原第四纪冰川的发育及演化，与整个高原在第四纪期间的强烈隆升过程和全球气候变化有密切的关

图 2.25　马兰山航拍图片

a. 马兰山南侧；b. 马兰山北侧

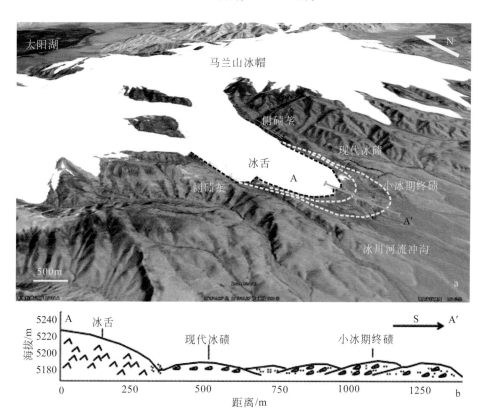

图 2.26　可可西里地区马兰山冰川及其周缘结构特点及多期的冰川遗迹解译

底图自谷歌地图，剖面参考蒲健辰，2001

系。青海可可西里地区位于青藏高原的腹地，是青藏高原上高原面保存较完整的地区，第四纪冰川作用在此留下了不可磨灭的印记。青海可可西里地区并不存在所谓统一的青藏高原大冰盖的遗迹，古冰川遗迹主要分布于现代冰川外围（Owen et al.，2014）。据野外调查分析得知，东岗扎日、马兰山北坡和布喀达坂峰南坡至少有 1～2 次冰期，昆仑山口至少有 3 次冰期，均围绕着高大山地分布，在广阔的高原面和众多湖盆区不见任何冰川作用痕迹，亦不见任何漂砾存在（李世杰和李树德，1992）。

　　15～19 世纪，全球气候出现较为寒冷的时期，不同程度地导致全球冰川扩展，称此阶段为小冰期。大多数冰川都有小冰期的冰川沉积记录，有些可明显区分出 3 道呈弧形分布的冰碛垄。据冰碛分布序列，巍雪山峰北侧短冰舌前端（图 2.27），小冰期最外一道终碛垄距现代冰川末端约 500m。侧碛垄相对高度近 10m，表面 1.5m 之下有埋藏冰存在。侧碛垄略低于最外一道冰碛垄，冰碛之下有厚层埋藏冰存在。在暖季，埋藏冰消融时，融水使表层冰碛物呈泥流向内侧缓慢蠕动，使内侧冰碛垄的原始形状受到改造，显示出模糊而不连续的分布状态（图 2.28c）。所有小冰期的冰碛物主要为粗糙而较松散的沙砾石（图 2.28b），成壤程度差，只有蜂窝状的小斑块沙土（蒲健辰等，2001，图 2.28）。

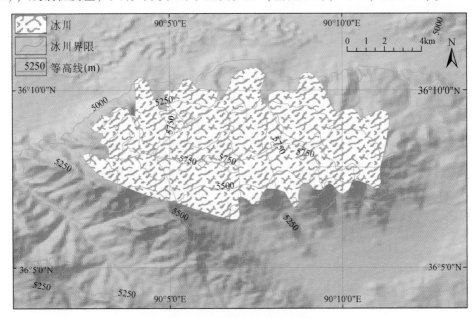

图 2.27　巍雪山冰川地理图

数字地形来自于地理空间数据云 STRM 90，冰川数据来自于中国第二次冰川编目数据集（V1.0）

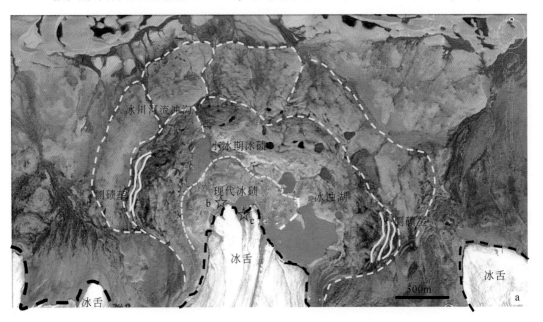

图 2.28　a. 巍雪山峰北侧冰川现代冰川和小冰期冰碛分布图（据谷歌地图解译）；
b. 冰舌末端融化后残留的冰碛物；c. 冰舌融化后形成的冰裂缝

受到气候的影响，1973～2010 年马兰冰帽多数冰川表现微弱的退缩迹象，少部分较稳定（表 2.6），冰川面积整体减少了 6.04%。研究表明：布喀达坂峰冰川 1973～1976 年处于前进状态，而 1976～2010 年冰川呈现退缩趋势，但退缩速率逐渐减小。对比马兰冰川不同时期的面积变化率，发现在近 40 年间马兰冰川退缩速率经历由快变慢，再由慢变快，最后冰川退缩到一定程度，退缩速率开始转慢的过程（姜姗，2011）。

表 2.6　布喀达坂峰冰川及马兰山冰川 1973～2010 年冰川面积变化（姜姗，2011）

冰川名称	时间	面积/km²	冰川变化量/km²	变化比率/%	年变化率/%
布喀达坂峰	1973	430.57±0.01			
	1973～1976	432.89±0.01	+2.32±0.02	0.54	0.18
	1976～1994	414±0.02	−18.89±0.01	−4.36	−0.26
	1994～2002	410.47±0.001	−3.53±0.002	−0.85	−0.11
	2002～2010	407.23±0.001	−3.24±0.001	−0.79	−0.1
	1973−2010		−23.34±0.03	−5.42	−0.14
马兰山冰川	1973	203.75±0.01			
	1973−1976	201.44±0.01	−2.31±0.02	−1.13	−0.37
	1976～1994	196.14±0.002	−5.30±0.01	−2.7	−0.15
	1994～2002	192.81±0.001	−3.33±0.002	−1.73	−0.22
	2002～2010	191.44±0.001	−1.37±0.001	−0.71	−0.09
	1973～2010		12.31±0.03	−6.04	−0.16

由于全球变暖，可可西里全区冰川后退速度惊人（李世杰，1996；姜姗，2011）。李世杰等根据航摄测绘地图以及对照考察实际资料，认为 1970～1990 年，20 年间唐古拉山主峰各拉丹东脚下冰川后退达 500m，平均每年 25m。武素功等 2004 年考察并对比前人研究发现，近 13 年岗加曲巴冰川后退了约 750m。2009 年和 2010 年，曲向东率领的"二度计划"民间考察队带着 20 世纪 70 年代中国摄影家茹遂初拍摄的黄河、长江两地的照片，

两次上青藏高原三江源地区考察。通过两组照片的对比（图 2.29），长江正源姜根迪如冰川的北支大约已经融化退缩了将近 1km。

图 2.29　长江源姜根迪如冰川 1976 年与 2010 年冰川退缩对比图（金羊网，2016①）

该地区冰川退缩得如此剧烈，主要是由于主峰各拉丹东雪山为长江源头，其下部的岗加曲巴冰川面积相对较小，且所处位置为冰川水流溶蚀区。青藏高原其他冰川退缩速度没有如此快，但却普遍有后退的趋势，这是全球气候变暖的反映。气候变暖和冰川退缩导致冰缘区水资源快速流失，地面和地下水补给减少，湿地和湖泊面积缩小，湖水盐碱化，能生长植被的区域面积缩小。

由于气候变暖，加之冰川自身体积不断膨胀，长江源头的各拉丹冬冰川倾泻而下，在冰川脚下形成一系列的冰塔林，加之多期的降雪逐渐积累挤压，形成了冰川上的条条纹路（图 2.30a）。冰川以每年数十米的速度向下涌动（李世杰，1996；姜姗，2011），末端逐渐融化，点滴的冰雪融水最终汇聚成河注入长江中。在部分冰川末端由于冰川上部融化，但下层依然封冻，上部的融水流到冰川末端，形成冰瀑布（图 2.30b）。随着温度的升高，冰川融化成水，有的地方形成了冰洞（2.30c）；而楚玛尔河发育地以前常年冰川覆盖，如今却四季有流水（2.30d）。

总之，引起冰川退缩的关键因素是气候变暖。由于温度升高，冰川消融大于冰川的积累，年降水量的增加不能够抵消由夏季温度剧烈上升导致的冰川消融，可可西里冰川总体退缩。此外，地形条件、冰川规模也是影响冰川波动的重要因素。因为冰川具有一定的坡

---

① 金羊网．2016．长漂三十年，我们站在源头保护长江，从清理垃圾和保护冰川做起．［2016-11-28］．http：// news. ycwb. com/2016-11/28/content_ 23644697. htm.

图 2.30　a. 各拉丹东冰川融化下涌形成的冰塔林；b. 冰川融化形成的冰瀑布；
c. 马兰山冰川上的冰洞；d. 长江北源楚玛尔河发育地（图片来自中国科技馆图片库）

向差异，北坡冰川面积退缩率大于南坡，冰舌下伸海拔低、高差大，冰川面积退缩速率大；冰舌海拔高、相对高差小，冰川面积退缩速率小。随着冰川面积的增大，冰川面积年均退缩速率呈现了减少的趋势，这说明不同规模的冰川对气候变化的敏感性也不同，小冰川对气候变化的敏感性往往要大于大冰川（姜珊等，2012）。

2.3.2　可可西里冰缘地貌

青海可可西里地区发育着我国特有的中低纬度高海拔高原多年冻土，多年冻土的形成受海拔的严格控制，多年冻土的厚度一般为 1～128.5m，基岩山区更大。地下冰最发育的地段是风火山地区，融区的形成主要是构造地热和地表水作用。多年冻土形成于末次冰期和新冰期。在广阔的多年冻土地区，由于地面的反复冻结与融化，多年冻土活动层和多年冻土层上部成为冰缘地貌的主要场所。

可可西里地区多年冻土基本上呈连续分布（图 2.31），从北向南多年冻土可分为 5 个基本带：①昆仑山主脊极高山基岩冰雪冻土带，多年冻土厚度>120m，冻土年平均地温低于-3.5℃，有现代冰川集中发育，基岩山地多年冻土厚度可达 400m；②昆仑山脉南麓楚玛尔河流域高原多年冻土带，多年冻土的年平均地温-1.2～-3.5℃，多年冻土厚度40～100m；③可可西里山、乌兰乌拉山、乌尔肯乌拉山、冬布勒山及五道梁、风火山等海拔在

5000m以上中高山及高海拔丘陵冻土带，冻土厚度36～120m，冻土的年平均地温-1.4～-4.0℃，地下冰发育，冰缘地貌广布；④沱沱河宽谷湖盆多年冻土分布带，年平均地温-1.0℃，多年冻土厚度1～50m，带内有河流融区和渗透—辐射融区形成；⑤唐古拉山脉各拉丹冬冰峰极高山多年冻土带，海拔在5000m以上，年平均地温-1.7～-4.5℃，多年冻土厚10～128.5m，有现代冰川发育，地下冰广布，山地基岩的冻土厚度可达300m（李树德和李世杰，1993）（表2.7）。

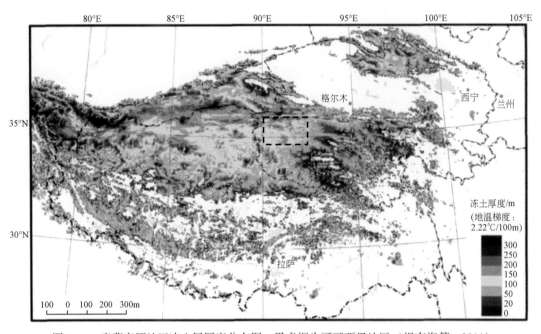

图2.31　青藏高原地区冻土层厚度分布图，黑虚框为可可西里地区（祝有海等，2011）

表2.7　青海可可西里地区各地多年冻土温度、厚度、季节融化一览表（李树德，1993）

地点	纬度	海拔/m	年平均气温/℃	年平均地温/℃	多年冻土厚度/m	季节融化深度/m
昆仑山	35°40′	4800～5000	<-3.5	-2.8～3.5	75～100	1.5
楚玛尔河	35°20′	4480～4500	-6.2	-1.2	40	2～3
五道梁	35°15′	4610	-6.5	-1.4	36～60	3～3.2
风火山	34°20′	4700～5100	6.6	-2.0～4.0	60～120	1～2
沱沱河	33°50′	4500～4700	4.4	0～1	1～50	0.8～3
通天河	33°30′	4500～4600	4.4	-0.3～1.0	25	1～4
唐古拉山	32°57′	4900～5300	-6.4	—	10～120	1～3
塘泉沟	32°40′	5000	<-6.4	—	128.5	2.8
卓乃湖地区	35°48′	4800	-6.5	—	748	2.4

　　天然气水合物是一种新型清洁能源，赋存在多年冻土区和海洋沉积物等低温高压环境中。多年冻土层和多年冻土层下融土的地温梯度是天然气水合物能否存在的温度条件。图2.32给出了近年来青藏高原多年冻土深孔地温监测结果，多年冻土层内地温梯度大约在1.1～3.5℃/100m之间，平均约为2.2℃/100m（吴青柏等，2008）。

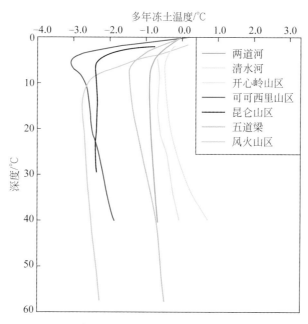

图 2.32　可可西里及其周边多年冻土层内的地温梯度（吴青柏等，2006）

本区冰缘地貌的发育及活动过程，主要受现代地貌外营力的控制和影响，而外营力作用的性质又与本区特有的海拔和地质地理因素密切相关，按照各种冰缘地貌形成的作用，可可西里地区冰缘地貌可分为 7 种类型和 60 多个形体（李树德和李世杰，1993），主要包括冻胀丘、冻胀草丘、石冰川、热融洼地、热融湖塘、冰缘黄土与砂丘、冻拔石和由冻拔石组成的冻胀"石林"以及融冻褶皱（冰卷泥）（图 2.33）。

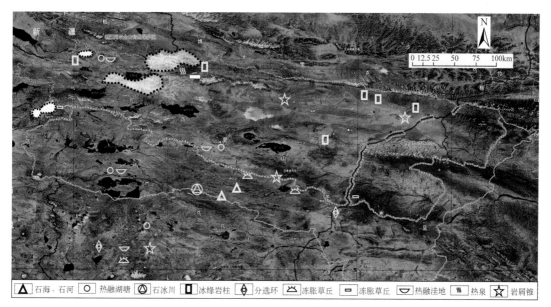

图 2.33　可可西里地区冰缘地貌类型及平面分布图

底图自谷歌地球；地貌类型分布参考李树德和李世杰，1993，有修改

青藏高原层状地貌与青藏高原内流湖盆演化以及持续至今的冻融夷平作用密切相关，是青藏高原以南北构造挤压的内动力因素，高原各独立湖盆为基点的剥蚀夷平作用和高温差下的冻融夷平为特征的外动力因素共同作用的结果（邵兆刚，2009）。高原山顶面的形成和分布受冻融作用强烈改造，其分布与冻融陡坡带发育密切相关，同一地区往往有多级冻融夷平面同时存在。由于可可西里地区的多级夷平面特征，不同高度的海拔由于地质营力的差异形成垂向差异分布的冰缘地貌。最高处为冰川冰帽特征，逐次为冻融陡坡带，地貌过渡到了冰川脚下的冰舌地貌。冰川之下为冻融阶地，风化作用形成一系列的冻融石笋景观。然后是堆积山原阶地，堆积了部分山顶风化的岩石，形成一系列的石笋堆积，由于流水侵蚀作用，形成一系列的冻胀草丘及冻胀丘。随着海拔逐级降低，在盆地平原内，由于流水侵蚀和冻融风化作用，形成冻胀石环。以下为各冰缘地貌的特征：

（1）冻胀丘：在冻土地区，水冻结时发生体积膨胀，地层中水分冻结使地面抬升形成冻胀，冻胀的极端形式使地面鼓起成丘，称为冻胀丘（Grosse et al.，2011）。根据生长期长短，冻胀丘分为季节性冻胀丘和多年生冻胀丘。季节性冻胀丘冬季隆起夏季消失，既可以发生于季节冻土区，也可以发生于多年（永久）冻土区。冻胀丘内含有一定体量的冰核或高含冰量冻结核。冻胀丘一般发育于冻土地区的湖积或冲积层中，大小不等（吴吉春等，2015）。一年生冻胀丘分布在活动层内，高数十厘米至数米，夏季消失，地面下沉，常引起地面变形、道路翻浆等工程地质灾害；多年生冻胀丘深入多年冻结层内，规模较大，可达10～20m，基部直径150～200m。在昆仑山垭口盆地，发育有我国的最大冻胀丘，丘高20m，直径50m，在国内罕见（李树德，1991）（图2.34a）。

本区冻胀丘分布广泛，如昆仑山口盆地、楚玛河上游、岗齐曲—玛章错钦间的分水岭峡谷中都有分布。其中，昆仑山盆地中最为发育，该冻胀丘是多年冻胀丘，海拔4760m，平面形态呈哑铃状，近南北向展布，整个丘体长140m，宽45m，高18m，四周被10余米高的土堤包围，南北各有一个因冻胀丘融化而沉陷的洼地，由两个冻胀丘联生而成，丘顶部位的地下水溢出形成高1.2～2.0m的季节性冰锥（图2.34a）。

（2）冻胀草丘：它的过程与冻胀丘相似，由于草根密集处地下水冻胀效应明显而成为拱起的草丘。草丘上生长西藏苔草和篙草，草根串结，坚固地盘踞在泥坑中，草墩一般直径20～40cm，高10～30cm，本区分布最广。岗齐曲南侧的山间洼地及分水岭都有大片冻胀草丘形成，沱沱河上游、楚玛尔河河源也有大面积的分布。冻胀草丘是多年冻土存在的地面标志（图2.34b）。

（3）石冰川：寒冻地区特有的一种地貌类型，为运动的多年冻土体，由岩石角砾、碎石、岩屑及地下冰体组成，本区集中分布在东昆仑山惊仙谷两侧山地。该区石冰川平均长约300m，宽约100m，厚约30m。昆仑山型石冰川裂隙冰不太丰富，属于冰固结类型（崔之久，1984）（图2.34c）。石冰川的成因，有些是由古冰川退化以后留下的大量冰碛石所形成，有些是在古冰斗及其下麓坡地带，由倒石堆、岩屑堆供给的大量碎屑物形成。昆仑山口的石冰川比较特殊，它全部由原来覆盖在山顶的古洪积砾石层和冰碛漂砾组成，其最大砾径达4.5m，直径为2～3m的砾石随处可见。石冰川的形态在平面上大多呈舌状，其上可能存在着天然形成的阶梯状纵断面，末端隆起呈馒头状。

（4）热融洼地（热融湖塘）：地表热量平衡遭破坏，地下冰融化，地表沉陷形成的负地形称热融洼地，地表水汇集于洼地内形成热融湖塘，本区楚玛尔河源、星星湖滩地、西金乌兰湖与永红湖接壤的破碎地形都是热融作用的产物（图 2.34d）。在乌兰乌拉湖南岸等马河阶地上发育有直径约 50m 的冻胀丘塌陷体，其周围有 30cm 厚的冰层存在，它们原是泉水出露形成的冻胀丘，目前丘体已退化，成为热融湖塘（李树德，1991）。

图 2.34 可可西里地区典型冰缘地貌

a. 昆仑山盆地发育的冻胀丘（单之蔷摄影）；b. 昆仑山盆地发育的冻胀草丘（引自中国矿业报官网）；c. 昆仑山石冰川（引自中国矿业网）；d. 可可西里地区地表热融塌陷（沈永平供图）；e. 冰雪覆盖的黄土与砂丘（引自可可西里保护局）；f. 可可西里湖东岸山坡上的冻胀石笋

（5）冰缘黄土与砂丘：在冰缘环境下形成松散的黄土堆积体称为冰缘黄土，广泛分布于山麓、河流阶地、宽谷等地。砂丘、新月形砂丘及砂丘链广泛分布在西金乌兰湖北岸及青藏公路沿线（图 2.34e）。

（6）冻拔石和由冻拔石组成的冻胀"石林"在本区有分布，其中可可西里湖东岸砂板岩分布的山坡上最发育（图 2.34f）。

（7）融冻褶皱（冰卷泥）：冰缘地区由于永久冻土季节性冻结层的反复冻融作用，将同层的黏土、砂和砂砾冻胀挤压，褶皱变形，但并不影响其上下层位。在玛章错钦河流阶地上有出露。

全球变暖和人类频繁的活动导致多年冻土环境发生剧烈变化，严重时引发多年冻土退化，而多年冻土的退化改变了区域的水文地质和水文条件，甚至沙化形成沙丘。可可西里冻土沙区主要分布于河谷、湖盆周围、高原面上及山地坡脚处，主要为沙丘和砂层两大类：沙丘类包括固定、半固定沙丘和流动沙丘，与风蚀的丘间洼地相间分布；砂层以层状砂覆盖于近地表层为特征，因形成时代及堆积时间长短的差异，砂层厚度从几厘米至一米不等，以粉细砂为主，老的砂层上已生长植被，多为固定或半固定状。这些冻土沙丘多为斑块状、带状、片状不连续分布，部分为大面积集中分布（李森等，2001）。在沱沱河盆地内，融区一般分布在较大的沙丘下，固定及半固定沙丘高 3～5m，沙层厚 5～7m（王绍令和谢应钦，1998），如错仁德加南部沙丘（图 2.35）。目前高原沙漠化正在发展，新的砂层覆盖区在加速扩展，厚度为数厘米（吕兰芝等，2008）。

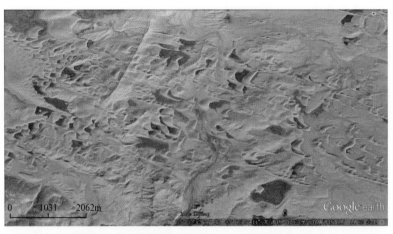

图 2.35　错仁德加湖南沙丘（据谷歌地球）

在第四纪时期，青藏高原曾有过大规模的冰川作用，各种冰川堆积物大量分布，现代冰川也广泛发育，并在现代冰川发育区域附近形成了大量的寒冻风化粗碎屑物，这些粗碎屑物在长期反复而强烈的冻融作用下分解成不同粒级的砂，为沙漠化的发展提供了丰富的沙物质。在青藏高原抬升的过程中，早期分布的大量湖泊随着高原的抬升逐渐干涸，使得大量的湖泊沉积物裸露于地表，广泛分布的沙物质为沙漠化提供了丰富的沙源，并成为沙漠化发生的前提条件。持续的新构造抬升使得河流的溯源侵蚀和下切侵蚀加剧，这也加速了该地区沙化的发展（胡光印等，2012）。

2.4　可可西里高原水系

可可西里分为三个水系：东部为长江北源外流水系，由楚玛尔河水系组成，为雨水、地下水补给，水量较小，以季节性河流为主；西部和北部是以湖泊为中心的东羌塘内流水系，处于羌塘高原内流湖区的东北部；北部中段为柴达木盆地内流水系，代表河流为红水河，穿越昆仑山流入柴达木盆地。可可西里地区是中国乃至世界湖泊分布最密集的地区之一。面积达 200km² 以上的湖泊有 7 个，最大的乌兰乌拉湖面积为 544.5km²，1km² 以上的湖泊总面积达 3825km²（图 2.36）。

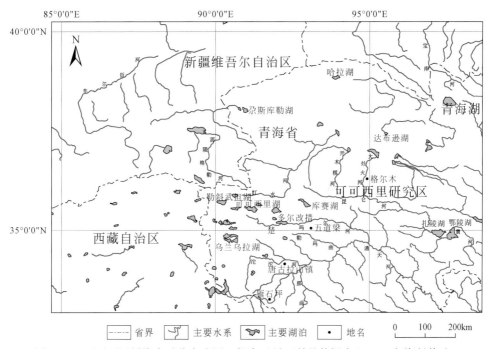

图 2.36　可可西里周缘水系分布略图（据寒区旱区科学数据中心 2014 年资料修改）

可可西里地表水系十分发育，是长江等大型河流的发源地（闫立娟和齐文，2012）。区内内流水系主要源于雪山，汇聚形成高原湖泊；外流水系则分别汇入长江、黄河、澜沧江等河流，最终入海。

2.4.1　高原河流

可可西里研究区内最大的水系为长江源水系。1978 年，《长江江源地区考察报告》将长江河源定为"三源"，正源沱沱河、南源当曲、北源楚玛尔河，反映了长江源水系的实际面貌。这种定源方法得到了大多数科研机构和专家的认同，但仍存在某些不同的看法。例如，"一源论"，即以沱沱河或当曲为正源；"二源论"，即认为沱沱河、当曲可并列为南北两源（税晓洁，2007）。一般认为河长是确定正源的主导因素，但同时也应考虑水量、流域面积和水系形态等综合因素（孙广友等，1987）。依据刘少创（2010）对当曲和沱沱河全长的测量数据可得，前者较后者长约 3.2km。在流量和流域面积方面当曲均明显大于沱沱河。但依据主流与支流的流向关系，沱沱河由西向东，较为顺直，发源地是地势较高的冰川；而当曲的源头是海拔较低的沼泽（图 2.37），由地下水汇集而成，虽降雨多且河水流量大，但其在长江干流的方向不够顺畅。综合来看，沱沱河作为长江正源更合适。

图 2.37　长江正源沱沱河（图 a）与南源当曲（图 b）发源地照片（引自税晓洁，2008）

长江源区是指青海省南部，通天河直门达水文站以上的长江干支流集水区域。北起昆仑山脉，南抵唐古拉山脉，西自乌兰乌拉山、祖尔肯乌拉山，东临巴颜喀拉山。区内水系整体呈扇形分布，发育河流 40 余条。楚玛尔河与通天河汇口以上为长江源区，由正源沱沱河、南源当曲、北源楚玛尔河三大源流组成（梁川和刘玉邦，2009），三源汇集 200 余条支流注入通天河下段。通天河是长江上游的一段，上起囊极巴陇，并与长江正源沱沱河接壤，下至玉树附近巴塘河口同金沙江相连，横贯玉树藏族自治州全境，长约 813km。

沱沱河是长江的正源，各拉丹东雪山群西部和北部属沱沱河流域，约 30 条冰川融水注入沱沱河。在姜根迪如冰川发源时，沱沱河是一条由一些冰川、冰斗的融水汇成的小溪流，之后向北流过巴冬山汇集了尕恰迪如岗雪山的冰川融水，分成了两条宽约 4~6m 的小河，并发育蛛网状辫状河流心滩（图 2.38、图 2.39）。研究表明，沱沱河水系的发育受地形和地貌格局控制，冰川和冻土融化是沱沱河水量的主要补给来源（李亚林等，2006；赵洪菊等，2010）。

通天河上段是指位于囊极巴陇至楚玛尔河口之间的河段，其区间流域居长江源区的东部，河段长约 280km，河床平均比降为 0.9‰，区间流域面积 $3.40 \times 10^4 km^2$。通天河上段水系发育，呈树枝状分布，南岸降水丰富，支流水量也较大。两岸共有一级支流 101 条，其中流域面积大于 $1000km^2$ 的支流有 6 条，分别为日阿尺曲、莫曲、牙曲、勒玛曲、口前曲和勒池曲，流域面积在 $300~1000km^2$ 的支流有 3 条，分别为冬布里曲、达哈曲和夏俄巴曲（曹德云，2013）。

楚玛尔河（又称曲麻河，图 2.40）发源于可可西里中南部，是长江的北源，长约 515km，河床平均比降 1.4‰，流域面积 2.08 万 km^2，年径流量约 5.74 亿 m^3，发源于昆仑山南支海拔 5432m 的可可西里山黑脊山南麓，流经高原湖泊多尔改错。楚玛尔河从多尔改错流出后，沿东北方向向东流去，并先后穿过叶鲁苏湖及青藏公路，最后折转向南，在

图 2.38　沱沱河全景照片（镜头大致向西）

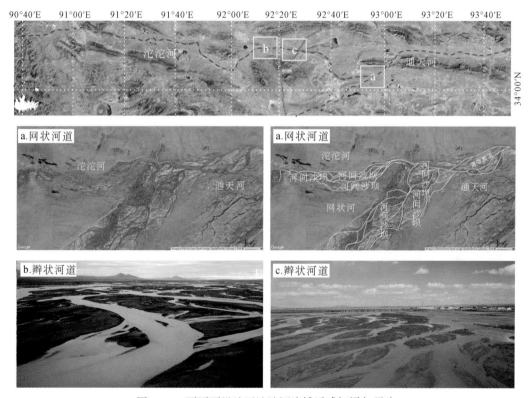

图 2.39　可可西里地区沱沱河流域遥感解译与照片

上图为沱沱河河道大致形状与向东汇入通天河的情况，下图 a 为遥感解译前（a 左）和解译后（a 右）的辫状河道；
b、c 均为沱沱河部分辫状河道照片

距当曲河口下游约 200km，曲麻莱县以西的楚拉地区注入通天河。另外，组成长江北源外流水系的还有北麓河、秀水河、雅玛尔河等河流。

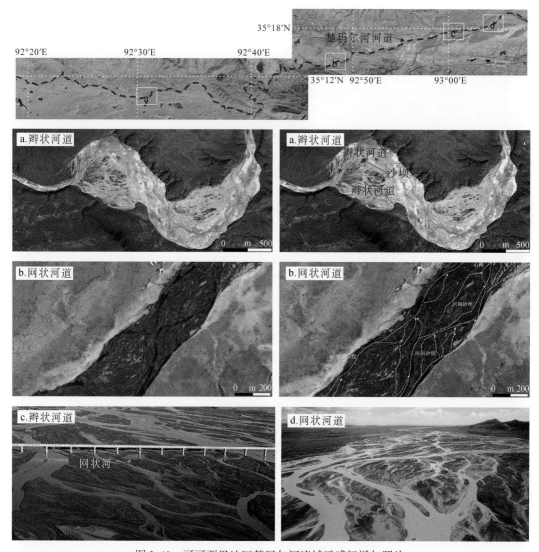

图 2.40 可可西里地区楚玛尔河流域遥感解译与照片

上图为研究区内楚玛尔河河道的大致形状与范围，下图 a 为楚玛尔河部分辫状河道的遥感解译（a 底图来自
谷歌地球，a 左为解译前，a 右为解译后），b 为楚玛尔河部分网状河道的遥感解译（b 底图来自谷歌地球，
b 左为解译前，b 右为解译后），c、d 为辫状河道和网状河道照片

长江南源当曲发源于唐古拉山中段北麓地区的霞舍日啊巴峰（5395m）附近。当曲是
通天河一级支流，主要有天曲、纽曲、拗吾曲、萨艾曲、查曲、果曲和吾钦曲等支流（张
继平等，2011）。当曲全长 352km，流域面积 30786km²，河床平均比降 2.63‰，径流以降
水、冰雪融水和地下水补给为主，多年平均流量 146m³/s，平均海拔 4600m 以上，流域形
状近似三角形（曹德云，2013）。当曲流域不仅有世界上海拔最高、面积最大的沼泽湿地，
而且是三江源保护区的核心区。当曲由于具有海拔高、水系复杂及大片沼泽湿地等特点，
一直是神秘的无人区，外地人很难深入其中（陈进等，2014）。

2.4.2　高原湖泊

可可西里地区湖泊星罗棋布，区内广大地带水流排泄不畅积储成泊，根据区域地理要素计算，可可西里地区湖泊度约为 0.05（胡东生，1994）。平均海拔高达 4400m，该地区湖泊群具有海拔高、密度大、类型多等突出特点，成为地球上海拔最高、范围最大的高原湖泊湿地景观（杨博辉和朗侠，2007）。

可可西里地区以内流湖（封闭湖盆）为主，并有少量外流湖（河间湖）的展布，发育多格错仁、多格错仁强错、可可西里湖、西金乌兰湖、乌兰乌拉湖、库赛湖等现代湖泊。内流水系很多起源于雪山，最终汇聚于高原湖泊。外流水系分别汇入黄河、长江、澜沧江、怒江、雅鲁藏布江、恒河，最终向东或向南入海（图 2.41）。第四纪河流溯源侵蚀导致内外流水系分界线自东向西迁移，在青藏高原东部形成高山峡谷地貌（吴珍汉等，2009）。

可可西里地区湖泊盆地主要是晚新生代以来形成的（边千韬等，1992），并随着青藏高原整体持续抬升过程中发生的差异运动而逐步发展。北西向及北东向断裂系控制了湖盆的菱形边界和带状展布（胡东升，1995）。区内第四纪湖泊是在新近纪湖泊盆地基础上重新发展起来的，故第四纪湖盆嵌套在新近纪湖盆之内，并由于青藏高原内部的差异运动发育了第四纪的湖泊盆地。其周边上隆的古近纪地层组成了低缓丘陵谷地，造成第四纪湖泊盆地断续的展布格局（鲁萍丽，2006）。湖泊形成之后，气候波动对湖面涨缩、湖泊水体升降和水质盐分增减产生了明显的影响。

根据沉积物特征及所处的地质构造背景，可可西里地区主要存在两种成因类型的湖泊，即构造断陷湖和冰蚀堰塞湖。该地区的湖泊大都受到高原隆升的影响和控制，所以构造断陷湖是区内最主要的湖泊类型。其中昆仑山在青海省南部分成三支，在中支阿尔格山和南支可可西里山之间，是一个新生代的拗陷带，分布着一连串山间湖泊，如可可西里湖、卓乃湖和库赛湖等。在可可西里山及南侧的唐古拉山之间，亦有一连串山间湖泊，如西金乌兰湖、乌兰乌拉湖、多尔改错等。巴颜喀拉山是黄河和长江的分水岭，陕北的黄河宽谷之中，与山系褶皱隆起同时出现几组断裂控制的构造湖，即高原上面积最大的外流淡水湖——鄂陵湖和扎陵湖，以及其周围湖群。这些湖泊的分布都有与山脉走向相同的特点，基本都属于构造湖。不论其在盛冰期是否被冰雪覆盖，也不论其现在是否依靠冰雪融化补给湖水，他们均是雪线以上的山脉中由横向、斜向断裂控制的构造湖（朱大岗等，2007）。

冰蚀堰塞湖主要分布于布喀达坂峰及马兰山山腰等高位处，顺山间沟谷展布，湖水多为淡水，湖泊具有数量多、规模小的特点（李建兵，2005）。这些冰蚀堰塞湖大多是青藏高原末次冰期冰川活动的产物。

乌兰乌拉湖是可可西里地区目前最大的湖泊（图 2.42），它是在青藏高原新构造运动过程中地壳岩层发生断陷而形成的。第四纪以来随着区域气候环境的变迁，乌兰乌拉湖也随之孕育、发展及演变。卫星遥感影像解译和野外地面调查资料等方面的综合分析表明，晚更新世末期乌兰乌拉湖还是一个有较大水体的外流湖。

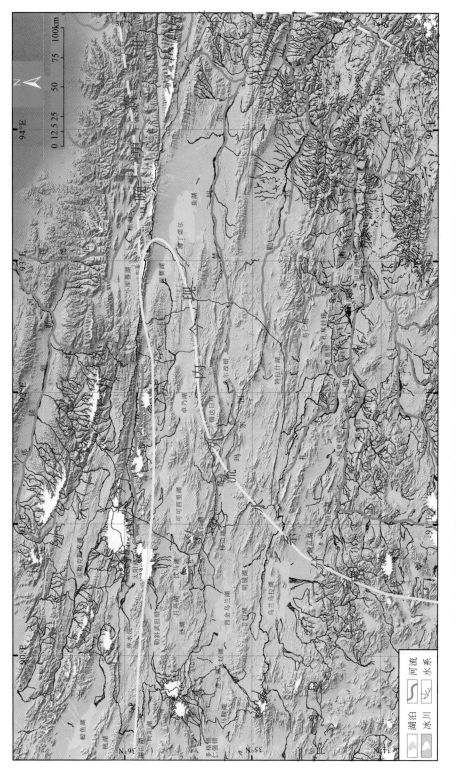

图 2.41 可可西里地区现今及晚更新世内外流水系及分界线分布图(据吴珍汉等，2009修改)

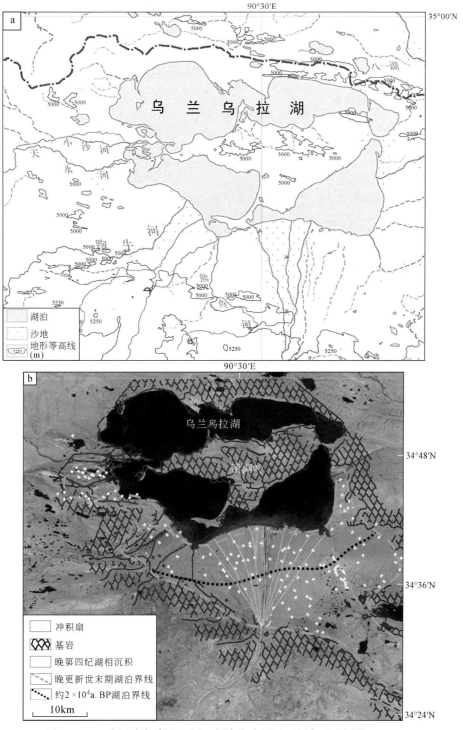

图 2.42　a. 乌兰乌拉湖地理图（据青海省军民两用交通地图册，2014）；
b. 乌兰乌拉湖地质演变图（据胡东升，1994 修改）

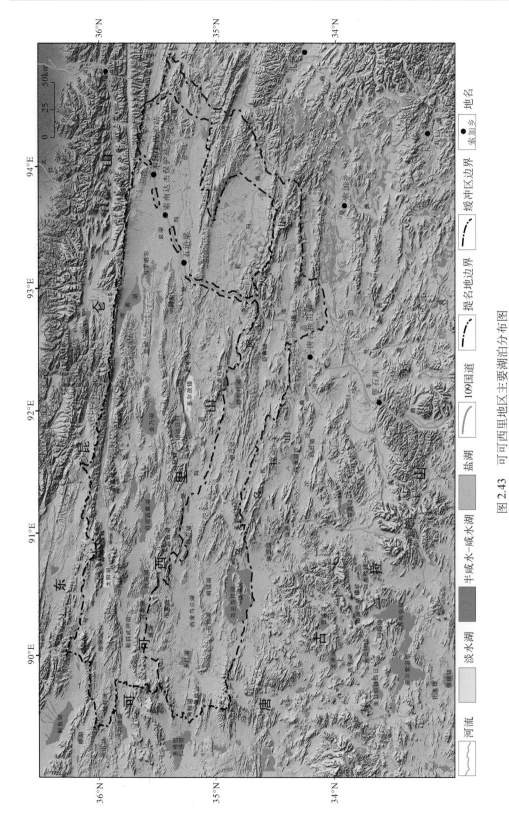

图 2.43　可可西里地区主要湖泊分布图

底图来自地理空间数据云 STRMDEM-90M；湖泊数据来源：罗重光等，2010；姚晓军等，2013；刘宝康等，2016

可可西里地区湖泊类型有淡水湖、半咸水–咸水湖和盐湖等，多为半咸水–咸水湖（矿化度 1～50g/L），淡水湖（矿化度<1g/L）和盐湖（矿化度>50g/L）分布较少（图2.43）。淡水湖多呈淡绿色，咸水湖多呈浅蓝–深蓝色，盐湖多呈白色及浅灰色（鲁萍丽，2006），涵盖了湖泊的不同演化阶段。

根据可可西里地区湖泊的基本构成及组分属性，其演化阶段可划分为孕育期、咸化期和成盐期三个阶段（胡东升，1995）。

（1）孕育期：该阶段的湖泊水质清澈，化学元素组分含量较低，优势组分浓度比差关系不太明显。基本组分构成比较均匀，处于一种混沌结构状态。经过对区内湖泊的计算和统计，处于该阶段的湖泊包括淡水湖和半咸水湖，占本区湖泊总数的 77% 以上。水体理化参数测算表明，本阶段湖泊的矿化度<16g/L，pH 为 6.8～9.2，相对密度为 1.00～1.01g/mL。可可西里研究区内处于该阶段的湖泊主要有太阳湖（图2.44）和多尔改错等。

太阳湖位于可可西里北部治多县西北边缘，布喀达坂峰与马兰山之间的断陷盆地内，属于柴达木盆地南缘那校格勒河南支红水河的河间湖（季节间歇性连通），其源于布喀达坂峰（青新峰）、马兰山和巍雪峰等冰川，以融水补给为主，水质良好。湖水深约 43m，透明度 2～3m。与区内其他湖泊相比，太阳湖各个时相的遥感图像相差很大，这可能与其湖水较深有关，也可能受到太阳湖春夏季节有大量高山冰雪融水补给的影响，使得太阳湖的水动力作用较强，湖底沉积带不断被湖泊水流改变，最终导致湖底地貌变化较大（罗重光等，2010）。多尔改错是长江北源楚尔玛河的河间湖，源于中新生代碎屑岩建造地带的泉水，水质较好，是这一地区畜牧业及野生动植物的重要淡水滋养源。

（2）咸化期：这一阶段的湖泊湖水溶质明显增高，化学元素组分浓度增大，出现优势组分含量强度峰值，水质咸化，水体化学分异显著，但表现得还不强烈，是一种过渡状态。本阶段湖泊约占区内湖泊总数的 13%，包括了所有的咸水湖，总矿化度为 27～37g/L，pH 为 6.6～8.6，相对密度为 1.015～1.035g/L（胡东升，1995）。研究区内这一阶段的典型代表为卓乃湖（图2.45、图2.46）和库赛湖等。

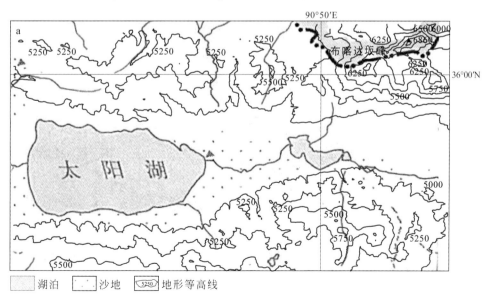

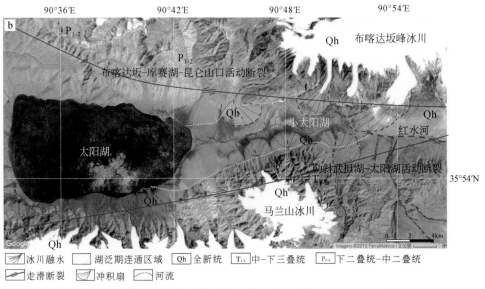

图 2.44　a. 可可西里地区太阳湖地理图（据青海省军民两用交通地图册，2014）；
b. 可可西里地区太阳湖遥感解译图（底图来自谷歌地球）

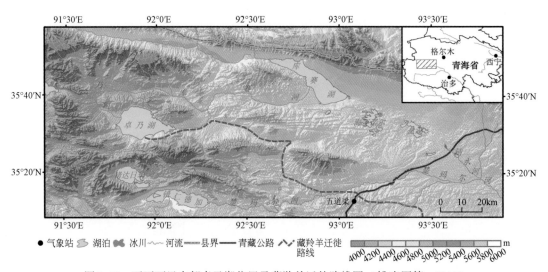

图 2.45　可可西里中部卓乃湖位置及藏羚羊迁徙路线图（姚晓军等，2012）

半咸水湖或咸水湖是青藏高原湖泊鱼类天然繁殖的重要水体。本区西南部的乌兰乌拉湖矿化度为 4～36g/L，pH 为 7.5～8.8，湖水比重约 1.000～1.025。研究表明（胡东升，1992），半咸水湖-咸水湖有丰富的无机盐营养质、耐盐碱水生植物纤维素和低等水生软体动物（水蚤、水蟹等）等高蛋白饵料，是高原特有鱼类繁衍生息的良好水域。幅员辽阔的可可西里地区也是青藏高原腹地野生动物聚集栖息的天然王国。动物通过采食石盐矿物，或摄取盐霜和盐碱土来补给生存必需的盐分。此外，盐霜和盐碱土在区内广泛发育，且更适合于动物的摄食习性。

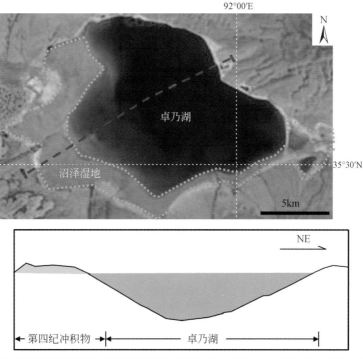

图 2.46　卓乃湖及其周缘湿地沼泽遥感解译图及剖面示意图（剖面据罗重光等，2010 修改）

在众多咸水湖-半咸水湖中，对藏羚羊生存影响最大的是可可西里北部的卓乃湖。卓乃湖是青藏高原上的一个微咸水湖泊，位于青海省格尔木西南 280km。湖盆面积约为 265.5km²（Yan and Zheng，2015）。该湖盆为新生代山间构造断陷盆地中的次级封闭洼地，边缘为第四纪冲积（图 2.46）、坡积、风积砂砾石、粉细砂等沉积岩层组成的阶地或台地，盆内被近代风积、湖积粉砂、黏土等细碎屑沉积覆盖（郑喜玉，2002）。该湖盆受区域构造控制呈东西向的梨形，西宽东窄。湖底地势总体上南高北低，深水区位于湖中南部，湖西部、南部和东部近岸地带为浅水区（罗重光等，2010）。湖水主要由卓乃河补给，卓乃河长 65km，源于五雪峰冰川南缘，汇冰川融水，在下游渗漏砂砾之中以潜流形式入湖（姚晓军等，2012）。

库赛湖位于可可西里地区北部，其南北两岸出露上三叠统深灰、灰黑色砂质板岩，断层面清晰可见；东部为第四纪晚更新世冲积、洪积和冰水堆积砂砾层，并分布一些湖泊退缩后残留的小湖（图 2.47）。库赛湖区属于高寒草原半干旱气候，年均气温 0 ~ 2.0℃，年降水量 100 ~ 150mm。库赛湖海拔为 4475m，湖泊面积 254.4km²，平均宽 5.98km，主要由源于大雪峰的库赛河补给。湖泊周围植被以典型的高寒草原为主，湖东南角分布有一些盐化草甸。库赛湖水深为 10 ~ 50m，湖泊东南部水域较浅，西北水域较深，最大深度达 50m。湖水 pH 8.3，矿化度 28.54g/L，属硫酸镁亚型微咸水湖（姚波等，2011）。

50 年来青藏高原气候和环境发生显著变化，具体表现为气温呈上升趋势（图 2.48）（宋辞等，2012），多地区降水逐年增加（姜永见等，2012），冰川普遍减薄退缩，融水增加（Yao et al.，2012）等。受上述及其他要素影响，青藏高原湖泊亦发生了显著的变化（李治国，2012）。

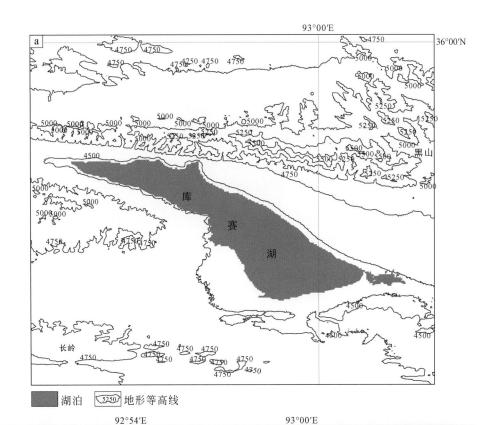

图 2.47　a. 可可西里地区库赛湖地理图（据青海省军民两用交通地图册，2014）；
b. 可可西里地区库赛湖遥感解译图（底图来自谷歌地球）

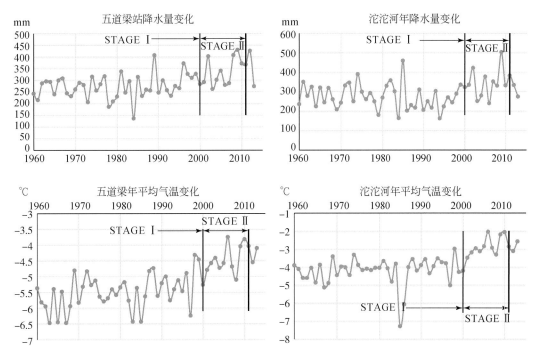

图 2.48　可可西里五道梁、沱沱河 1960～2013 年降水量和平均气温变化图（数据来自青海省气象局）

2000 年之后，可可西里地区湖泊主要是先萎缩后增加，变化趋势整体上以面积增加为主。2011 年 9 月，可可西里自然保护区腹地的卓乃湖湖水大量外溢，导致其下游库赛湖、海丁诺尔及盐湖相继发生湖水外溢事件（姚晓军等，2012）。经研究，库赛湖湖水外溢发生在 2011 年 9 月 20 日至 30 日期间，卓乃湖湖水进入库赛湖是后者发生变化的直接原因。卓乃湖湖水外泄的主要诱因是区域持续降水，其中 8 月 17 日和 21 日强降水使卓乃湖于 8 月 22 日出现漫顶溢流，8 月 31 日至 9 月 5 日、9 月 16 日至 17 日期间两次持续降水导致卓乃湖水量剧增，并在 9 月 14 日至 21 日期间形成洪水。库赛湖外溢湖水流入海丁诺尔后又进入盐湖，外来湖水大量进入导致海丁诺尔和盐湖在 10～11 月份快速扩大（姚晓军等，2013）。

卓乃湖溃堤事件被认为主要是青藏高原气候变湿变暖（董斯扬等，2014）的直接后果。青藏高原的气候变暖使区内冰川加速消融，冻土层减薄（Cheng and Wu，2007），降水量增加，湖泊面积普遍增大。据区内五道梁、沱沱河气象站1960～2013 年年平均气温和降水分布曲线图（图 2.48）可得，可可西里区内年平均气温和降水整体呈增加趋势。总体可分为两个阶段，即 1960～2000 年和 2000～2013 年，后者气温和降水的增加幅度明显较前者大，可能与近期人类活动对青藏高原影响的加剧有关。

卓乃湖—库赛湖—海丁诺尔湖—盐湖外溢的湖水流经青藏铁路时，在附近形成多个较浅的小湖和串珠状小水坑。距其最近的盐湖为高矿化度咸水湖，矿化度达 221.4g/L（马茹莹等，2015），高浓度盐水一方面会通过化学腐蚀和电化学腐蚀的方式对区内主要基础设施的金属部分，如青藏线附近的输油管线、通信设施等，产生明显的腐蚀作用。另一方

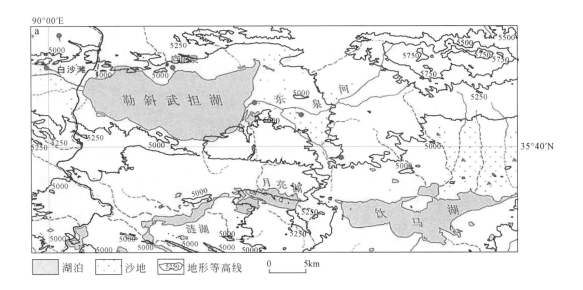

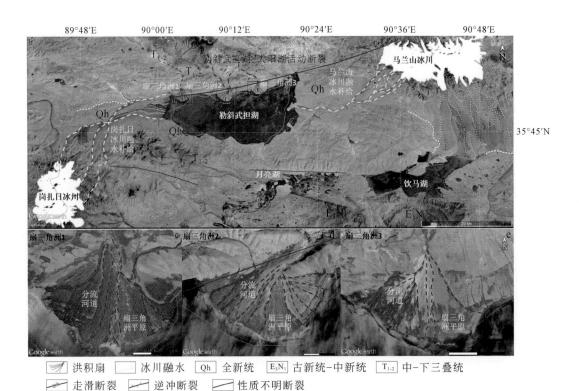

图 2.49　可可西里地区勒斜武担湖遥感解译图（底图来自谷歌地球）

a. 可可西里勒斜武担湖地理图（据青海省军民两用交通地图册，2014）；b. 勒斜武担湖及其周缘月亮湖、饮马湖
遥感解译图；图 c、图 d、图 e 分别为勒斜武担湖北部三个入湖扇三角洲遥感解译图，位置见图 b

面高浓度盐水也会对区内原本脆弱的生态环境产生破坏。卓乃湖系列湖泊群的四个内流湖逐渐向外流湖发生过渡，并将经过研究区的内外流水系分界线向西进一步推进，这也是第四纪以来我国东部外流水系河流不断溯源侵蚀的直接结果。

（3）成盐期：这一阶段的湖泊水是饱和流（近饱和流），其化学元素组分含量达到峰值，并出现湖水化学蒸发盐沉积。湖水发育呈有序分异的水化学岩相带，化学盐类也出现有序沉淀的矿物组合。本阶段湖泊约占区内湖泊总数的 10%，包括区内全部盐湖，总矿化度为 105~357g/L，pH 为 6.7~7.8，相对密度为 1.08~1.25g/L。这一阶段的典型代表为勒斜武担湖和西金乌兰湖。

可可西里中部地区为干旱气候环境，发育季节性溪流，受区域地貌控制处于内流水系地带，形成大量半咸水湖、咸水湖和少数盐湖（胡东生，1992）。区内共 9 个盐湖，卤水矿化度在 61.1~357.5g/L 之间。除勒斜武担湖为氯化物型盐湖外，其余均为硫酸盐型盐湖。勒斜武担湖（图 2.49）所在盆地为新生代山间构造断陷盆地，北部为昆仑山，南部为可可西里山，是呈东西向延伸的第四纪沉积盆地的次级盆地。源自盆地东部马兰山和西南部岗扎日峰冰川区的水系发育，东泉河及流沙河从东、西两端注入湖盆，为湖水的主要补给。

2.4.3　高原温泉

可可西里地处印度板块不断向北嵌入的路径前沿，东西向伸展拉张的地壳变形容易引起幔源物质上涌，溢出地表引起广泛的火山活动。同时，活动性深大断裂带的分布，迫使地下水沿热异常区出露，形成热泉，地热资源丰富。其中以唐古拉山北麓和昆仑山南麓更为集中，形成大规模的低、中、高温温泉群。这些温泉群大都分布在海拔 5000m 左右的地带，为世界上海拔最高的温泉群。如唐古拉山北麓的华台温泉群，该处汇聚泉眼 60 余个，水温普遍超过 70℃，具浓烈的硫磺气味；而位于布喀达坂峰南麓红水河畔的新青峰温泉群（图 2.50、图 2.51）正位于东昆仑南翼大断裂带之上，在仅 1000m² 的范围内，分布数十处泉眼，部分泉水喷出口水温超过 85℃。热泉群区内的砾石层风化轻微，泉华堆积有几厘米厚，时代十分年轻（李英杰，2002）。

乌兰乌拉湖南约 25km 的等马河出山口的温泉泉点位于等马河由南北向西南方向转折处的东侧河漫滩上，等马河向北注入乌兰乌拉湖的东南部分。泉点处于扁形开阔盆地的南缘近收敛处，位于北东向的活动断裂上，附近山区普遍分布中-上侏罗统、白垩系、渐新统和新近系火山岩等。泉带呈北东—南东方向展布，长约 500m，宽约 200m，主泉段面积约 3000m²，有黄色和灰白色土状物和黏土分布，形成泥丘或垅，厚 3m 左右。涌水量大，水温约 30℃，黄色土状物光谱半定量以砷>10000ppm 和银约 3000ppm 为突出特点，可见，这是导致乌兰乌拉湖东南湖水中的砷含量较高的直接原因。另外，布喀达坂峰、马兰山一带位于区域性活动断裂带附近，这可能与该区较高的河湖水矿化程度有密切的关系。

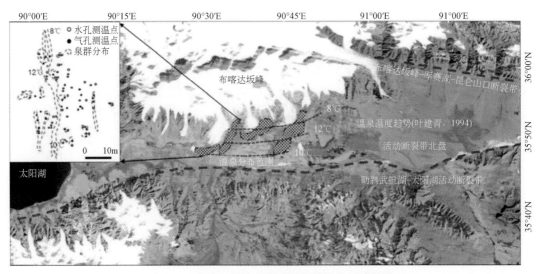

图 2.50　布喀达坂峰温泉群平面简图及遥感解译

底图自谷歌地球，温泉信息参考自叶建青等，1994；李英杰，2002

图 2.51　布喀达坂峰（新青峰）温泉群

图 a 为布喀达坂温泉群全景，镜头指向：300°；图 b、图 c、图 d、图 e 为部分温泉泉眼；图 f、图 g
为部分温泉泉眼附近形成的温泉泉华；图 a～c 为野外考察拍摄；图 d～g 据可可西里保护区管理局

2.5　小　　结

（1）利用 90m 分辨率的数字高程模型（STRM-DEM）提取可可西里地区高程信息，分析计算地势起伏度和坡度，将可可西里地区划分为三个地貌区，包括羌塘高原地貌区、东昆仑山地地貌区和三江源丘状山原地貌区。其中，乌兰乌拉湖南—雁石坪一线将羌塘高原地貌区分为北部的可可西里山原地貌亚区和南部的唐古拉极高山地貌亚区，可可西里山原地貌亚区（I₁）是青海可可西里保护区的主要部分。

（2）可可西里地区存在两级夷平面，山顶面是青藏高原最高一级夷平面，主要分布在可可西里北部的昆仑山和南部的唐古拉山，以及其他海拔超过 6000m 山峰的残留山顶面。根据可可西里地区山顶面是中新世五道梁群古湖盆的沉积基准面，确定山顶面形成于 22Ma 之前。主夷平面主要分布在可可西里的中部和北部，利用夷平面和火山熔岩的交切关系，确定主夷平面主要形成时间介于 7.77~3.4Ma 之间。

（3）可可西里地区发育的现代冰川是青藏高原北部第四纪大陆型冰川的代表，其中最为典型的是布喀达坂峰冰川和马兰山冰川，其山顶均为古夷平面，冰川的积累区相对宽展平缓，形成冰帽，四周冰舌下伸达山麓，形成山谷冰川，有的尾部伸到山麓平原上展布成为宽尾冰川。此外，还有悬冰川、冰斗冰川和坡面冰川等主要类型。气候变暖使得可可西里地区冰川退缩严重，据统计，各拉丹东、岗加曲巴冰川和姜根迪如冰川年平均退缩量分别约为 25m，50m 和 30m，并在退缩处形成了冰塔林、冰瀑布、冰洞等景观。气候变暖和冰川退缩导致冰缘区水资源的快速流失，地表和地下水补给减少，湿地和湖泊面积缩小，湖水盐碱化，能生长植被的地方面积缩小。

（4）冰缘地貌是一种在气候严寒地区常见的地表形态，青海可可西里地区的冰缘地貌是青藏高原北部大陆型冰缘地貌主要发育地，此区地处青藏高原腹部，海拔高、气温低，地表冻融过程强烈，是世界上典型的冰缘地貌区之一。可可西里地区作为我国特有的中低纬度高海拔高原多年冻土、冰缘地貌和第四纪冰川的发育地，对全球气候以及人类的生存环境都有重要影响。

（5）可可西里地表水系发育，长江正源沱沱河和北源楚玛尔河均发源于此；该区湖泊主要为构造断陷湖和冰蚀堰塞湖，多为咸水湖和半咸水湖。区内湖泊平均海拔高达 4400m，是世界上海拔最高、范围最大的高原湖泊群。由于气候变暖和第四纪河流溯源侵蚀作用的影响，区内湖泊溃堤事件时有发生，并呈现内流湖向外流湖转变的趋势。可可西里地区温泉以唐古拉山北麓和昆仑山南麓较集中，形成大规模的低、中、高温温泉群，温泉水就近汇入区内河流，构成研究区水系的重要组成成分。

第3章 可可西里区域地质特征

3.1 可可西里大地构造单元及构造区划

可可西里地区位于青藏高原腹地，属于青藏高原古特提斯复合地体的最北部，横跨巴颜喀拉褶皱带西段和羌塘地体北部，覆盖西金乌兰缝合带。

国际合作的青藏高原与喜马拉雅深部剖面探测计划（INDEPTH）为认识可可西里地区深部岩石圈结构提供了有力证据。在对青藏高原北部的大地电磁研究中发现（图3.1b，Wei et al.，2001），东昆仑构造带上地壳具有明显的高电阻率；位于昆南断裂和西金乌兰缝合带之间的可可西里地区相比羌塘地体北部也具有较高的电阻率，表明二者具有明显不同的基底特征。最新的 INDEPTH-IV 断面计划开展的广角反射地震研究发现，在可可西里下部存在较大范围的低速异常带（图3.1a，Karplus et al.，2011），表明下部有较强的热扰动。在对昆仑山南部和风火山地区野外地表研究中发现（图3.1c、d，吴珍汉等，2011），该区具有明显的向南逆冲的逆冲推覆构造，认为位于昆南断裂和西金乌兰缝合带之间的可可西里地区为洋壳俯冲关闭形成的增生楔构造环境。

根据可可西里地区地震波速结构和电性结构差异，以及地表野外构造特征、沉积环境的差异，可识别出研究区两条重要的区域构造边界，分别为北部的昆南断裂和南部的西金乌兰缝合带。这两条区域构造边界将该区由北至南划分为三个区域构造单元，分别为东昆仑造山带、可可西里增生楔和羌塘地体（图3.2）。

结合地表岩石露头和构造特征绘制的可可西里北北东向构造剖面发现（图3.2b），在乌兰乌拉断裂两侧具有不同的构造层次。其中，可可西里增生楔可识别出下石炭统—二叠系构造层、三叠系构造层、始新统—渐新统构造层和中新统构造层。位于乌兰乌拉断裂南侧，唐古拉山断裂北侧的羌塘地区具有古生界构造层、三叠系构造层、侏罗系构造层和始新统—渐新统构造层。从可可西里地区构造层次的分布规律来看，以乌兰乌拉断裂为界，可可西里南、北两侧在古近纪之前具有不同的构造和沉积环境，古近纪以后具有统一的沉积–构造环境。

3.1.1 区域构造边界

1. 昆南断裂

近东西向的昆南断裂是一条长达1000km的大型左行走滑断裂，西起布喀达坂峰南坡，向东可延伸至阿尼玛卿缝合带，称之为阿尼玛卿—昆南缝合带（Yin and Harrison，2003）。昆南断裂位于该缝合带的西部，该区未发现蛇绿岩出露，其左行走滑的运动学特征是晚古

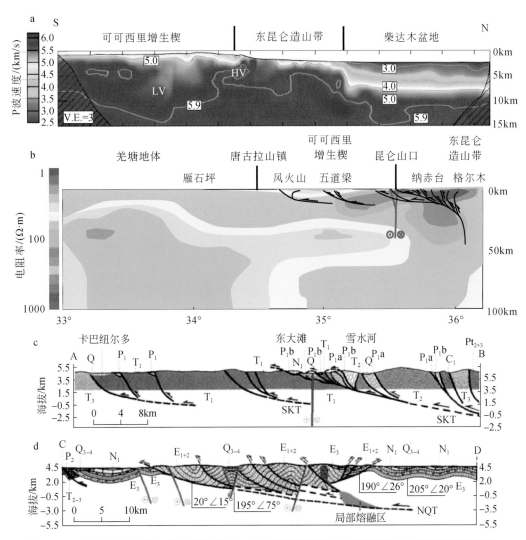

图 3.1　a. 可可西里深部 P 波速度结构图；b. 可可西里深部电阻率结构图及剖面断裂解释图；
c. 昆仑山南部逆冲推覆构造剖面；d. 风火山逆冲推覆剖面
（据 Wei et al.，2001；Karplus et al.，2011；吴珍汉等，2011 修改）

生代以来古特提斯洋向北部柴达木地体斜向俯冲的结果。由于后期构造抬升，深部的韧性走滑剪切带暴露出地表，并叠置了韧脆性和脆性应变，剪切带附近的糜棱岩具有左行走滑的性质（图 3.3）。昆南断裂两侧发育与其斜交（北西—南东向）的直立或扇形褶皱轴面，伴随密集流劈理，发育高角度逆冲断裂，构成北西—南东向斜列状褶皱山系（许志琴等，2006a）。

2. 西金乌兰缝合带

西金乌兰缝合带呈北西—南东向，向东南延伸为金沙江缝合，称为西金乌兰—金沙江缝合带。西金乌兰缝合带在可可西里地区发现两条蛇绿混杂岩带，分别在西金乌兰湖-蛇

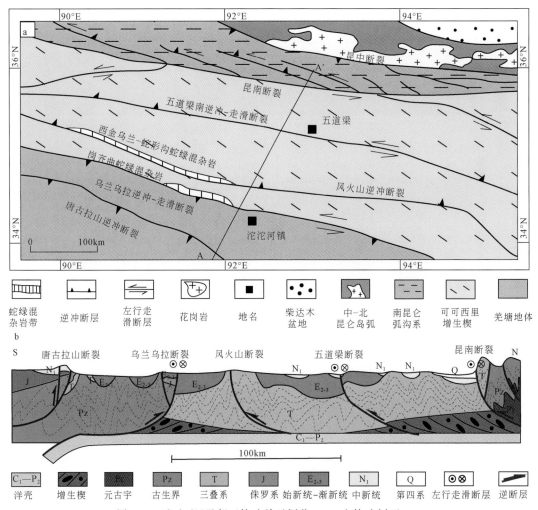

图 3.2　可可西里及邻区构造单元划分（a）和构造剖面（b）

（据 Wang et al.，2008；许志琴等，2011a 修改）

形沟地区和岗齐曲地区（边千韬等，1997b），沿风火山逆冲断裂和乌兰乌拉逆冲—走滑断裂分布。其中，前者具有明显的混杂堆积，为特提斯北部主缝合带的存在提供了依据，表明古特提斯洋洋壳在早石炭世已存在（武素功，1991；边千韬和郑祥身，1991）；后者为弧前蛇绿混杂岩，是古特提斯洋壳俯冲过程中形成的增生楔。李红生和边千韬（1993）将两条蛇绿混杂岩统称为西金乌兰—岗齐曲蛇绿混杂岩带。两条蛇绿岩混杂带皆沿逆冲带分布，是青藏高原金沙江缝合带的重要组成部分。

　　西金乌兰—金沙江缝合带在不同时期都被认为是冈瓦纳的北界（黄汲清和陈炳蔚，1987；朱迎堂等，2004），直至李才提出了龙木错—双湖—澜沧江缝合带（李才，1987；李才等，2007），认为北羌塘地体具有典型的扬子型沉积盖层与生物体系。至此，西金乌兰缝合带在古特提斯洋演化过程中的构造属性仍然存在着较大的争议。

图 3.3　昆南断裂附近的韧性剪切带（"σ 形" 旋转碎斑指示左旋剪切）

由于地面构造不明显，西金乌兰缝合带的俯冲极性是另一大争议，目前羌塘地体中花岗岩和蓝片岩的研究支持西金乌兰缝合带是向南倾的俯冲板片，其蓝片岩露头^{40}Ar–^{39}Ar 年龄为 223±4Ma，认为俯冲始于三叠纪（Roger et al.，2003）。

3.1.2　区域构造单元

1. 东昆仑造山带

东昆仑造山带是青藏高原内可与冈底斯相媲美的又一条巨型构造岩浆岩带（莫宣学等，2007）。东昆仑造山带位于可可西里最北部，其南部边界为昆南断裂，北邻柴达木盆地，其西端被阿尔金走滑断裂所截，东西延伸约 1500km。从北到南，昆中断裂将东昆仑造山带分为中-北昆仑岛弧和南昆仑弧沟间隙两个构造单元（张以茀和郑祥身，1996）。

中-北昆仑岛弧区内广泛发育海西期和印支期岛弧型花岗岩，伴有少量橄榄岩类和辉长岩，主要分布在昆中断裂以北的地区，总体呈北西西—南东东向展布（图 3.4），基本与区域构造线方向一致（袁万明和莫宣学，2000）。根据东昆仑西段祁漫塔格地区晚二叠世—早侏罗世侵入岩组合时空分布和构造环境的研究显示（王秉璋等，2014），该区晚二叠世花岗岩为侵位于被动大陆边缘的岛弧岩浆，与古特提斯洋俯冲相关；中三叠世花岗岩组合是昆仑岩浆弧的主体，其出露面积远超过本区其他时期的侵入岩类，形成于俯冲—碰撞转换阶段，与俯冲岩石圈板片的断裂有关；晚三叠世花岗岩组合形成于后碰撞阶段，是加厚陆壳底部幔源玄武质岩浆底侵的结果。

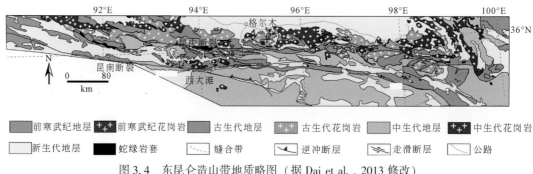

图 3.4　东昆仑造山带地质略图（据 Dai et al.，2013 修改）

南昆仑弧沟间隙位于昆中断裂和昆南断裂之间，是古特提斯洋俯冲东昆仑岛弧的弧前–海沟地区，区内火成岩很少，主要为石炭系、二叠系和三叠系浅海相碎屑岩夹灰岩。姜寒冰等（2012）通过对昆中断裂南北陆块基地、沉积盖层和岩浆对比的研究发现，中–北昆仑岛弧和南昆仑弧沟间隙具有完全不同的构造属性，认为在元古宙以前南北两陆块并非同一古陆块，两者具有不同的构造演化历史。这一研究发现对华南、华北和冈瓦纳大陆之间的分界有着重要意义。

2. 可可西里增生楔

可可西里增生楔位于松潘—甘孜—可可西里褶皱带西段，是青海可可西里的主体部分，位于昆南缝合带和西金乌兰缝合带之间，呈东西向狭长展布。

可可西里增生楔内未见前二叠系地层，最显著的特征是广泛覆盖 5~15km 厚的三叠系复理石沉积（Guillot et al.，2013），并且在印支期发生强烈褶皱变形（Worley et al.，1997），形成多个逆冲构造和滑脱岩片，主要包括五雪峰逆冲—滑脱岩片、可可西里山逆冲—滑脱岩片、康特金逆冲—滑脱岩片（图 3.5）。

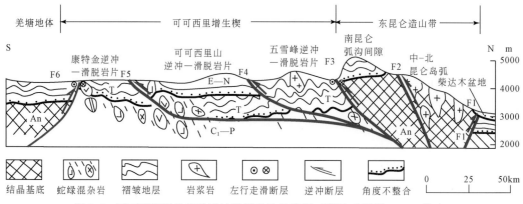

图 3.5　可可西里增生楔及逆冲滑脱岩片示意图（据边千韬等，1997 修改）

An. 结晶基底；C_1—P. 晚古生代蛇绿混杂岩；T. 三叠系；E—N. 古近系—新近系；F1. 昆北断裂；F2. 昆中断裂；
F3. 昆南走滑断裂；F4. 五道梁南逆冲断裂；F5. 风火山逆冲断裂；F6. 乌兰乌拉逆冲—走滑断裂

可可西里增生楔内三叠系复理石杂岩分布的区域可能远比狭长的松潘—甘孜—可可西里褶皱带宽得多。其分布范围可能已经达到东昆仑岛弧，并延伸到阿尼玛卿—昆仑—木孜塔格北面（Sengor and Natalin，1996）。该区三叠系复理石沉积位于华北被动大陆边缘古生代浅海层序的顶部（Yin and Harrison，2003），新生代地层不整合覆盖在变形的三叠系复理石沉积之上，变形程度较小。

由于该区未出露结晶基底，同时航磁异常显示出平缓的负异常，明显不同于周边有前寒武基底的羌塘地体和华北地块，并且未发现二叠系之前的基岩（Roger et al.，2008；Wu et al.，2016），故认为该区构造属性是洋壳上巨厚的增生楔沉积。在该区附近存在多条缝合带、条带状地体、岛弧群、高压变质带和增生楔系列组合，被认为是古特提斯增生造山系（许志琴等，2013）。可可西里地区三叠系侵入岩 Sr–Nd–Hf 同位素研究则表明，该区复理石沉积基底为陆壳岛弧（Zhang et al.，2014）。

3. 羌塘地体

羌塘地体位于西金乌兰—金沙江缝合带和班公湖—怒江缝合带之间，其最显著的特征是在中西部存在一长度大于500km，宽100km 的含蓝片岩变质带，被认为是一条重要的缝合带（李才，1987；李才等，2007）。该区侏罗系地层广泛分布于羌塘地体北部，被认为是可可西里地区三叠系造山带隆升后，在羌塘北部形成的前陆盆地沉积（李勇等，2001）。新生代唐古拉山的隆升，形成了可可西里现今统一的沉积盆地，是青藏高原最大的古近系—新近系前陆盆地。位于唐古拉山北部的羌塘地区也纳入了可可西里新生代沉积盆地的范围。

3.2　可可西里地层与化石组合特征

可可西里研究区内主要出露石炭系、二叠系、三叠系、白垩系、古近系和新近系等地层（吴驰华，2014）。其中可可西里盆地内部出露地层以古近系、新近系为主，周缘地区见石炭系—三叠系分布（表3.1）。可可西里研究区内，具有前晚二叠世的深水相放射虫、晚二叠世—侏罗纪的各种特提斯型海生无脊椎动物、白垩纪—新近纪亚洲型的湖泊河流相软体动物和第四纪的干冷高原型孢粉等化石，它们清楚地记录了可可西里地区的裂谷或洋盆—浅海—高原的古地理变迁史（沙金庚，1998）。根据岩石及其中的化石特征，可可西里由北向南可划分出东昆仑、可可西里和唐古拉山 3 个地层区，可可西里区又可分为可可西里和西金乌兰两个带。新生界以下各区（带）的地层组成区别显著：东昆仑区的地层主要由元古宇、古生界及中生界组成，但中三叠世以后没有海相沉积，缺失白垩系和部分侏罗系；可可西里和唐古拉山地层区均无石炭纪之前的地层出露，并缺失下侏罗统，白垩系为湖相红层（沙金庚，1998，图3.6）。

表 3.1 可可西里地区地层简表（吴驰华，2014）

界	系	统	地层名称			代号		接触关系	厚度/m	
新生界	第四系	全新统				Q_4			>15	
		上更新统				Q_3^{al-pl}			<10	
						Q_3^{fgl}			3～-1	
		中更新统				Q_2^{gl}			50～70	
		下更新统				Q_1^{gl}			<10	
	新近系	中新统	五道梁群			N_1^{wd}			>288.4	
	古近系	渐新统	雅西措群			E_3^{yx}			1027.12	
		始新统	南区	北区		南区	北区		南区	北区
			沱沱河群	风火山群	砂砾岩组	E_2^t	E_2^{fx}		643.12	5499.58
					砂岩组					
					砂岩夹灰岩组					
中生界	三叠系	上统	南区	北区		南区	北区		南区	北区
			结扎群	巴颜喀拉山群上亚群	板岩夹砂岩组	T_3^{jzd}	T_3^{byb}		>725.11	>534.32
					上碳酸盐岩组					
					上碎屑岩组	T_3^{jzc}			>1898.07	
					砂岩夹板岩组	T_3^{jzb}	T_3^{bia}		>544.63	>1103.09
					下碳酸盐岩组					
					下碎屑岩组	T_3^{jza}			1070.1	
古生界	二叠系	上统	乌丽群			P_2^{wl}			>945.28	
		下统	开心岭群	上碳酸盐岩组		P_1^{kwc}			>579.54	
				碎屑岩组		P_1^{kwb}			514.86～1112.98	
				下碳酸盐岩组		P_1^{kwa}			>229.19	
	石炭系	下统	杂多群			C_1^{zd}			>120.54～682.1	

1. 石炭系—下二叠统

可可西里地区石炭系地层鲜有出露，见于可可西里盆地周缘。1990 年中国科学院和青海省共同进行的可可西里综合科学考察，建立了石炭系—第四系地层序列，发现了早石炭世和早二叠世放射虫化石，从而确认石炭纪至早二叠世期间可可西里地区存在裂谷或洋盆（王玉静等，2005）。可可西里下石炭统产有放射虫和牙形类化石，它们产于西金乌兰湖北侧—移山湖一带（图 3.7），西金乌兰群蛇绿岩的基质硅质岩中，漂浮并可能为深水相的放射虫 *Albaillella indensis* 组合带的时代为维宪期。下二叠统的指引化石是漂浮并可能为深

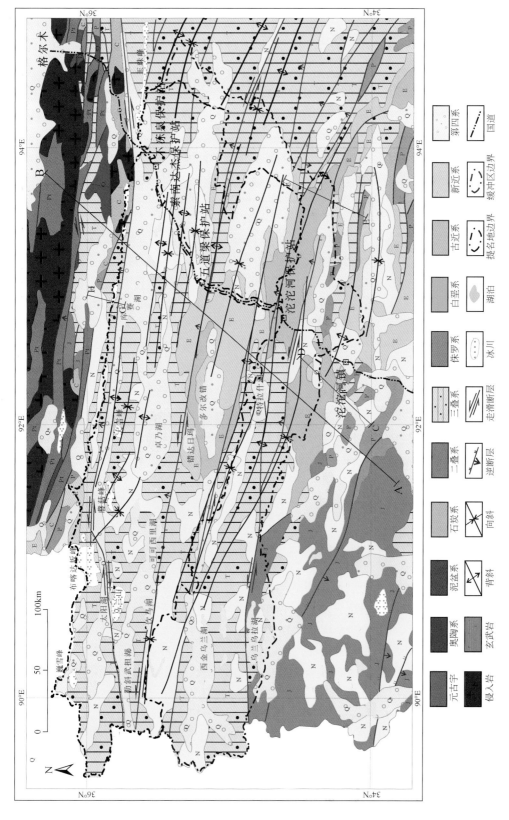

图3.6　可可西里研究区地质简图(据青海省1:250万地质图修改)

水相的放射虫 *Pseudoalbaillella scalprata rhombothoracata* 组合带，产于岗齐曲北侧康特金的西金乌兰群蛇绿岩基质硅质岩中（沙金庚，1998）。二叠纪之前，可可西里地区整体古地理格局为南深北浅，可可西里裂谷或洋盆的古地理位置可能属于古特提斯洋的北缘，靠近赤道附近（沙金庚，1995，2001；边千韬等，1997a；杜兵盈，2011）。

2. 上二叠统

上二叠统的化石类型明显多于下二叠统，化石包括了 *Codonofusiella lui* 和 *Palaeofusulina sinensis* 二带，分别产于汉台山南蛇形沟汉台山群灰岩段底部和青藏公路西侧开心岭乌丽群上部碳酸盐岩中（图 3.7）。与这两个带共存的有孔虫分别为 *Colaniella – Baisalina pulchra reitlingerae* 和 *Paraglobivalvulina piyasini – Hemigordius irregulariformis* 组合。它们是特提斯区晚二叠世的重要有孔虫组合，具有小基腔凹窝并生活于较深水中的牙形类 *Neogondolella rosenkrantzi* 带，产于岗齐曲北侧康特金乌丽群碳酸盐岩中。在可可西里地区，小而横长、近四边形、前闭肌痕特别发育的异齿类双壳类 *Netschajewia jiangsuensis*，产于开心岭乌丽群紧挨长兴阶 *Palaeofusulina* 层之下的煤系地层中。与双壳类化石同层的还有小个体腹足类，如 *Polygrina subtilostriata*，*Rhabdotochlis conveximaginatus* 等及腕足类和植物碎片（沙金庚，1995）。可可西里裂谷或洋盆消失而变为开阔浅海，其中繁盛着以特提斯型为主的各种生物，微体生物尤为发育（沙金庚等，1992；沙金庚，1995，2001；莫宣学和潘桂棠，2006）。

3. 三叠系—侏罗系

进入中生代以后，可可西里地区未见放射虫和钙藻，三叠纪的主要化石是牙形类、双壳类、有孔虫及腹足类等。此地区牙形类包括两个组合，即 *Neospathodus waageni – N. timorensis* 和 *Neogondolella mombergensis – Gladigondolella tethydis* 组合，分别产于汉台山南蛇形沟汉台山群灰岩段下部和西金乌兰湖北–长蛇梁西甘德组（图 3.7），代表早三叠世晚期斯密思–斯派斯期和中三叠世或中三叠世中期的地层。与 *Neospathodus waageni – N. timorensis* 组合同存的还有丰富的双壳类和腹足类。双壳类为 *Bakevellia costata – Leptochondria virgalensis – Entolium microtis* 组合（沙金庚，1995）。三叠世时，可可西里具有南高北低的古地理格局，早三叠世，海水由南向北退缩，南部（乌兰乌拉山及其南唐古拉地区）海底抬升为陆地，处于剥蚀状态，乌兰乌拉山以北和昆仑山之间仍为陆架浅海环境，北部海中有孔虫和钙藻遗迹，发育个体小但形态各异的双壳类和腹足类，以及腕足类、棘皮类和牙形类等动物（沙金庚，2001）。

晚三叠世时，可可西里带内的化石，几乎全为扁平薄壳弱铰合、足丝表栖、假漂浮或悬浮甚至可能游泳的摄食悬浮物的海燕蛤类（图 3.7）。这些化石均产于深或较深水相的类复理石沉积巴颜喀拉群下部（板岩夹砂岩），包括上卡尼阶和下诺利阶。*Halobia austriaca – H. yunnanensis – H. convexa* 组合见于勒斜武担湖西北侧和马兰山东北端。这一组合的 3 个指引种的时代为晚卡尼期，*Halobia yandongensis – H. aff . dilatata* 组合仅见于勒斜武担湖北侧的巴颜喀拉群下部。西金乌兰带内的化石以膨凸厚壳强铰合的半咸水相的厚心蛤类 *Trigonoduscarniolicus – Unionites rhomboidalis* 组合为特征，这一双壳类动物群产于苟鲁错北的苟鲁山克措组的长石岩屑砂岩中。唐古拉区结扎群上部为有孔虫碳酸盐沉积，在开心

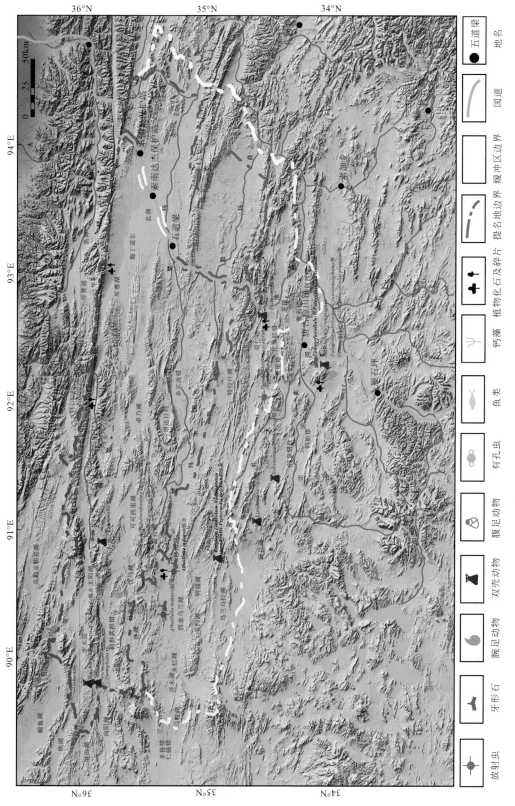

图3.7　可可西里地区化石分布图（据沙金庚，1998；张弥曼，2016修改）

岭发现了以包旋虫科占优势的 *Aulotortusbulbus-A. gaschi* 组合，这一动物群的时代主要为诺利期（沙金庚，1995；汤朝阳等，2007；图 3.7）。可可西里地区由北向南发生海侵，可可西里南部、唐古拉地区再度被海水覆盖为陆架浅海，而可可西里北部则因海水的加深而变成了半深海，随着沉积相的分异，生物组合也发生了分化（沙金庚，2001）。

侏罗纪生物化石以双壳类为主，伴存者有腹足类、海百合和生物遗迹，但仅限于乌兰乌拉山及其以南地区的中、上侏罗统。双壳类化石分为两层：① *Entolium corneolum-Radulopecten pamirensis-Protocardia stricklandi* 组合产于乌兰乌拉湖东山雁石坪群的生物碎屑灰岩中（图 3.7）。在这一组合中，壳厚而结实（如 *Protocardia*，*Anisocardia* 和 *Corbulomima*），附着牢固（如 *Lopha* 和 *Modiolus*）的适应高能环境的生物很多，并常成层出现。外栖足丝、外栖黏结和内栖移动者均有，偶尔夹有诸如 *Undulatula* 的非海生珠蚌类。② *Pseudolimea-Opis* 组合产于乌兰乌拉湖东山吉日群的生物碎屑灰岩中。虽然化石常堆积成层，但类型单调，并且保存不好，无法确定其种名。中晚侏罗世，可可西里地区为陆架浅海或滨海环境（沙金庚，2001）。

4. 白垩系

早白垩世时，出现了亚洲白垩纪特有的非海相双壳类三角蚌类的早期代表，在岗齐曲西南部（图 3.7），风火山群下部钙质粉砂岩中保存有 *Eokoreanaia qinghaiensis*，其特点是壳面中部 "V" 形角大（30°~140°），但 "V" 形脊不及腹部，前部光滑，后部具倒 "V" 形脊。双壳类共存的还有个体很小而呈盘形的 *Discohelix orientalis* 和低螺塔的 *Luciellina obsoleta* 等腹足类。在长蛇梁一带的地层中，发现了 *Acanthorhaphe* sp.，*Ophiomorpha annulata* 和 *Palaeophycus* sp. 等遗迹化石（沙金庚，1995）。侏罗纪末的燕山运动，使大海南去，海水全部从可可西里退出，可可西里海变成了陆地，但那里被断续相连成片的河、湖水体覆盖，其中栖居着东亚型非海相软体动物。白垩纪之后，可可西里地区全为非海相化石。

5. 新生界

可可西里盆地总面积为 101000km²，是青藏高原最大的新生代陆相沉积盆地（张以茀和郑健康，1994）。其基底为上古生界和中生界三叠系，盖层主要由新生界古近系、新近系和第四系组成，其中古近系和新近系盖层厚约 6230m，自下而上分别为风火山群（沱沱河群）、雅西措群、五道梁群。各群组岩性具有自己特有的标志，是青藏高原隆升历史的天然记录。

关于可可西里地区古近系和新近系盖层的分布和时代划定，一直存在争议。其中风火山群的时代确定为主要争议之一，通过研究沉积地层的上、下接触关系、地貌特征、变质特征和化石等资料（安勇胜等，2004），1∶20 万沱沱河幅区域地质图（1989）、1∶25 万沱沱河幅区域地质图（2005）、青海省区域地质志（1991）和可可西里首次综合科学考察（1994）均将其划为白垩系地层；刘志飞等（1999，2001）和吴驰华（2014）则通过磁性年代地层学的研究，确定风火山群沉积时代为早始新世—早渐新世，年代距今 56.0~32.0Ma（图 3.8），本书采用了后者使用磁性年代地层测定的划分方法。

始新世风火山群沉积物主要来自于南部的唐古拉造山带以及盆地内部剥蚀区，剥蚀地

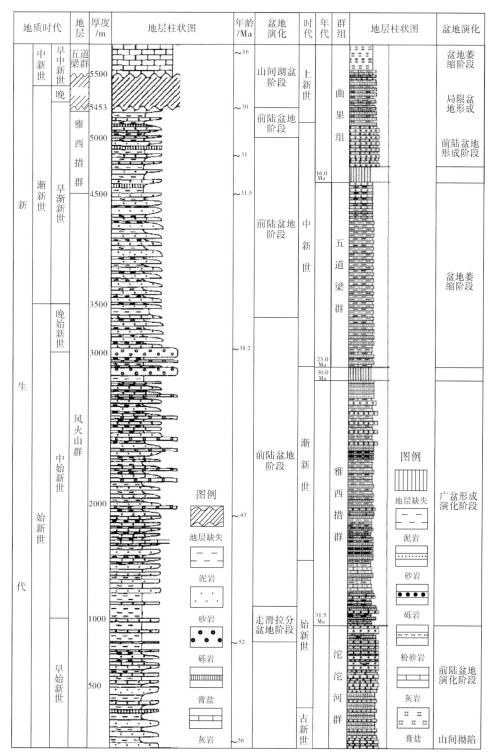

图 3.8　可可西里地区新生代地层柱状图（据刘志飞等，2001，2005 修改）

左：可可西里地区北部；右：可可西里地区南部（沱沱河盆地）

层主要为二叠系—三叠系的开心岭群、汉台山群、巴颜喀拉群和结扎群（刘志飞等，2001）。该群主要出露于风火山、二道沟、贡冒日玛和野牛山等地区（文军，2012），为一套河湖相碎屑岩系。该群与下伏三叠系结扎群、乌丽群和开心岭群角度不整合接触，部分地区与上覆雅西措群角度不整合接触。风火山群岩性主要为紫红色泥岩、砂岩和砾岩，夹青灰色砂岩、灰黑色生物碎屑灰岩和灰白色薄层状石膏岩等岩性（青海省地质调查院，2005，见附图 10.2i）。

　　研究区内沉积盖层分布的另一争议是沱沱河群的有无和分布范围。1：20 万与 1：25 万区域地质图和前人地层学研究（Wang et al.，2008；Li et al.，2012）认为可可西里盆地风火山群与沱沱河群在岩性地层与年代地层学方面为两个独立的地层单元。根据区域地质图，沱沱河群和雅西措群平行不整合沉积于风火山群地层之上（图 3.9a）。相反，风火山与沱沱河盆地的磁性地层学和岩性地层学研究表明，雅西措群地层整合覆于风火山群之上（图 3.9b，Liu et al.，2005；Li et al.，2012），无沱沱河群的沉积。本书主要应用吴驰华（2014）的划分方法，即将发育于可可西里南部沱沱河盆地内的风火山群沉积地层称为沱沱河群，可可西里北部地区仍沿用风火山群这一名称（图 3.8）。

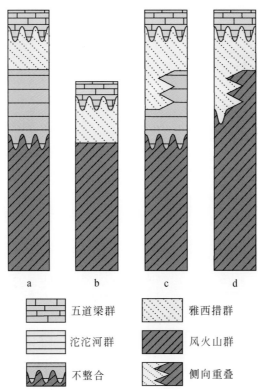

　　　　　　　图 3.9　五道梁群、雅西措群、沱沱河群与风火山群的接触关系示意图
　　　　其中图 a 据 An（2004）；图 b 据 Liu et al.（2005），Li et al.（2011）；图 c 与图 d 据 Staisch（2014）

　　另外，不同地层单元之间可能存在侧向重叠的部分（图 3.9c，d），其中若将沱沱河群与风火山群视为不同的沉积地层单元，则风火山群同其上覆的沱沱河群、雅西措群为不整

合接触，并且雅西措群下部和沱沱河群的上部存在一定的重叠部分，代表了当时该区沉积相的侧向变化（Staisch，2014）；同理，若将沱沱河群与风火山群视为同一地层单元，则在某一时期区内雅西措群与风火山群上段为同时期沉积。

早渐新世雅西措群沉积主要来自于唐古拉山、白日榨加和黑石山—高山造山带，剥蚀地层主要为石炭系—二叠系、二叠系—三叠系地层（刘志飞等，2001）。岩性上主要为紫红、砖红色泥岩、含膏泥岩与紫红色粉砂岩、细砂岩的韵律互层，为河流和湖泊相沉积，并以湖泊环境为主。另外，雅西措群大量发育含盐层系，主要出露于南部的错仁德加盆地（文军，2012），含盐层系以石膏为主，呈层状分布并夹部分石膏结核层，顶部为红色砂岩。体现了渐新世早期的全球变冷变干事件在青藏高原北部的记录（刘志飞和王成善，2000）。

早中新世五道梁群主要分布于可可西里地区的西金乌兰湖、库赛湖、错仁德加、苟鲁山克措、沱沱河及五道梁一带，为内陆湖泊相碳酸盐岩建造（苟金，1991）。主要发育灰白–灰黄色薄–中厚层状泥晶砂屑粉屑含白云质灰岩、亮晶团粒团块含白云质灰岩、生物碎屑灰岩夹含锌银菱铁矿层，广泛发育介形类化石。另外，五道梁群亦发育湖相叠层石，并以穹隆状最常见，局部成丘状叠层石藻礁。叠层石的出现指示区内曾发生大规模湖泛事件，说明青藏高原中新世曾出现过气候异常湿润期（尹海生等，2008）。

据 Liu 等（2012）对可可西里盆地沉积物的磁性地磁特征研究（图 3.10），得出风火山群的磁性地层年龄为 51~31Ma（早始新世—早中渐新世），雅西措群的磁性地层年龄为 31~30Ma（中早渐新世—晚早渐新世）。风火山群最新的古地磁数据表明该群沉积时期，可可西里盆地整体不存在明显的旋转变形，而五道梁地区雅西措群沉积物的地磁倾向数据表明，该区自晚渐新世起存在一个 29.1°±8.5°顺时针的旋转。可可西里盆地新生代古地磁极位置的变化指示该区早始新世—晚渐新世存在明显的向北同欧亚板块汇聚的过程。

古近系和新近系中保存有软体动物化石。苟鲁错南中新统湖相泥质灰岩中含有可能反映盐度异常的个体长度不过 3mm 的小而少的 *Sphaerium nitidum* 双壳类，此种双壳类化石在准噶尔盆地的中新统中也有存在。化石层中还富集了腹足类 *Galbaelegans* 和 *Cincinna applanata* 等（沙金庚，1995；Sha and Grant-Mackie，1996）。第四系中仅见孢粉化石，主要为 *Compositae*、*Artemisia*、*Gramineae*、*Chenopodiaceae* 和 *Pinus* 等，出现于乌兰乌拉湖、太阳湖东洪水河南岸、五雪峰西北洪水河北岸和库赛湖东北山前泥砂质洪积或湖积层中，时代为晚更新世—全新世。孢粉植物群的组成，与西藏中南部的全新世和扎仓荣卡晚更新世的孢粉植物群均有相似之处。其中的蒿类植物群，现代在雅鲁藏布江一带的分布高度为 4000~4400m，禾本科植物群现已成为羌塘高原草原和荒漠草原的主要成分，其分布高度一般为 4000 多米（沙金庚，1995；吴珍汉等，2006b）。随着古近纪以来印度与欧亚两板块间的碰撞和挤压，或喜马拉雅运动的出现，青藏高原大规模隆起，孢粉资料显示渐新世晚期—中新世早期青藏与周边邻区的古环境发生了显著分异，导致青藏地区热带亚热带植物濒临消亡（吴珍汉等，2006b）。晚更新世时，可可西里的海拔已约 4000m，成了气候干冷、氧气稀薄的高原，地表植被属于草原或荒漠草原型。晚更新世至现今，可可西里又隆升了近 1000m，成了"死亡地带"（武素功等，1994；沙金庚，1995），湖泊明显咸化，软体动物，特别是双壳类变得小而稀少，其他水生生物非常罕见（沙金庚，1995）。在昆仑

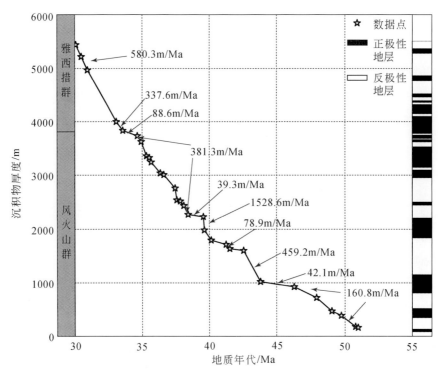

图 3.10　可可西里盆地沉积地层厚度–沉积速率分布示意图（据 Liu et al., 2012 修改）

山口采集到上上新统羌塘组下段地层鱼骨化石（*Gymnocypris* sp. 和 *Triplophysa* sp.），这种骨骼增粗、生存于高盐度湖泊环境中的鱼类为青藏高原的隆升和古环境演化提供了证据（张弥曼，2016）。

3.3　可可西里构造样式与变形作用

3.3.1　可可西里区域构造特征

可可西里地区经历过石炭纪—晚二叠世古特提斯洋盆关闭、晚三叠世—侏罗纪前陆盆地的形成和新生代青藏高原的隆升三期重要构造运动。频繁的构造运动在区内导致了广泛的构造变形，其中以逆冲断裂、走滑断裂、褶皱和区域性升降为主，由南向北形成了唐古拉逆冲断裂带、乌兰乌拉湖—岗齐曲逆冲走滑断裂、西金乌兰湖—风火山逆冲断裂等多条不同性质的大断裂（图 3.2）和不同构造样式的褶皱等（图 3.11），从而构成现今复杂的构造格局（刘海军，2007）。参考前人研究（薛重生，1997；郑来林等，2004），总结如下构造样式及组合特征。

1. 断裂

断层走向以北西西—南东东到东西向为主（图 3.6）；另外有少数北西向和北东向以

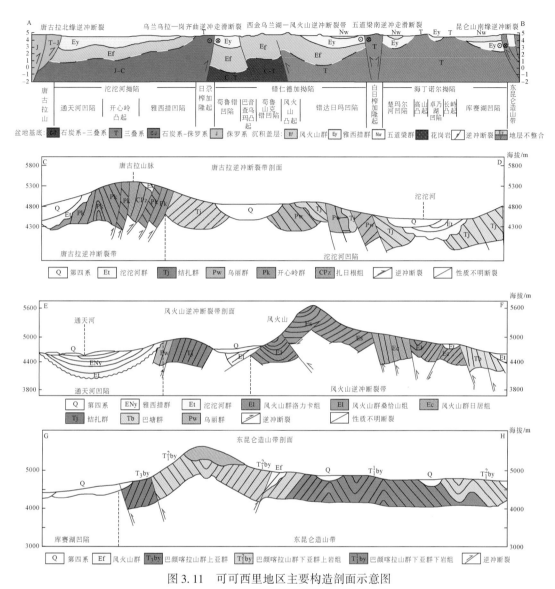

图 3.11　可可西里地区主要构造剖面示意图

分别据研究区 1∶20 万区域地质图，1989；1∶25 万区域地质图，2005；姜琳，2009 修改，剖面位置见图 3.6

及北东东向断层。平面上，北西西—近东西向断层分布不均匀，靠近可可西里盆地边缘（特别是南部边缘）和中央隆起南北两侧发育，数量多、规模大，常构成断裂带，并控制了盆地边界；北东向及北北东向断层发育于多尔改错一带及卓乃湖北西侧，数量较少，规模不大。北西向断层多分布于盆地南西侧边界处，规模巨大，构成断裂带，延伸长达400km，挤压透镜体发育，透镜体大者可达 15km×3km。

断层组合方面，在平面上，可可西里地区的断层常平行延伸或沿走向分叉合并，构成断裂带（图 3.6）。其次，主断层和分支断层构成"人"字形组合，不同方向断层交叉构成菱形状、网格状组合，北西西—近东西向断层受北西—南东向断层切割，表现为北西西—近东西向断层的阶梯状展布。平行的两条断层及其间破碎带小断层组合，构成条带状的透镜体, 透镜体呈叠瓦状排列 (图3.12)。

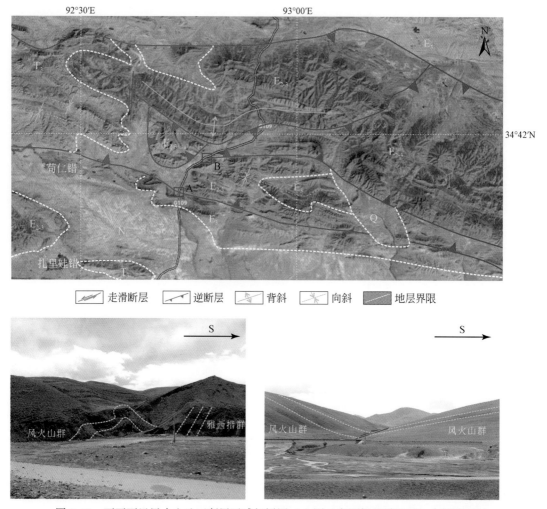

图3.12　可可西里风火山地区断层遥感解译图 (上图, 底图据谷歌地球) 与野外照片

北西西—南东东向断层受北东向及北东东向断层切割, 表现为右旋错动。近东西向断层受北西向断层切割同样表现为右旋错动。北东东—南西西向断层受北西—南东向断层右旋错动。部分北西—南东向断层还表现为受北西西—近东西向断层的限制。可以得出, 北西西—近东西向的断层产生时间较早, 其次为北东向及北东东向断层, 最后为北西向断层。

2. 褶皱

褶皱枢纽走向主要为北西西—南东东到近东西向, 少量北西向, 偶见北东向褶皱。且褶皱的规模一般较大, 沿轴向延长一般可达数千米到数十千米。这些褶皱平面上多为线型褶曲, 部分为短轴状褶曲。剖面上褶皱多较开阔, 且背斜相对向斜紧闭, 背斜两翼产状多较陡, 而向斜两翼一般较缓, 呈 "类隔挡" 式褶皱, 也可见 "类隔槽" 式褶皱。褶皱多为直立水平褶皱, 部分为直立倾伏褶皱。垂向上, 不同构造层褶皱发育程度有所差别, 区内盆地盖层中褶皱普遍较基底中褶皱开阔，新构造层中褶皱一般较老构造层中褶皱开阔。如五道梁群中褶皱常表现为幅度很小的地层弯曲。平面上，背斜褶皱的剧烈程度由盆地边缘向盆地内部逐渐减弱。靠近盆地边缘的褶皱多为线状，平面上呈平行状或 S 形（图3.13），且与逆断层平行，盆地内褶皱接近短轴状。

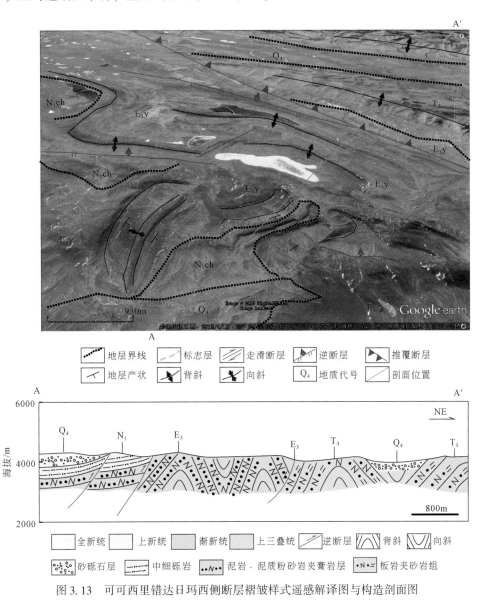

图 3.13　可可西里错达日玛西侧断层褶皱样式遥感解译图与构造剖面图

可可西里盆地内褶皱的平面展布特征主要为：平行盆地边缘的褶皱山脉成排分布，边缘地带常伴有向盆地内部推覆的逆断层或逆冲断层。另外，同区内部分断层一样，这些褶皱同样具有一定的继承性。可可西里地区平面褶皱组合多呈平行式，并多构成复背斜、复向斜等多种组合样式。

3. 组合特点

断层和褶皱的组合特征表现为基底中三叠系强烈褶皱，断层使褶皱一翼地层缺失，极个别断层穿过褶皱核部。盖层中褶皱与断层关系密切，多局限于断层所围限的断块内，为断层限制或破坏，表现为发育于北西西—近东西向近平行的两条断层之间，或是发育于几条断层组成的网格中间。此格局于盆地中央隆起地带特别发育，且平行断层间距较大者多发育宽缓向斜，间距较小之间多发育紧闭背斜，个别北西西—近东西向褶皱受北西向断层左旋错断，地层不连续。风火山一带及其东南部的风火山群及雅西措群地层中褶皱较发育，断层不发育，二者关系较为简单。

3.3.2 可可西里活动断裂及地震活动

新生代青藏高原的抬升运动在可可西里研究区形成了多处活动性断裂（邓万明，1997），由北向南分别是：①布喀达坂峰—库赛湖—昆仑山口左旋逆冲活动断裂；②勒斜武担湖—太阳湖左旋逆冲活动断裂；③五道梁南左旋逆冲活动断裂系；④西金乌兰湖-风火山逆冲断裂系；⑤乌兰乌拉湖-岗齐曲左旋逆冲活动断裂；⑥唐古拉逆冲断裂（图3.14）。这些活动断裂大都呈北西西向展布，此外，还有许多其他的活动断裂特别是北东向断裂（叶建青，1994）。北西西向断裂现今活动强烈，具有高速率的左旋滑动特征，也是强烈地震活动区（徐锡伟，2002；吴珍汉等，2003）。

1. 可可西里地区活动断裂

东昆仑断裂（又称东昆仑活动断裂带）是具有深部构造基础、发育历史悠久和长期活动的全新世活动断裂，横穿青藏高原北部，是一条形成于印支期（236.8Ma）的强地震活动带（姜春发和朱松年，1992）。20Ma之后，韧性应变向脆性应变转化（许志琴等，2011a），左行走滑运动直至现今，并伴随强烈地震活动（徐锡伟等，2002）。东昆仑活动断裂带是印度板块向欧亚板块俯冲过程中在青藏高原内部沿东昆仑古构造缝合带形成的以左旋走滑运动为主的一条北东东向大断裂带。自西向东由库赛湖断裂、西大滩断裂、阿拉克湖断裂、托索湖断裂、东倾沟断裂和玛曲断裂等一级分支组成（青海省地震局，1999），构成可可西里—巴颜喀拉地块与柴达木—昆仑地块的重要边界和青藏高原北部强烈地震活动带（任金卫等，1993）。

布喀达坂峰—库赛湖—昆仑山口全新世活动断裂是东昆仑南缘规模宏大的活动断裂，属于东昆仑断裂偏向库赛湖一侧的分支（图3.15）。其北侧活动断层最大水平位移量70～100mm，运动速率约10mm/a（叶建青，1994）。2001年昆仑山口西发生8.1级地震以及一系列7.0级左右地震，地震形变带自西向东横跨可可西里无人区，整个形变带的平均海拔在4800～5300m，长400km，最大错位达6m（都昌庭，2003）。

该断裂北侧的布尔汗布达山脉山峰海拔一般在6000m左右，而断裂南侧海拔仅在4800～5000m之间，相对高差大于1000m，反映断裂活动的强度和幅度（叶建青，1994）。该断裂带宽约2～4km，北为下古生界地层。库赛湖—大石岭之间，出现古元古代结晶岩系，断裂南侧为中、上三叠统甘德组及巴颜喀拉群。

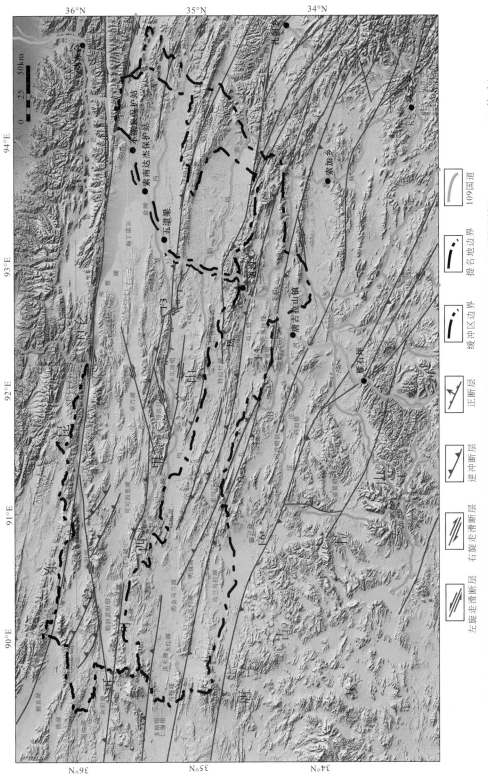

图3.14　可可西里地区活动断裂分布图（底图来自地理空间数据云STRMDEM-90M；断层位置据Wang et al.，2008修改）

F1.布喀达坂峰—库赛湖—昆仑山山口活动断裂；F2.勒斜武担湖—太阳湖活动断裂；F3.五道梁南活动断裂；F4.西金乌兰湖—风火山逆冲断裂；

F5.乌兰乌拉湖—岗齐曲活动断裂；F6.唐古拉逆冲断裂

图 3.15　a. 布喀达坂峰—库赛湖—昆仑山口断裂遥感解译图；b. 昆仑山南缘断裂断层三角面

a 图底图据谷歌地球，参考文献：张克信等，2009；胡道功，2007；张军龙等，2014；b 图为布喀达坂峰—库赛湖—昆仑山口断裂在布喀达坂峰附近形成的断层三角面（中国科学院青藏高原研究所，2006）

勒斜武担湖—太阳湖活动断裂位于布喀达坂峰—库赛湖—昆仑山口活动断裂西段南侧，东端点在五雪峰东处与布喀达坂峰—库赛湖—昆仑山口活动断裂相交，西延经太阳湖南岸的马兰山北坡、勒斜武担湖北岸后进入西藏可可西里（图 3.16）。研究区内断裂全长 130km，走向 70°。在断裂西北盘，相继于 1973 年 7 月 14 日、15 日、17 日发生 4 次 $M_s \geqslant$ 5.0 级地震，其中最强的地震为 7 月 14 日 $M_s = 7.3$ 级地震，反映西段现代断裂活动特征。

| 中新统粗安岩 | 右旋走滑断层 | 左旋走滑断层 | 逆断层 | 地层界限 |

图 3.16　勒斜武担湖—太阳湖活动断裂带解译图

勒斜武担湖—太阳湖断裂是一条继承性活动断裂，古近纪和新近纪火山喷发、全新世温泉活动、古地震活动均位于湖东梁以东地段，断裂枢纽点以东的活动强度、频度均高于枢纽点以西的西段（叶建青，1994）。

西金乌兰湖—风火山逆冲活动断裂带位于西金乌兰湖北岸，西延经双头山、天台山、岗扎日山峰进入西藏可可西里；东延经移山湖北岸、顺利山，大致出露于可可西里山南坡，经风火山北麓和勒玛曲谷地，过玉树、甘孜与理塘断裂相接。西金乌兰湖—风火山逆冲活动断裂带由多条走向 120° 左右，长 40~50km 的次级活动断裂不连续分布或交织，并被北东向断裂斜切构成总体走向约 10°~90° 的活动断裂系（图 3.17）。该活动断裂地貌上控制现代风积沙垄及星月形沙丘的分布，沙垄沙丘的南缘连线便是活动断裂的地表露头，线性特征十分明显。

图 3.17　可可西里青藏公路沿线五道梁南活动断裂带地表出露情况

a. 五道梁活动断裂地表破裂带，照片位置：35°14.453′N，93°05.176′E；镜头指向：103°；

b. 风火山口北逆冲断裂地表破裂带，照片位置：34°45.232′N，92°53.942′E；镜头指向：267°

乌兰乌拉湖—岗齐曲活动断裂带是现代地震的主要发震断裂，地表出露有 1988 年 4 月 5 日唐古拉 M_s=7.0 级地震的破裂形变带，长达 9km，地震破裂形变带走向 80°～90°，与主断裂构成近 30°的交角。（叶建青，1994）。其西段位于乌兰乌拉湖北岸的屏湖岭，沿 110°走向经望牲山、多索岗日南坡后走向逐渐南偏，经岗齐曲南，大致在开心岭煤矿附近进入巴颜喀拉山，境内全长大于 180km。活动断裂带南侧，发育一套富碱的中性侵入岩类，地貌上山体呈浑圆状且连续分布；断裂的北侧，则发现有属于海相喷发的枕状玄武岩及硅质岩石灰岩等蛇绿岩套组合。

除上述大规模活动断裂之外，可可西里研究区内还发育多种不同性质的小型活动断裂，如错达日玛–错仁德加地区（图 3.18）、南部靠近羌塘高原地区（图 3.19）发育一小型正断裂。

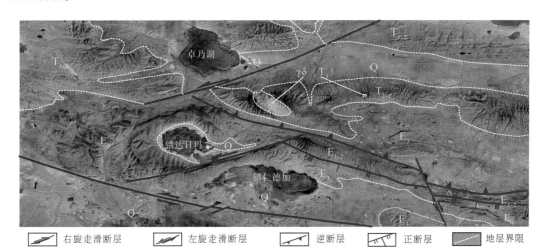

图 3.18　可可西里地区错达日玛—错仁德加断裂遥感解译（底图据谷歌地球）

图 3.19　可可西里地区羌塘正断层遥感解译（底图据谷歌地球）

2. 可可西里地区地震活动

可可西里研究区内发育多条活动断裂，活动断裂的广泛分布使可可西里地区成为地震频发区（图 3.20），其中最大的地震发生于 2001 年，昆仑山口西 8.1 级地震造成的地震形变带自西向东横跨可可西里无人区，整个形变带的平均海拔在 4800~5300m，长 400km，最大错位达 6m（都昌庭，2003）。

可可西里地区 1920 年以来 $M_s \geqslant 6.0$ 级的地震共发生过 8 次，占青海省的三分之一，M_s = 5.0~5.9 级的地震 15 次，其中 1998 年 11 月 5 日 M_s =7.0 级的地震在地表出现 9km 的地震破裂形变带。35°N 以北的可可西里广大地区基本没有现代中强地震发生，虽然地表上残留有许多古地震破裂形变遗迹，但现代地震活动是很弱的。35°N 以南却几乎包括了整个可可西里地区的所有地震，而乌兰乌拉湖—岗齐曲活动断裂带就占有了可可西里 $M_s \geqslant 5.0$ 级地震总数的 60% 和 $M_s \geqslant 6.0$ 级地震的 75%，是少有的现代中强地震发震断裂带（叶建青，1994）。

已查明东昆仑断裂带是一条延伸超千公里，深切地壳莫霍面的，新生代以来尤其是全新世活动十分强烈的深大活动断裂带，又是一条明显的重力梯度带和地壳厚度转变带，作为青藏高原南部隆起与北部拗陷的分界断裂（曾秋生，1992），这些都是发生大震的必要构造条件。在东昆仑断裂带，历史上曾多次发生 7.0~8.1 级地震。如 1937 年 1 月 7 日花石峡 7.5 级地震、1963 年 4 月 19 日阿拉克湖东 7 级地震和 2001 年 11 月 14 日沿昆仑山走滑断裂西侧库赛湖活动断裂发生 8.1 级强烈地震。东昆仑断裂带上发生的大地震有从东向西逐渐发展的趋势，结合上述各地震的震源触发机制研究，花石峡 7.5 地震与阿拉克湖东 7 级地震的破裂段相邻，先发生的花石峡地震对后者有明显的触发作用，破裂面库仑力变化达 0.327MPa（薛艳，2012）。而昆仑山口西 8.1 级地震同上述两次地震发生于同一断裂

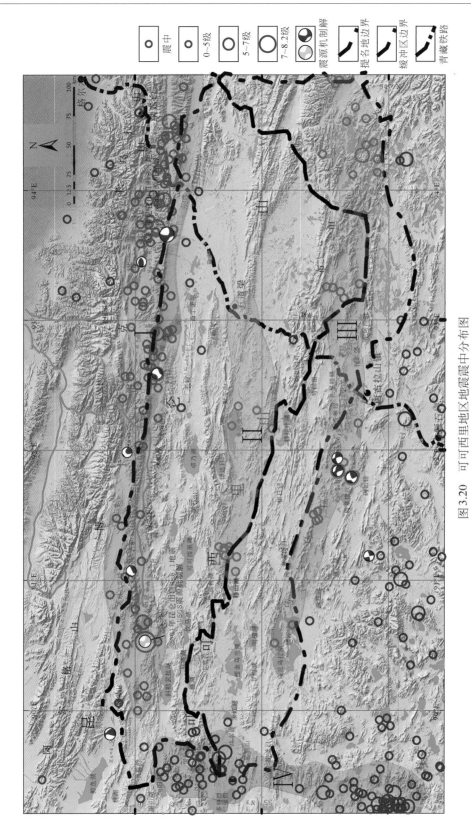

图 3.20　可可西里地区地震震中分布图

Ⅰ. 东昆仑地震带;Ⅱ. 可可西里地震带;Ⅲ. 乌兰-乌拉湖-唐古拉山北地震带;Ⅳ. 岗扎日南地震带

数据时间范围:1990.01.01~2014.12.31;底图数据引自地理空间数据云DEMSTRMDEM-90M;震中数据引自中国地震台网

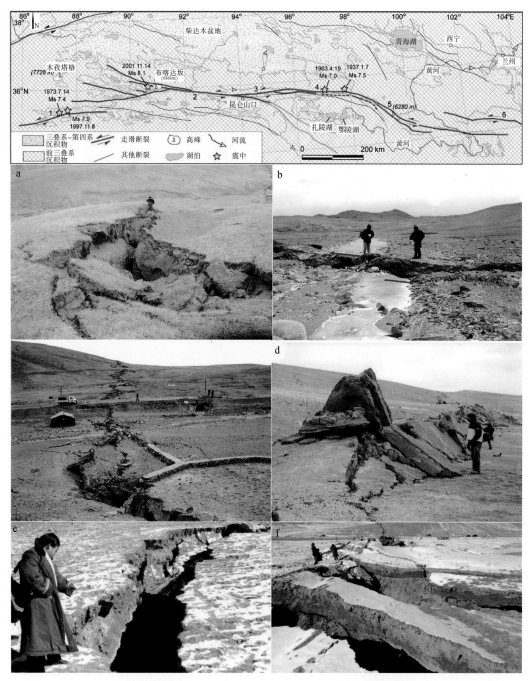

图 3.21　2001 年昆仑山口西 8.1 级大地震遗址地质略图

上图为 2001 年昆仑山地震构造地质图，下图为昆仑山口西 8.1 级大地震遗迹图片：a. 昆仑山地震形成的张裂缝
地表变形；b. 昆仑山地震形成的左旋走滑（昆仑山口附近）；c. 昆仑山地震形成的地表破裂带（昆仑山口附
近）；d. 昆仑山地震形成的地表变形（挤压脊）；e、f. 昆仑山地震形成的地表裂缝

（图 a～d 引自付碧宏，2011；图 e～f 引自西宁晚报，2013）

带，可能会受到前两次地震的触发影响。

昆仑山口西 2001 年的 8.1 级地震在地表产生长达 350～426km 的地震破裂带。地震破裂主要由北西西向左旋走滑主地震破裂、北东东向张剪性分支地震破裂、地震鼓包、张剪性裂陷规律性组合而成（图 3.21）。地震鼓包长 5～30m，宽 1～15m，高 0.2～2m；地震裂陷宽 30～50m、长 25～40m，深 0.5～6m；在青藏公路西侧，河漫滩、河床、山麓斜坡上的小型冲沟被地震断裂左旋错动，人工水坝被断层左旋错动 3.2m；在青藏公路东侧，光缆和铁路施工便道被地震断裂左旋错动 3.5m，河流阶地和河漫滩各左旋错动 4.3m 和 3m（吴中海等，2004）。

东昆仑断裂带上发生的数次大地震说明巴颜喀拉与祁连—柴达木块体之间的构造变形主要集中在东昆仑断裂带上，表现为宽度有限的剪切走滑错动，而块体表现出整体运动特征（徐锡伟等，2008）。青藏高原北部块体运动在东昆仑断裂带两侧上地壳数百千米范围内不是连续变形，而是表现为沿东昆仑断裂带的局部左旋走滑错动（图 3.22）。

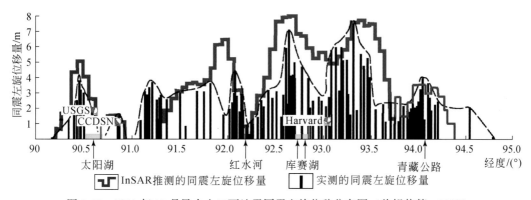

图 3.22　2001 年 11 月昆仑山口西地震同震左旋位移分布图（徐锡伟等，2008）

东西向的走滑运动调节了印度板块和欧亚板块的挤压作用，引起青藏高原向东的侧向挤出（Lin et al.，2002）。藏北与藏中南之间差异运动速率为 12～14mm/a（Wang，2001），2001 年昆仑山口西地震的同震左旋位移量最高可达 16.3m，而在西大滩段平均为 9～12m（Lin et al.，2002）。昆仑断裂带可吸收区内南北不同地体之间的差异运动，并以 800～1000 年为周期发生较大规模的左旋走滑引起地震，释放累积位移量。区内西大滩段虽然并无大地震历史记录，但该段每 800～1000 年的左旋位移量高达 9～12m，亦是未来大地震的隐患区。

3.4　可可西里蛇绿混杂岩

青海可可西里地区蛇绿混杂岩东连金沙江蛇绿岩带，并与错仁德加以南和西藏境内的混杂堆积连通，这表明可可西里地区至少在早石炭世就已存在古特提斯洋，洋盆中存在一些洋岛（武素功等，1991；边千韬和郑祥身，1991；朱迎堂等，2004）。

本区已发现两条蛇绿混杂岩，分别为西金乌兰构造混杂岩带和岗齐曲蛇绿混杂岩带（图 3.23），是青藏高原金沙江缝合带的组成部分。前者为混杂堆积，后者为弧前蛇绿混

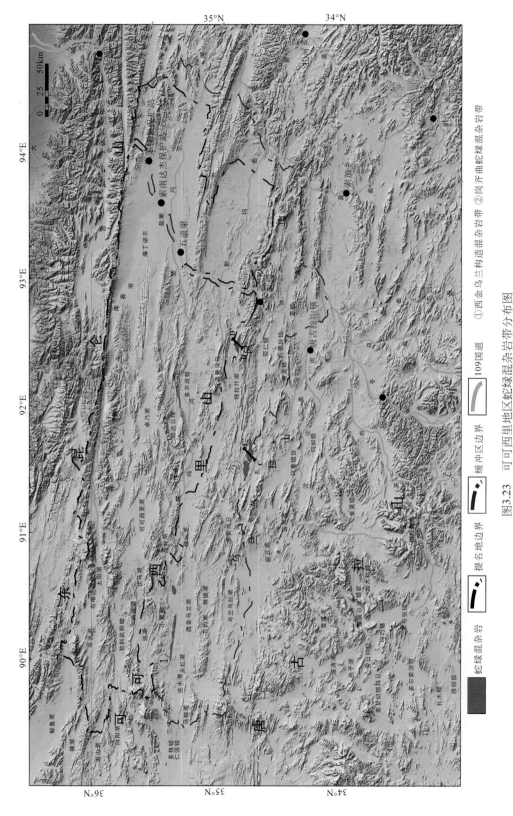

图3.23　可可西里地区蛇绿混杂岩带分布图

底图据地理空间数据云DEM'STRMDEM-90M；蛇绿混杂岩数据来源：边千韬和郑祥身，1991；边千韬等，1997b；李红生和边千韬，1993；王永文等，2004；朱迎堂等，2004；陈健等，2007

① 西金乌兰构造混杂岩带　② 岗齐曲蛇绿混杂岩带

杂岩，是古特提斯洋壳俯冲过程中形成的增生楔。两个蛇绿混杂岩带皆沿逆冲断裂带分布，也有学者将两者统称为西金乌兰—岗齐曲蛇绿混杂岩带（李红生和边千韬，1993）。

1. 西金乌兰蛇绿混杂岩

西金乌兰湖断裂带上发现的蛇绿混杂岩（武素功等，1991），大致分布在宽约 8km，近东西向断续延伸约 70km 的范围内（90°10′E ~ 90°50′E，35°19′N ~ 35°23′N），混杂岩带北以蛇形沟断裂为界，南至倒流沟—寨冒拉昆断裂，存在于西金乌兰湖、蛇形沟、黑脊山、明净湖、寨冒拉昆等地（欧阳光文等，2013，图 3.24、图 3.25），是西金乌兰—金沙江缝合带的最西端。该混杂岩带内地层以晚石炭世至早二叠世为主，是由古-中元古代宁多群（基底）、早石炭世辉长（辉绿）岩岩墙、晚石炭世至早二叠世蛇绿岩、晚石炭世至早二叠世碳酸盐岩、早二叠世砂岩夹板岩组（复理石楔岩）、中二叠世汉台山群（磨拉石）等不同时代、不同构造环境下形成的地质体，经构造作用混杂堆积而形成。各地质体分别代表了元古宙造山带阶段、古生代古特提斯多岛洋扩张伸展阶段、二叠纪洋-陆转化阶段和二叠纪—晚三叠世盆山转换阶段等演化进程（王永文等，2004），记录了古特提斯洋形成、发展、闭合等不同演化阶段形成的产物。

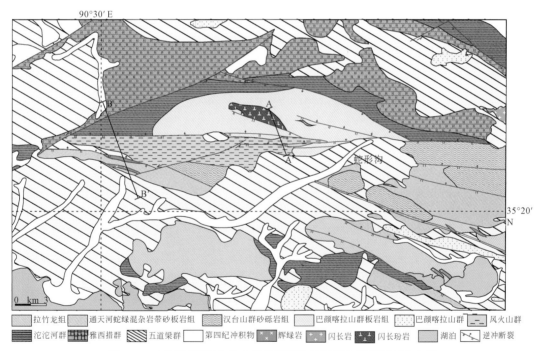

图 3.24　可可西里西金乌兰湖北蛇形沟蛇绿混杂岩带平面分布图
据 1 : 25 万区域地质图西金乌兰湖幅，2004；李红生和边千韬，1993 修改

西金乌兰构造混杂岩有较完整的蛇绿岩套和混杂堆积，该带与东部错仁德加以南和西藏境内的混杂堆积连通，为特提斯北部主缝合带的存在提供了依据，表明可可西里地区曾为晚古生代古特提斯洋，其洋壳在早石炭世已存在（武素功等，1991；边千韬和郑祥身，1991；朱迎堂等，2004）。西金乌兰构造混杂岩带可与巴音查乌玛蛇绿混杂岩，构成一个

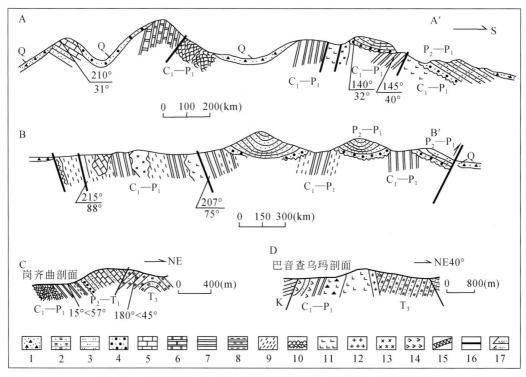

图 3.25　蛇形沟北（A–A′）和西金乌兰湖北（B–B′）地质剖面图

（A、B 剖面位置见图 3.25，C、D 位置见图 3.24）（据李红生和边千韬，1993）

1. 第四系；2. 杂砂岩；3. 石英砂岩；4. 砾岩及含砾砂岩；5. 灰岩；6. 大理岩；7. 硅质岩；8. 泥质硅质岩；
9. 千枚岩；10. 枕状玄武岩；11. 块状玄武岩；12. 花岗岩；13. 辉长岩；14. 变质橄榄岩；15. 石英脉；16. 主
要断裂；17. 地层产状和流劈理产状

沿西金乌兰—风火山逆冲带分布的蛇绿混杂岩带。西金乌兰—金沙江缝合带作为一条重要的大地构造分界线被地质学界所注目，黄汲清等（1984）和王乃文（1984）都曾主张将金沙江缝合带作为冈瓦纳大陆的北界。

2. 岗齐曲蛇绿混杂岩

岗齐曲蛇绿混杂岩位于西金乌兰蛇绿混杂岩带东南约 100km 处，出露在长约 10km，宽 1km 的范围内（34°38′N，91°40′E），沿乌兰乌拉—夏仑曲逆冲带分布，并由一系列向南俯冲的逆冲断层分隔的岩块组成（王永文等，2004）。它们可能是被逆冲上来的深埋于巨厚三叠系复理石之下的巨大俯冲杂岩带（增生楔）的碎片。岩石组合包括枕状玄武岩、块状玄武岩、硅质岩、千枚岩和灰岩等，代表了大洋岩石圈的残迹。其中镁铁质岩主要形成于洋岛环境，硅质岩则形成于深海、半深海环境，部分生成于洋岛或洋脊附近热水活动区。岗齐曲混杂岩带是一套弧前蛇绿混杂岩，是古特提斯洋壳俯冲过程中形成的增生楔（李红生和边千韬，1993）。

古生物、地层和同位素定年资料表明其时代为早石炭世—早二叠世（边千韬等，1997b），最宽出露约 7～8km，最长近 100km。这些蛇绿岩的基质主要由硅质岩和千枚岩构成，其中夹杂着石灰岩、大理岩、砂岩、枕状玄武岩、块状玄武岩、辉长岩、堆晶辉长岩等岩块（沙金庚等，1992）。它们清楚地记录了可可西里地区的裂谷或洋盆—浅海—高原的古地理变迁史（沙金庚等，1998）。

西金乌兰-岗齐曲地区发现最早的放射虫化石年代为早石炭世（李红生和边千韬，1993），这表明可可西里地区至少在早石炭世就已存在古特提斯洋，洋盆中或发育一些洋岛。而根据硅质岩中有早石炭世和早二叠世的放射虫化石，以及中三叠统砂岩与蛇绿岩之间的不整合关系推断，这个古特提斯洋盆的消亡应在早二叠世之后、中三叠世之前（边千韬和郑祥身，1991）。

3.5　可可西里岩浆活动

3.5.1　可可西里岩浆岩类型及其分布特征

1. 新生代火山岩

进入新生代以后，伴随着青藏高原的抬升，可可西里地区开始强烈的岩浆活动。可可西里地区新生代火山岩主要分布在昆南断裂以南和东经92°30′以西的区域内，并明显受断裂控制。根据火山岩的分布和产状，将可可西里地区划分为两个新生代火山岩区，北面的巴颜喀拉火山岩区和南面的北羌塘火山岩区，二者大致以乌兰乌拉湖—岗齐曲断裂为界（图3.26）。

乌兰乌拉湖—岗齐曲断裂以南大面积熔岩分布在祖尔肯乌拉山地区，与西藏境内强日玛查、多格错、奔月湖一带的熔岩共同构成了北羌塘火山岩区（图3.26序号8），岩性以粗面安山岩为主。该区可见大面积的熔岩覆盖在中–上侏罗统砂岩和页岩之上。

乌兰乌拉湖—岗齐曲断裂以北的新生代火山岩集中在可可西里山、勒斜武担湖、五雪峰一带，与西藏境内向阳湖、银波湖等地的新生代火山岩一起构成巴颜喀拉火山岩区（图3.26序号1～11）。该区火山熔岩主要呈熔岩台地产出，剥蚀后为孤立的方山和不完整的火山锥，覆盖在早白垩世的红色砂岩、巴颜喀拉山群砂岩–板岩、始新世紫红色–肉红色砂岩之上。熔岩以黑灰色细–中粒半晶质块状粗安岩为主，常含有气孔和黑色或紫色的石英捕房晶。在卓乃湖西具有潜火山岩相的灰白色石英斑岩侵入在灰黑色粗安岩质熔岩中，并含有20%左右棱角状–次棱角状粗安岩碎屑。此外，在勒斜武担湖和太阳湖的分水岭一锥状熔岩丘上采到了黑曜岩、粒状钠闪碱流岩和块状碱流岩等（郑祥身等，1996）。

2. 侵入岩

昆南断裂以北的昆仑山主体由加里东期和海西期的中酸性岩所构成，岩性包括二长花岗岩、花岗闪长岩、石英闪长岩等；印支期和燕山期侵入活动较弱并主要表现为沿断裂产出的岩株、岩脉。在昆南断裂以南的可可西里增生楔地区岩浆作用较弱，侵入岩出露较少。根据张以茀和郑祥身（1996）对可可西里区内侵入岩的研究工作，将侵入岩分为昆仑山南缘侵入岩带、岗齐曲碱性侵入岩带、各拉丹冬酸性侵入岩带。

靠近昆南断裂发育的侵入体构成了可可西里地区最北部的侵入岩带（图3.26序号9～

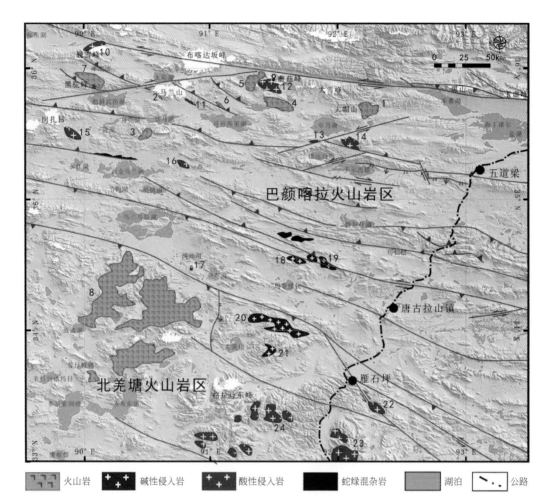

图 3.26　可可西里侵入岩、喷出岩分布简图（图中岩浆岩体代号及详情见表 3.2 和表 3.3）

岩浆岩数据来源：张以茀和郑健康，1996；邓万明等，1996；郑祥身和郑健康，1997；郑祥身等，1996；Roger et al.，2003；Wang et al.，2005；段志明等，2005；魏启荣等，2007；蔡雄飞等，2008；江东辉等，2008；Zhang et al.，2014

16）。其中布喀达坂峰岩体是昆仑山侵入岩带的南端。在昆南断裂以南，大致平行断裂自西向东基本等距分布着巍雪峰、五雪峰、雪月山、大雪峰等一系列黑云母花岗岩岩株，它们侵入于上三叠统巴颜喀拉山群砂板岩中。

在乌兰乌拉山东段的岗齐曲南北均有小型碱性岩体出露（图 3.26 序号 17～20），尤其在南部，多个岩株构成一系列山峰，近于平行北西西构造方向展布。根据 1990 年可可西里考察研究，认为岩体主体为石英正长斑岩，侵入在古近系风火山群紫色砂岩夹粉砂岩中，向南一直延伸到玛章错钦之南的萨保、雀莫错等地。

可可西里南部的各拉丹冬雪峰出露的二长花岗岩相当于唐古拉山岩浆岩带的延伸部分，该带主要是燕山期酸性岩侵入，沿唐古拉山山脊向东分布。侵入到中侏罗统雁石坪群和上侏罗统吉日群，局部被古近系地层所覆盖。

此外，在乌兰乌拉湖东南 20km，豌豆湖南 2km 处的马料山为一花岗细晶岩岩株（图

3.27），其全岩 K-Ar 年龄约 34.3Ma（伊海生等，2004），海拔 5572m，高出周围渐新统雅西措群（E_3y）约几百米，呈南北向长条锥状展布。

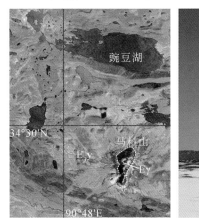

图 3.27 豌豆湖南部马料山花岗细晶岩侵入体（$E\gamma$），海拔 5572m，K-Ar 年龄约 34.3Ma，
侵入接触于渐新统雅西措群（E_3y）

黄色虚线为侵入岩与沉积岩侵入界限，侵入岩年龄数据来自伊海生等，2004

3.5.2 可可西里火山地貌

可可西里地区自始新世以来火山活动十分活跃，在可可西里地区保存了大量的火山地貌，全区火山地貌主要分布在可可西里山北部的巴颜喀拉火山区和可可西里南部的北羌塘火山区。

巴颜喀拉中新世火山群主要分布在昆南断裂以南，东起青海境内大帽山，西至青海西藏交界的勒斜武担湖西附近。该区新生代广泛发育的活动断裂，为深部岩浆活动喷发提供了通道。火山机构基本沿北西西向大型逆冲—走滑断裂带分布，其中又以在勒斜武担湖至大帽山一段出露最好（图 3.28）。部分火山机构分布于北西西和北东东向断裂相交的地区，呈"棋盘式"展布，喷发不整合覆盖于三叠系巴颜喀拉山群和古近系—新近系砂岩之

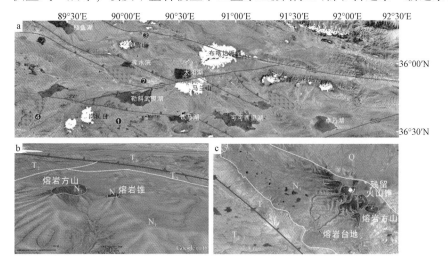

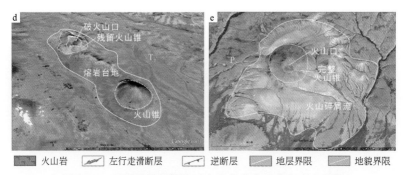

图 3.28　可可西里北部地区火山岩分布及典型火山机构

a. 可可西里火山及断裂分布；b. 平顶山火山机构（a中①）；c. 勒斜武担湖北平黑驼峰火山机构（a中②）；
d. 乌兰乌拉湖东火山机构；e. 巍雪山北火山机构（a中③）。底图来自谷歌地球和水经注软件

上。北羌塘渐新世火山群分布在西金乌兰缝合带南缘祖尔肯乌拉山地区，是藏北新生代火山岩分布面积最大的地区之一，出露面积约 3000km² （图 3.26）。

　　火山岩相以大陆溢流火山相为主，在少数地区存在火山通道相，多层熔岩被覆盖在三叠系和古近系—新近系地层之上（图 3.28b、c、d）。火山机构多为破火山口和残余火山锥（图 3.28c、d），只有较少的火山保留完整的火山口（图 2.28e）。此外，在向阳湖西南的白象山还具有向北东流动的熔岩通道，其形状似"象鼻"（图 3.29）。地貌上，可可西里火山岩多呈熔岩台地、熔岩残丘、桌状方山、长条状方山的形式产出（图 3.30），部分

图 3.29　可可西里地区典型火山机构照片

a. 向阳湖西北迎日山和白象山火山地貌全景，位置见图 3.26 中序号④，图片来自陈志伟，2005 年中国科学院科考报道，火山岩年龄数据来自刘荣等，2006；b. 白象山桌状方山（火山南面），其平直的顶面为夷平作用的结果；c. 白象山火山熔岩（火山北面），具有向北东方向流动形成的熔岩通道，形成"象鼻"

地区为次火山穹隆。海拔在 5000m 左右，面积多为几平方千米至几十平方千米，厚度多为几十米。不少火山机构保存完好，在熔岩台地中有许多低洼的火山口，火山口直径数十米至数百米，熔岩呈辐射状围绕火山口分布。

图 3.30　勒斜武担湖附近熔岩方山航拍照片

3.5.3　可可西里岩浆活动期次

1. 火山岩

可可西里地区火山活动可追溯到古生代二叠纪，在开心岭、扎格碎纳保等地发育中基性火山熔岩、火山碎屑岩。区内还发育有三叠纪火山岩，主要分布于可可西里东南的青藏公路两侧，整体上以中基性火山熔岩、火山碎屑岩为主。而区内最发育的仍为新生代火山岩。伴随着中新世以来青藏高原在可可西里地区大规模隆升（Wang et al.，2008），可可西里区内新生代火山活动十分强烈。

中新世是可可西里地区火山活动的高峰期，喷溢形成大小不等的熔岩被及潜火山岩体，现今多呈现海拔 5000m 左右的熔岩台地。在岩浆溢出或侵位于近地表的过程中，受先存北西西向构造带制约，形成数条北西西向火山活动带（孙延贵，1992）。上新世以来，本区有大量火山活动，火山遗迹广布，火山熔岩覆于三叠系至中新统之上，地貌形态主要为典型的平顶方山和残留火山锥状体（李炳元，1990）。

前人对可可西里地区火山岩进行了大量的同位素测年研究（表 3.2，据邓万明等，1996；朱迎堂等，2005；Wang et al.，2005；江东辉等，2008），其年龄分布大致可以划分为 4 个火山旋回，分别为始新世旋回（44.66Ma）、雅西措旋回（18.28 ~ 15.4Ma）、湖东梁旋回（14.5 ~ 11.3Ma）和查保马旋回（7.7 ~ 6.95Ma）（郑祥身等，1996；邓万明等，1996；史连昌等，2004）。

表 3.2　可可西里新生代火山岩年龄表（序号见图 3.26）

序号	产出位置	岩石/矿物	测试方法	年龄	数据来源
1	大帽山	粗面岩锆石	SHRIMP U–Pb	18.28±0.72Ma	魏启荣等，2007
		粗面岩全岩	K–Ar	17.3±0.43Ma	邓万明等，1996
		粗面英安岩全岩	K–Ar	15.39±0.3Ma	邓万明等，1996

序号	产出位置	岩石/矿物	测试方法	年龄	数据来源
2	马兰山	流纹斑岩钾长石	K-Ar	8.91±0.09Ma	江东辉等，2008
3	饮马湖	粗面安山岩全岩	K-Ar	11.3±0.11Ma	江东辉等，2008
4	大坎顶	粗面岩锆石	SHRIMP U-Pb	13.09±0.56Ma	魏启荣，2007
		粗面岩锆石	LA-ICP-MS U-Pb	17.67±0.38Ma	蔡雄飞等，2008
		高钾流纹岩全岩	K-Ar	11.7±0.3Ma 13.2±0.46Ma	邓万明等，1996
		粗面安山岩全岩	K-Ar	11.49±0.15Ma； 7.89±0.09Ma	江东辉等，2008
5	五雪峰	粗面岩全岩	K-Ar	17.82±0.17Ma； 12.74±0.14Ma	江东辉等，2008
		粗面岩全岩	Ar-Ar	18.04±0.4Ma； 16.38±0.69Ma	Wang et al.，2005
6	可可西里湖	响岩白榴子石	$^{40}Ar-^{39}Ar$	16.47±1.22Ma	Wang et al.，2005
7	黑驼峰	安粗岩全岩	K-Ar	12.6±0.3Ma； 7.088±0.12Ma	邓万明等，1996
		粗面岩全岩	K-Ar	7.77±0.13Ma	江东辉等，2008
8	祖尔肯乌拉山	粗面安山岩全岩	K-Ar	44.66±0.87Ma	郑祥身，1996
		安山岩全岩	$^{40}Ar-^{39}Ar$	43.2±2.2Ma	李保华等，2004

　　始新世旋回（44.66Ma）大致相当于始新世中期，分布在乌兰乌拉湖以南的北羌塘地区，以祖尔肯乌拉山地区的桌子山地区为代表（图3.26序号8），喷出物为黑色粗安岩，大面积熔岩盖在中上侏罗统砂页岩之上，被剥蚀后形成桌状山、平顶山等残留地貌。雅西措旋回（17.82~15.4Ma）大致相当于中新世早期，呈夹层状产于雅西措红色碎屑岩系中，以大帽山、五雪峰和可可西里湖火山岩区为代表（图3.26序号1、5、6），喷出物主要为粗面岩和粗面英安岩；湖东梁旋回（14.5~11.3Ma）相当于中新世中期，是本区火山活动的主要时期，喷发不整合发生在始新统沱沱河群、三叠系巴颜喀拉山群之上。在可考湖、黑驼峰等岩区大面积出露的安粗岩以及少量的高钾流纹岩是这个阶段的产物（图3.26序号4、7）；查保马旋回（7.7~6.95Ma）相当于中新世晚期，该阶段的火山岩主要出露在西面的天台山一带，其次在黑驼峰西段也有出露（图3.26序号7）。喷发物主要为粗面岩和安粗岩，呈熔岩被状、孤立方山状、尖山状、熔岩阶地状喷发，不整合在中新统雅西措组和始新统沱沱河群红色碎屑岩、三叠系巴颜喀拉山群砂板岩之上。

　　在平面上，可可西里地区火山具有南部先喷发，北部后喷发的特征，并且喷发间断较长（约26.84Ma），可能与青藏高原阶段性向北扩展抬升相关；北部的巴颜喀拉火山岩区近东西向展布，自东向西，喷发序列整体上表现为逐渐变新，可能和断层活动性的时限相关。

2. 侵入岩

可可西里地区内的侵入岩活动相对较弱，并且研究程度较低。根据区内侵入岩同位素年龄、分布情况和地层的接触关系（张以茀等，1996；郑祥身等，1997；Roger et al.，2003；段志明等，2005；Zhang et al.，2014），认为侵入岩大致可以划分为四期：印支期（225~196Ma）、燕山期（168Ma）、燕山期晚期—喜马拉雅期早期（79.00~38.09Ma）碱性侵入岩和燕山期晚期—喜马拉雅期早期（69.8~40.6Ma）酸性侵入岩（具体年龄见表3.3）。

表 3.3 可可西里侵入岩年龄表

序号	产出位置	岩石/矿物	测试方法	年龄	数据来源
9	五雪峰	花岗岩全岩	K–Ar	196.5±1.8Ma	郑祥身和郑健康，1997
10	巍雪山	花岗岩锆石	LA-ICP-MS U–Pb	217±10Ma	Roger et al.，2003
11	马兰山	花岗岩锆石	SHRIMP U–Pb	213±2Ma	Zhang et al.，2014
12	湖东梁	花岗岩白云母	^{40}Ar–^{39}Ar	225±3Ma	Zhang et al.，2014
13	卓乃湖	花岗岩白云母	^{40}Ar–^{39}Ar	212±4Ma	Zhang et al.，2014
14	黑山	花岗岩锆石	SHRIMP U–Pb	202±1Ma	Zhang et al.，2014
15	岗扎日	黑云花岗岩	K–Ar	168.6±3.6Ma	张以茀和郑健康，1994
16	蛇形沟	石英闪长岩全岩	K–Ar	215.4±4.2Ma	郑祥身和郑健康，1997
17	马料山	花岗细晶岩	K–Ar	34.3Ma	伊海生和郑健康，2004
18	岗齐曲	石英正长斑岩全岩	K–Ar	38.09Ma	张以茀和郑健康，1994
19	岗齐曲	石英正长斑岩全岩	K–Ar	38.09±0.56Ma 40.88±1.3Ma	郑祥身和郑健康，1997
20	萨保	正长斑岩全岩	K–Ar	65Ma	张以茀和郑健康，1994
21	雀莫错	正长斑岩全岩	K–Ar	79.03Ma	张以茀和郑健康，1994
22	木乃	二长花岗岩锆石	LA-ICP-MS U–Pb	67.1±2.0Ma	段志明等，2005
23	龙亚拉	花岗岩锆石	LA-ICP-MS U–Pb	69.8±2.0Ma	段志明等，2005
24	赛多铺岗日	花岗岩锆石	LA-ICP-MS U–Pb	40.6±3.1Ma	段志明等，2005

印支期侵入岩主要分布在昆南断裂南部和西金乌兰缝合带上的蛇形沟地区。在昆南断裂南部，大致平行断裂，自西向东分布着马兰山、巍雪峰、五雪峰、大雪峰、卓乃湖、黑山等一系列黑云母花岗岩岩株，它们侵入于上三叠统巴颜喀拉山群砂板岩中（郑祥身和郑健康，1997）。蛇形沟地区主要出露小范围的黑云石英闪长岩和石英闪长岩岩株。

通过对该区花岗岩的成因分析（郑祥身和郑健康，1997），认为紧靠昆南断裂的印支期花岗岩属于过铝质钙碱性花岗岩，表现为同碰撞深熔花岗岩的特征，是东昆仑花岗岩带肢解的一部分。这一过程被认为是晚古生代古特提斯洋壳俯冲引起的深部熔融，并伴随着增生杂岩卷入昆南断裂南侧（Bian et al.，2004；Wang et al.，2011），另一种观点则认为该区的花岗岩是昆仑岛弧发生弧后扩展的结果（Zhang et al.，2014）。

燕山期侵入岩在可可西里地区分布较少，仅在西金乌兰湖断裂北侧的岗扎日地区有记录。岩石主要为黑云母花岗岩，呈单独的岩株和小岩体产出。

燕山期晚期—喜马拉雅期早期碱性侵入岩主要分布在西金乌兰缝合带以南的岗齐曲和雀莫错地区。其中，岗齐曲石英正长斑岩呈馒头状的岩株、小岩体等构成一系列山峰、孤丘，侵入在风火山群紫色砂岩夹粉砂岩中，向南在萨保、雀莫错等地区岩性转变为正长斑岩。碱性岩的空间展布呈北北东向，近于垂直区域构造线的方向。它们的岩石地球化学性质与区内同时代火山岩一致，构造属性为造山晚期岩浆侵入。该期碱性侵入岩可能是在青藏高原经历近南北向挤压缩短的过程时，因羌塘地体自南至北逐渐产生了平行于主压应力方向的张性构造，从而导致这些高碱富钾岩浆侵入（郑祥身和郑健康，1997）。

燕山期晚期—喜马拉雅期早期酸性侵入岩分布在可可西里最南部的各拉丹冬雪峰，主要岩石类型包括石英二长岩、二长花岗岩、钾长花岗岩，其围岩是雁石坪群砂岩、粉砂岩和含化石的灰岩，相当于唐古拉山岩浆岩带的延伸部分。整个唐古拉山新生代花岗岩沿着唐古拉山平行分布。

该期岩石地球化学资料表明中生代末至新生代花岗岩岩浆起源于壳幔混熔，属于同造山壳幔型花岗岩（段志明等，2005）。自晚白垩世以来，印度板块向欧亚板块持续俯冲，强大的挤压应力传播到羌塘地体引起了唐古拉山的崛起，形成一系列逆冲断层。该过程地壳缩短，岩石圈增厚，部分地幔物质被挤进地壳内部，形成壳幔混合层。岩石密度不断增加，处于重力不稳定的状态，通过底侵作用进而导致软流圈物质的热扰动上涌，形成同造山花岗岩。同造山花岗岩发育时限也在一定程度上反映了唐古拉山逆冲断层活动时期（Li et al.，2012）。

3.5.4 可可西里火山岩地球化学特征及岩石学成因分析

1. 主量元素

通过搜集可可西里地区岩石地球化学资料（据邓万明等，1996；郑祥身等，1996；朱迎堂等，2005；魏启荣等，2007；江东辉等，2008）整理研究表明，可可西里火山岩主要为中酸性，SiO_2 含量处于 57.33% ~72.78% 之间，大部分属于安山岩类，在马兰山地区有少量流纹斑岩；几乎所有的样品都具有富钾的特征，即 $K_2O > Na_2O$，K_2O 平均值约 4.18%，在 SiO_2-K_2O 图解上，样品几乎全部落在钾玄岩上（图 3.31）。钾玄岩系列属于与造山作用晚期伸展作用有关的岩石系列，与岩浆在高压岩浆房中的辉石结晶分异有关，反映了地壳厚度大，莫霍面位置深（桑隆康和马昌前，2014）。在青藏高原北部的钾玄岩属于后碰撞的构造环境，可能与青藏高原岩石圈减薄和造山带伸展垮塌有关（Gill，2010）。

2. 微量元素

可可西里北部火山岩的稀土元素含量富集，$\sum REE$ 平均值约 563.22×10^{-6}，并明显富集轻稀土，具有微弱的 Eu 负异常。马兰山地区流纹斑岩 $\sum REE$ 值相对较低，有较明显的 Eu 负异常，δEu 值为 0.31~0.88，表明源区有较多的斜长石堆晶（图 3.32）。这些特征反映了该区火山岩在形成演化中经历了结晶分异作用，在大帽山、饮马湖、五雪峰、黑驼

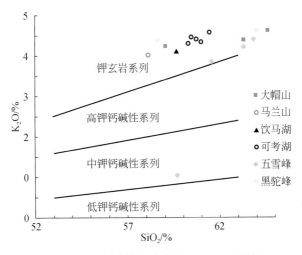

图 3.31　巴颜喀拉火山岩区 SiO_2-K_2O 图解

数据来源：江东辉等，2008；魏启荣等，2007；朱迎堂等，2005；邓万明等，1996；郑祥身等，1996

峰、可考湖具有相似的稀土分布规律，表明这些地区可能来自同源的母岩浆，而马兰山的流纹斑岩可能是岩浆后期分离结晶的结果。

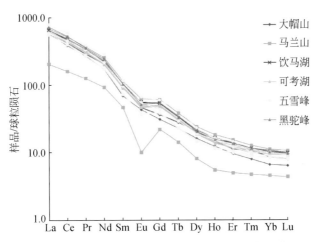

图 3.32　巴颜喀拉火山岩区稀土元素球粒陨石标准化图

标准化的球粒陨石参考值来自 Sun and McDonough，1989；数据来源：江东辉等，2008；魏启荣等，2007；
朱迎堂等，2005；邓万明等，1996；郑祥身等，1996

在原始地幔标准化蛛网图（图 3.33）上，曲线为峰谷相间的右倾型，粗面岩存在 Rb、Ba、Th、La、Pb、Nd、Tb 等正异常和 Nb、Ta、Sr、P、Sm 的负异常，表现出大离子亲石元素的强烈富集和相容元素、高场强元素的相对亏损，反映源区可能有较多的壳源物质加入（Arnaud et al.，1992）。在五道梁、红水河和大帽山等地的火山岩具有较高的 Sr/Y、La/Yb 的粗面岩（Wang et al.，2005），被认为是埃达克岩典型的地球化学标志，是俯冲带洋壳板片进入地幔增生楔重熔的结果（Paterno and Castillo，2006），然后并不是所有的埃达克岩都源于俯冲板片的重熔（Stern and Kilian，1996）。

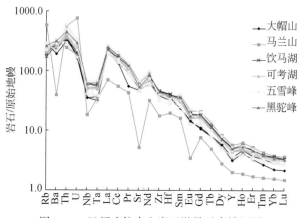

图 3.33　巴颜喀拉火山岩区微量元素蛛网图

原始地幔标准化值来自 Sun and McDonough，1989；数据来源：江东辉等，2008；魏启荣等，2007；朱迎堂等，2005；邓万明等，1996；郑祥身等，1996

3. Sr、Nd、Pb 同位素地球化学

Sr、Nd、Pb 同位素研究结果（赖绍聪，1999；Guo et al.，2006）表明，青藏高原北部（包括可可西里地区）新生代火山岩大多具有高$^{87}Sr/^{86}Sr$，低$^{143}Nd/^{144}Nd$ 和高$^{206}Pb/^{204}Pb$ 同位素组成特点，$^{87}Sr/^{86}Sr$ 值普遍高于原始地幔值，可能是来源于一种富集型的上地幔源区火山岩，这种原始岩浆形成和演化的过程中可能有大量再循环进入地幔的地壳物质组分，而且在岩浆源区占有重要地位（Miller et al.，1999）。通过对可可西里南区和北区 Sr、Nd、Pb 同位素对比分析表明（Guo et al.，2006），北羌塘火山岩区较巴颜喀拉火山岩区具有更高的$^{87}Sr/^{86}Sr$ 和$^{206}Pb/^{204}Pb$ 值，更低的$^{143}Nd/^{144}Nd$ 值，反映了印度板块和欧亚板块后碰撞引起的地幔差异性上涌。

可可西里地区火山岩的源区具有较大的争议，根据 Sr-Nd-Pb 同位素对岩浆源区的判别认为可可西里火山岩源于 EMⅡ型的富集地幔，又叫做"壳-幔混合层"。高的 La/Yb 和 Sr/Y 显示可可西里同样具有与埃达克岩相似的岩浆源，因此被认为是印度板块俯冲携带的沉积物随俯冲带进入到地幔增生楔，与幔源发生混合作用（邓万明等，1996；Deng et al.，1998）。青藏高原深部层析地震资料显示印度板块俯冲并未达到可可西里北部的深部（Bijwaard et al.，1998；Zhou et al.，2005），故提出了古特提斯残余洋壳与地幔作用形成的"壳-幔混合层"（Guo et al.，2006；Mo et al.，2007；江东辉等，2008）。

可可西里地区富钾埃达克岩具一定的独特性，其 Sr 和 Ba 明显的负异常不同于典型的埃达克岩，这与富钾的类质同象相关。钾玄岩具有高的$^{87}Sr/^{86}Sr$（0.707～0.711）和 Nb 负异常，与典型的 N-MORB 源区具有显著差异，这为埃达克岩多样的构造环境提供了实例。可可西里地区火山岩多为中-酸性岩浆（SiO_2含量57.33%～72.78%），不可能是地幔直接部分熔融的结果，也没有同化混染和分离结晶的相关证据。由于在可可西里和羌塘地区发现了大量含石榴子石角闪岩的下地壳捕虏体（Deng et al.，1998；Hacker et al.，2000），实验室部分熔融模拟表明，该富钾下地壳捕虏体部分熔融形成的岩浆与可可西里地区具有相似的 Th、U、REE 分布样式，表明可可西里地区富钾埃达克岩可能直接部分熔融于这套富钾的含石榴子石角闪岩下地壳（Wang et al.，2005）。火山岩矿物的温压计显示岩浆房深度在 30km 左右（江东辉等，2009），位于加厚地壳的中部。

诱发下地壳发生重熔的原因是另一个具有争议的问题，由于可可西里地区富钾埃达克岩形成与洋壳俯冲没有直接联系（认为岩浆源区为下地壳），一些学者认为下地壳重熔作用是陆内俯冲引起软流圈扰动上升的结果（Tapponnier et al.，2001；Ding et al.，2003；Wang et al.，2005；Guo et al.，2006）。实际上陆内俯冲能引起的大规模岩浆活动的实例是很少的，因此认为中新世以来藏北地区地壳及岩石圈显著增厚，引起重力不稳，部分下地壳和岩石圈地幔发生拆沉以及软流圈上升（Chung et al.，1998，2005），下地壳温度上升发生部分熔融形成可可西里北部中新世火山岩（18.28～6.95Ma）。这和中新世以来由于东西向伸展作用形成的五道梁群大型碳酸盐岩湖盆时间相耦合（吴珍汉等，2007；Wang et al.，2014），平面上呈棋盘状分布的走滑断层为岩浆提供了上升通道（图 3.34）。

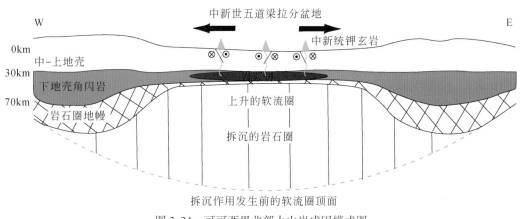

图 3.34　可可西里北部火山岩成因模式图

3.6　小　　结

（1）可可西里是青藏高原腹地最大的新生代陆相沉积盆地，盆地基底为上古生界和中生界三叠系，盖层主要由古近系和新近系组成，自下向上分别为早始新世—早渐新世风火山群、早渐新世雅西措群和早中新世五道梁群。各群组之间的岩性变化反映了可可西里盆地古近纪—新近纪的沉积环境主要发生河流和湖泊环境交替及变迁。

（2）可可西里地区北西西—南东东向近平行的造山带与造山带间的拗陷构成了研究区内主要的构造格局。断裂活动主要集中发育于区内几条近平行大型逆冲断裂带附近，并以逆冲断裂、走滑断裂、褶皱和区域性升降等样式为主。其中，断层平面上呈带状分布，靠近可可西里盆地边缘和中央隆起两侧发育，控制盆地边界，以北西西—南东东和东西走向为主，伴少量北西向和北东向断层；褶皱多为线型褶曲，延伸数千米到数十千米，主要为北西西—南东东和东西向，偶见北东向褶皱，其平面上多呈平行式，并构成复背斜、复向斜等组合样式。

　　（3）可可西里地区由北至南分别发育布喀达坂峰—库赛湖—昆仑山口活动断裂带、勒斜武担湖—太阳湖活动断裂带、五道梁南活动断裂带、西金乌兰湖—风火山逆冲活动断裂、乌兰乌拉湖—岗齐曲全新世活动断裂、唐古拉逆冲活动断裂，大部分活动断裂呈北西西—南东东向展布，控制着研究区内绝大部分的火山、地震与温泉活动。

　　（4）可可西里地区共发现两条蛇绿混杂岩带，分别为西金乌兰构造混杂岩带和岗齐曲蛇绿混杂岩带，是青藏高原金沙江缝合带的组成部分。其中前者具明显的混杂堆积，并与东部错仁德加以南和西藏境内的混杂堆积连通，表明古特提斯洋洋壳在早石炭世已存在；后者为弧前蛇绿混杂岩，是古特提斯洋壳俯冲过程中形成的增生楔。两个蛇绿岩混杂带皆沿逆冲带分布，是青藏高原金沙江缝合带的重要组成部分。两条蛇绿混杂岩的发育表明可可西里地区至少在早石炭世就已存在古特提斯洋，在早二叠世末期基本闭合。

　　（5）可可西里火山岩可以划分为 4 个火山旋回，分别为始新世旋回（44.66Ma）、雅西措旋回（17.82～15.4Ma）、湖东梁旋回（14.5～11.3Ma）和查保马旋回（7.7～6.95Ma）；侵入岩大致可以划分为四期：印支期（225～196Ma）、燕山期（168Ma）、燕山期晚期—喜马拉雅期早期（79～38.09Ma）碱性侵入岩和燕山期晚期—喜马拉雅期早期（69.8～40.6Ma）酸性侵入岩。

　　（6）可可西里新生代火山岩区可分为北面的巴颜喀拉火山岩区和南面的北羌塘火山岩区，二者以乌兰乌拉湖—岗齐曲活动断裂为界。巴颜喀拉火山岩区的分布明显受北西向和北东向两组棋盘状走滑断裂控制。北羌塘火山岩区火山岩年龄明显早于北面的巴颜喀拉火山岩区，并且喷发间断较长（约26.84Ma），自南向北由高钾钙碱性系列向钾玄岩系列转换，与青藏高原阶段性向北扩展抬升相关；北部的巴颜喀拉火山岩区近东西向展布，自东向西，喷发序列整体上表现为逐渐变新，与断层多期活动相关。

　　（7）可可西里地区富钾埃达克岩直接部分熔融于含石榴子石角闪岩下地壳。中新世以来藏北地区地壳及岩石圈显著增厚，引起重力不稳，部分下地壳和岩石圈地幔发生拆沉以及软流圈上升，下地壳温度上升诱发了可可西里下地壳物质部分熔融，走滑断层为岩浆提供了上升通道。

第4章　可可西里区域大地构造演化

4.1　可可西里区域大地构造演化阶段

青海可可西里是古特提斯洋发展演化和青藏高原北部抬升的重要记录，对重建古特提斯构造域和青藏高原隆升地质过程研究具有重要意义。从石炭纪以来，可可西里演化过程主要与古特提斯洋关闭过程中多岛弧、地体碰撞拼贴和新生代以来印度板块与欧亚大陆碰撞引起的青藏高原抬升相关（表4.1），根据可可西里构造剖面（图3.2b）识别出多个不整合面及构造层，结合沉积盆地特征，将可可西里地区构造演化分为以下八个阶段：

（1）早石炭世—晚二叠世古特提斯洋演化阶段。石炭纪时华北地块位于北半球低纬度地区，冈瓦纳大陆位于南半球高纬度地区，中间是向东开口的古特提斯洋，印支、华南等地块散布在赤道附近的古特提斯洋中。可可西里地区出露最老的岩石是石炭系—下二叠统的蛇绿混杂岩，是洋壳存在的证据，表明该区在早石炭世—晚二叠世为宽广的古特提斯洋盆（图4.1a）。

（2）早三叠世—晚三叠世弧前盆地—残余洋盆演化阶段。根据祁漫塔格花岗闪长岩侵位时间（锆石U-Pb年龄230±1Ma，232.4±1Ma，据王秉璋等，2014）和玉树附近钙碱性花岗岩年龄（Ar-Ar年龄206±7Ma，据Roger et al.，2003）认为古特提斯洋在昆南缝合带和西金乌兰缝合带自早三叠世近同时俯冲，形成反向俯冲的构造格局（图4.1b）。古特提斯洋俯冲关闭的过程中，在可可西里地区形成了宽广的弧前增生楔杂岩和三叠系复理石沉积，由于古特提斯洋在可可西里地区关闭时间明显晚于其他地区，整个松潘甘孜—可可西里褶皱带平面上也为三角形区域，认为该区具有残余洋盆的性质。

（3）晚三叠世末—早侏罗世强烈造山阶段。可可西里地区上三叠统最老地层为诺利阶，表明诺利期残余洋盆已经完全关闭，海水逐渐退去。由于班公湖—怒江一线发生海底扩张，羌塘地体向北挤压，进入强烈的造山阶段，形成了大规模的北北西向滑脱褶皱，在三叠系地层中见线型复式褶皱、断裂和劈理等变形构造，并伴随着岩浆活动和变质作用。其深部的增生楔物质随即也有部分被带到地表，可可西里增生楔逐渐进入陆相演化阶段（图4.1c）。

（4）侏罗纪前陆盆地阶段。印支期可可西里增生楔开始强烈造山，并向北羌塘高角度逆冲，在北羌塘地区形成侏罗纪前陆盆地，沉积了一套陆相红色碎屑岩系（图4.1d）。李勇等（2001）根据北羌塘侏罗纪沉积充填序列，认为晚三叠世诺利期是金沙江缝合带闭合后的初次冲断抬升时期，表明侏罗纪沉积盆地是与巴颜喀拉印支期造山作用耦合的前陆盆地。

（5）白垩纪抬升剥蚀阶段。可可西里白垩纪的演化过程主要根据风火山群岩相特征，

表 4.1　可可西里早石炭世—第四纪主要构造-沉积-热事件列表

构造演化阶段		区域构造背景	构造变形	岩浆热事件	沉积作用
青藏高原隆升阶段	抬升夷平阶段（N₂—Q）	青藏高原北部整体抬升	形成多级夷平面，地壳无明显缩短	无明显岩浆活动	剥蚀阶段
	断陷-坳陷湖盆阶段（N₁）	可可西里地区地壳增厚，高原隆升发生东西向拆离	中新统五道梁群变形较弱，多处角度不整合于渐新统雅西措群之上	在可可西里北部形成大量钾玄岩，其年龄分布在17.82~6.95Ma	湖相碎屑岩-碳酸盐岩
	抬升剥蚀阶段（E₃—N₁）	青藏高原向北扩展抬升，可可西里地区快速抬升	始新统—渐新统地层发生强烈变形，地层缩短量超过24%。地壳增厚，可可西里处于青藏高原急剧抬升阶段	风火山地区断层泥和磷灰石裂变径迹共同约束的构造热事件年龄在34~27Ma	剥蚀阶段
	前陆盆地发展阶段（E₂—E₃）	印度板块与欧亚板块碰撞向北逆冲扩展	唐古拉山隆起，向北逆冲	碰撞引起唐古拉山地区地壳缩短加厚，形成43.2±2.2Ma的钙碱性火山岩	河湖相碎屑岩
地体拼贴阶段	抬升剥蚀阶段（K—E₁）	印度板块与欧亚板块初始碰撞阶段	整体抬升剥蚀	无明显岩浆活动	剥蚀阶段
	周缘前陆盆地发展阶段（J₁—J₂）	三叠系褶皱带向南逆冲形成前陆	三叠系地层强烈褶皱变形，在羌塘北部发生挠曲变形	无明显岩浆活动	河-湖相碎屑岩
	增生造山阶段（T₃—J₁）	班公湖—怒江一线发生海底扩张，羌塘地体持续向北挤压	可可西里地区三叠系地层强烈褶皱变形	形成侵位于三叠系地层中的同碰撞深熔花岗岩，其锆石SHRIMP U-Pb年龄分布在225~203Ma	剥蚀阶段
古特提斯洋演化阶段	弧前盆地—残余洋盆发展阶段（P₂—T₃）	古特提斯洋南北两侧近同时分别向羌塘地体和东昆仑构造带俯冲	可可西里洋壳南北两侧在西金乌兰地区和东昆仑南侧俯冲形成增生楔，形成羌中变质核杂岩相关伸展构造	东昆仑地区形成与特提斯洋向北关闭有关的早-中三叠世岛弧花岗岩（240±6Ma，251±2Ma），在羌塘地体形成与特提斯洋向南俯冲关闭有关的蓝片岩（223±4Ma）	增生混杂堆积-复理石沉积
	古特提斯洋扩张阶段（C₁—P₁）	古特提斯洋发生海底扩张，可可西里地区为宽广洋盆	无明显构造变形	形成早石炭世—早二叠世洋壳	深海硅质沉积

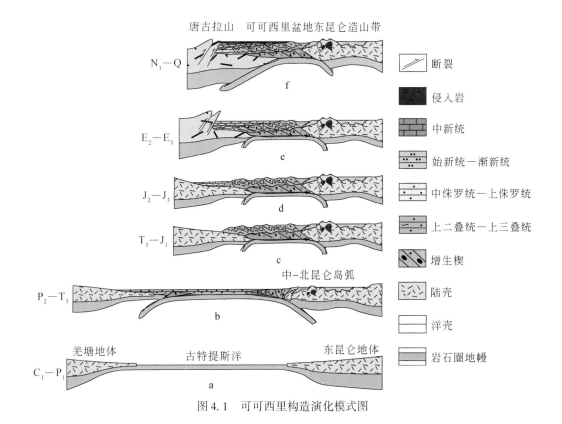

图 4.1 可可西里构造演化模式图

但其地层年代一直有较大的争议。青海可可西里综合科考队（张以弗和郑祥身，1996）考察认为，早白垩世到晚白垩世都有沉积，并可划分为若干岩段。刘志飞等（2001）对风火山群及其上覆地层雅西错群开展了磁性年代地层学研究，其年龄分别为 $56.0 \sim 31.5$ Ma 和 $31.5 \sim 30.0$ Ma，为上始新统和上渐新统，缺失白垩系地层，仅在乌兰乌拉湖以南的羌塘地区局部分布，故认为可可西里大部分地区在白垩纪处于抬升剥蚀阶段。

（6）始新世—渐新世前陆盆地阶段。新生代印度板块与欧亚大陆碰撞，造成青藏高原由南向北扩展隆升（Wang et al.，2014），在羌塘地体北部形成唐古拉山逆冲断层。根据同构造岩浆同位素年龄和沉积充填序列，唐古拉山逆冲断层形成于 $67.1 \sim 23.8$ Ma（李亚林等，2006b），可可西里进入前陆盆地阶段，沉积了风火山群和雅西措群，角度不整合于三叠系地层之上（图 4.1e）。

（7）渐新世末—早中新世地壳缩短阶段。青藏高原在向北扩展抬升的过程中，可可西里地区于渐新世与中新世期间发生南北向地壳缩短，风火山群和雅西措群发生强烈褶皱（图 4.1f）。抬升过程中伴随着东西向伸展沉积了五道梁群湖相碳酸盐岩（Wang et al.，2014），与下伏渐新统雅西措群角度不整合代表青藏高原北部又一次造山作用。

（8）中新世至今抬升夷平阶段。青藏高原于 22Ma 前后经历了第二期构造隆升（李炳元等，2002），在可可西里地区抬升强烈。基于氢、氧同位素估算的古海拔研究表明（Cry et al.，2005；Polissar et al.，2009），可可西里 36Ma 古海拔不足 2000m，15Ma 已经达到 4000m，接近现今海拔 4500m。可可西里深部"地幔羽"的发现（许志琴等，2004）和中新世钾质火山岩（江东辉等，2008）都指示中新世可可西里地区发生了剧烈的抬升。强烈抬升之后，地壳活动平缓，以剥蚀作用为主，使得可可西里在中新世成为一个平坦的高原夷平面（青藏高原主夷平面）。3.6Ma 青藏高原再次发生大规模隆升，青藏统一的主夷平面趋于解体（潘保田等，2002），而在可可西里地区至今还未受到河流溯源侵蚀影响，主夷平面仍然完整保存。中更新世以来，全球性降温和高原进一步抬升，可可西里首次进入冰冻圈，并完整保留三次第四纪冰川作用遗迹（李世杰和李树德，1992）。

4.2　可可西里构造-热事件

4.2.1　古特提斯洋盆扩张构造-热事件

在可可西里南部发现的西金乌兰蛇绿混杂岩（边千韬和郑祥身，1991；边千韬等，1997；王永文等，2004）和北部发现的阿尼玛卿—昆南蛇绿混杂带（邓万明等，1996）被认为是该区经历了古特提斯洋扩张事件的重要标志。

西金乌兰蛇绿混杂岩属于西金乌兰—金沙江蛇绿缝合带西段。蛇绿混杂岩带在可可西里地区以北以蛇形沟断裂为界，南至倒流沟—寨冒拉昆断裂。蛇绿混杂岩岩石组合以辉长岩为主，次为辉绿岩、块状玄武岩和硅质岩。蛇形沟一带硅质岩放射虫组合显示蛇绿岩时代为早石炭世—早二叠世（边千韬等，1997b），在巴音查乌玛地区蛇绿混杂岩中辉长岩的 Rb-Sr 等时线年龄为 266.0±41.2Ma（苟金，1990），属于早二叠世。大多数辉长岩和玄武岩构造判别投影在 OIB，少数为 MORB。除此之外，在混杂岩中还具有早石炭世辉长岩岩墙、晚石炭世至早二叠世碳酸盐岩海山、早二叠世砂岩夹板岩组（王永文等，2004），在大洋关闭过程中一起混杂堆积。对西金乌兰蛇绿混杂岩形成环境和硅质岩年龄综合分析表明，该区在早石炭世—早二叠世为大洋-洋岛环境。

近东西向的阿尼玛卿—昆南蛇绿混杂带位于阿尔金—祁连—昆仑始特提斯复合地体与松潘—甘孜—可可西里地体之间，被认为是古特提斯洋的北界（Yang et al.，1996）。在该缝合带东段马沁地区的德尼尔蛇绿混杂岩是东昆仑巨型褶皱带中出露和保存最完整的一段蛇绿混杂岩，岩石单元包括了变质橄榄岩、基性-超基性堆晶岩、辉绿岩墙群和基性喷出岩。对蛇绿岩的地幔岩石和玄武岩成分的研究表明该蛇绿岩属于 MORB 型（Xu et al.，2002），陈亮等（2001）获取的玄武岩全岩 Ar-Ar 坪年龄为 345.3±7.0Ma，表明在早石炭世洋壳已经存在。地表 200 余米厚的熔岩中均未发现枕状熔岩，说明喷出岩中熔岩的比例较高，是快速洋中脊扩张的证据（Yang and Hall，1996），洋盆规模较大，代表着广阔的古特提斯洋（Yang et al.，1996）。虽然未在可可西里北部的昆南缝合带发现蛇绿岩，但其东西两侧均有缝合带可延伸相接表明该区具有同样的构造环境。

西金乌兰蛇绿混杂岩和阿尼玛卿—昆南蛇绿混杂岩具有相似的构造背景和洋盆张开时间，在空间上也相呼应，故认为自早石炭世—早二叠世，可可西里地区为大洋-洋岛环境。

4.2.2　古特提斯洋关闭构造–热事件

可可西里地区存在两条缝合带，分别为南部的西金乌兰缝合带和北部的昆南缝合带，他们都是古特提斯洋关闭的构造遗迹（许志琴等，2013）。

由于地面构造不明显，位于可可西里南部的西金乌兰缝合带的俯冲极性是一大争议，目前认为羌塘地体中蓝片岩的形成是受到古特提斯洋洋壳向南俯冲的结果（Kapp et al.，2003，图4.2），其蓝片岩^{40}Ar–^{39}Ar年龄为223±4Ma，认为俯冲始于三叠纪（Roger et al.，2003）。1∶25万可可西里湖幅在西金乌兰和蛇形沟等地发现了倾向朝南的构造面，也为该俯冲模式提供了地表直接证据。

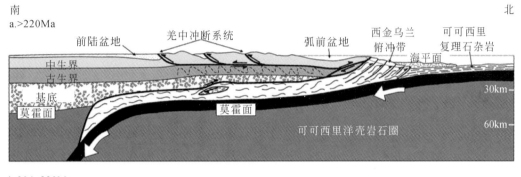

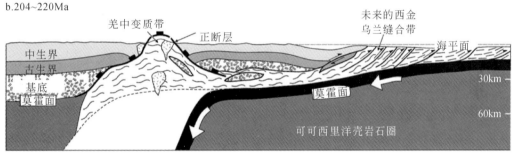

图4.2　三叠纪羌塘含蓝片岩变质岩带与古特提斯洋演化关系图（Kapp et al.，2003）

阿尼玛卿—昆南蛇绿混杂带标志着古特提斯洋北部关闭的板块缝合带，在昆南断裂以北的东昆仑造山带是一条巨型岛弧岩浆带（莫宣学等，2007a），与古特提斯洋向北俯冲有关。由于晚古生代古特提斯洋洋壳向北俯冲，华北板块南缘转为活动大陆边缘，形成弧沟盆系统。昆中断裂将昆仑地体分为中-北昆仑岛弧和南昆仑弧沟间隙，中-北昆仑岛弧区内广泛发育海西期和印支期岛弧型花岗岩和火山岩，可作为古特提斯洋壳俯冲的证据。根据东昆仑西段祁漫塔格褶皱带晚二叠世—早侏罗世侵入岩组合时空分布和构造环境研究显示，晚二叠世花岗岩组合构造背景为被动大陆边缘，与古特提斯洋俯冲相关；中三叠世花岗岩组合是昆仑岩浆弧的主体，其出露面积远超过本区其他时期的侵入岩类，形成于俯冲–碰撞转换阶段，与俯冲岩石圈板片的断裂有关；晚三叠世花岗岩组合形成于后碰撞阶段，是加厚陆壳底部幔源玄武质岩浆底侵的结果（王秉璋等，2014）。作为被动大陆边缘代表的格尔木地区花岗岩（LA-ICP-MS 锆石 U-Pb 年龄 240±6Ma，据 Harris et al.，1988）和俯冲板片交代地幔楔形产生的铁镁质岩墙群（LA-ICP-MS 锆石 U-Pb 年龄 251±2Ma，据熊富浩等，2011）侵位时间可以确定，古特提斯洋向昆仑岛弧俯冲的主要时期在早三叠世。故在三叠纪时期可可西里地区表现为古特提斯洋同时向南北两侧俯冲的格局（图4.3）。

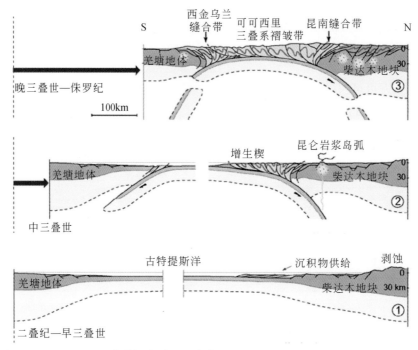

图 4.3　可可西里地区古特提斯洋双向俯冲（Roger et al.，2008，剖面位置见图 4.4）

在古特提斯洋向北俯冲关闭的过程中，在可可西里增生楔上堆积了三叠纪巴颜喀拉群深海和半深海沉积为主的巴颜喀拉残余洋盆沉积（Yin and Nie，1993），记录了沉积盆地的完整演化历史。巴颜喀拉群分布在巴颜喀拉山东北部的玛多、西科曲、昌马河一线以北，向西到秀沟，纳赤台以南，东部白玉寺一带尚有零星分布，其分布范围基本在阿尼玛卿—昆南缝合带以南的地区。沉积体系中发育各种典型的浊流沉积，如重荷模、槽模、沙纹层理、粒序层理等，古流向数据反映出向南和向南东的古水流方向，微量元素地球化学反映出活动大陆边缘和大洋岛弧的特征，说明当时沉积盆地处于较深的状态（许志琴，2007）。

关于晚二叠世—三叠纪可可西里复理石沉积盆地的性质问题，一直存在较大的争议，任纪舜和肖黎薇（2014）认为它是一个晚二叠世—三叠纪（浊积岩）陆缘裂谷盆地，是特提斯洋裂陷初期的产物；张国伟等（2003）把阿尼玛卿与勉略缝合带相连，认为该区为小洋盆（主洋域在三江地区），其洋盆历史一直延续至中晚三叠世；殷鸿福和张克信（1997）将其视为与恒河孟加拉湾相似的浊积扇，是古特提斯闭合昆仑造山后剥蚀搬运的"垃圾堆"；潘桂棠（1997）认为它是边缘前陆盆地。以上争论的盆地类型，实际上是弧前盆地（或是残余洋盆，Sengor，1990；Yin and Nie，1993；张雪亭等，2005；Roger et al.，2008，2010）和弧后盆地（Pullen et al.，2008；Zhang et al.，2008，2014）的争论。

根据可可西里地区复理石增生杂岩、岛弧、缝合带的空间配置，认为该区晚二叠世—三叠纪可可西里沉积盆地为弧前盆地-残余洋盆（图4.4）。

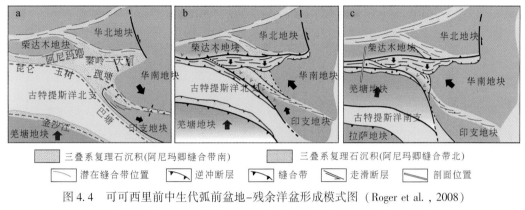

图 4.4　可可西里前中生代弧前盆地-残余洋盆形成模式图（Roger et al.，2008）
a. 二叠纪—早三叠世；b. 早三叠世—中三叠世；c. 晚三叠世—早侏罗世

4.2.3　印支期造山构造-热事件

三叠纪—早侏罗世是青藏高原中地体碰撞造山的重要时期，在可可西里地区构成了巨型三叠纪碰撞造山带。昆南—阿尼玛卿和西金乌兰—金沙江蛇绿岩所代表的石炭纪—二叠纪古特提斯洋盆的闭合造成昆仑岛弧、可可西里增生楔和羌塘地体在晚三叠世—早侏罗世拼合，同时形成近东西向的昆仑—松潘—羌塘晚三叠世—早侏罗世碰撞造山系。

其中，昆南—阿尼玛卿缝合带西段为近东西向的昆南左行韧性走滑断层，强烈的挤压变形在可可西里北部形成巴颜喀拉印支褶皱系，被认为是走滑型褶皱造山（许志琴等，2013），以紧密的同劈理直立褶皱为特征（图4.5），劈理化作用在区域上的形态呈扇形，与北侧同时代形成的近东西向的昆南走滑断层斜交。在昆南—阿尼玛卿缝合带南部的可可西里地区发育一系列逆冲—推覆叠置岩片，都具有向南的造山极性（许志琴等，2006）。三叠系地层强烈变形形成复式褶皱，影响着整个巴颜喀拉-松潘-甘孜地区，并伴随三叠纪以来的岩浆侵入活动（Roger et al.，2003；Zhang et al.，2014）。在可可西里北部大量侵位于三叠系地层中的过铝质钙碱性花岗岩，表现为同碰撞深熔花岗岩的特征（郑祥身和郑健康，1997），可能是三叠系强烈褶皱变形引起的深部熔融，其侵入岩锆石 SHRIMP U–Pb 年龄分布在 225～203Ma（Zhang et al.，2014）。在可可西里东南部的玉树地区发现侵位于三叠系复理石的钙碱性花岗岩，其锆石 SHRIMP U–Pb 年龄为 219～216Ma（Reid et al.，2007），表明强烈的构造运动发生在晚三叠世末期。

沿走滑断裂和断裂北侧，发育诸多的同构造花岗岩，呈纺锤状、椭圆状、浑圆状、长条状与水滴状分布，花岗岩体主要类型为二长花岗岩、花岗闪长岩和钾长花岗岩（莫宣学等，2007a），靠近断裂带的花岗岩具有明显的糜棱岩化和与断裂一致的组构特征。代表走滑运动的同构造花岗岩的 Ar–Ar 同位素年代的资料表明，走滑断裂形成于 240～220Ma（许志琴，2007）。

图 4.5　可可西里五道梁北部巴颜喀拉构造带三叠纪地层片理化

4.2.4　青藏高原抬升构造-热事件

喜马拉雅-青藏高原碰撞造山过程所表现出的构造-热事件具有一定的阶段性（王二七，2013；Richards et al.，2015；Li et al.，2015），根据印度板块的碰撞阶段可分为主碰撞（65～41Ma）、晚碰撞（40～26Ma）和后碰撞（25～0Ma）三个阶段（张洪瑞和侯增谦，2015）。

（1）主碰撞期为青藏高原的大规模的挤压缩短，并向北部扩张，在可可西里表现为唐古拉山的大规模逆冲和东昆仑造山带的隆升。结合唐古拉山北坡木乃地区花岗岩的磷灰石裂变径迹研究发现，唐古拉山在67Ma和55Ma发生过两次明显的构造热隆升（段志明等，2009）。东昆仑山花岗岩碎屑锆石裂变径迹年龄为59～42Ma（王岸等，2010），其隆升可能反映了柴达木南缘一个夭折的前陆盆地存在（陈宣华等，2011）。同时，唐古拉山的隆升和可可西里地区风火山盆地的挠曲下陷是耦合的，是构造作用的沉积响应（图4.6），风火山群和雅西措群的磁性地层年龄为52.0～23.8Ma（Wang et al.，2008）。因此，唐古拉山逆冲推覆构造活动可能早于52Ma（Li et al.，2012），是青藏高原主碰撞期在可可西里的第一个主要构造事件。

（2）晚碰撞阶段发展在主碰撞期引起地壳缩短加厚的基础上，在冲断带上盘发育钙碱性火山岩。可可西里地区该阶段的岩浆活动主要发生在可可西里南部的北羌塘火山岩区（图3.27），李保华等（2004）在该区获得安山岩全岩$^{40}Ar-^{39}Ar$等时线年龄为43.2±2.2Ma，火山岩富碱，属于钾质火山岩，其源区为EMⅡ型富集地幔，即"壳-幔混合带"。青藏高原北部这一类型的火山岩曾被认为是印度板块深部洋壳向欧亚大陆俯冲的产物（邓万明等，1996），而该区火山岩形成时（43.2±2.2Ma）印度板块洋壳还位于冈底斯下部（图4.7），故有学者认为可可西里北羌塘火山岩区的"壳-幔混合带"可能与下伏的古特提斯洋壳残片有关（Mo et al.，2007）。通过岩石学成因分析（第3章3.5节），认为可可西里地区钾质火山岩最有可能直接部分熔融于含石榴子石角闪岩的下地壳，在中新世时由

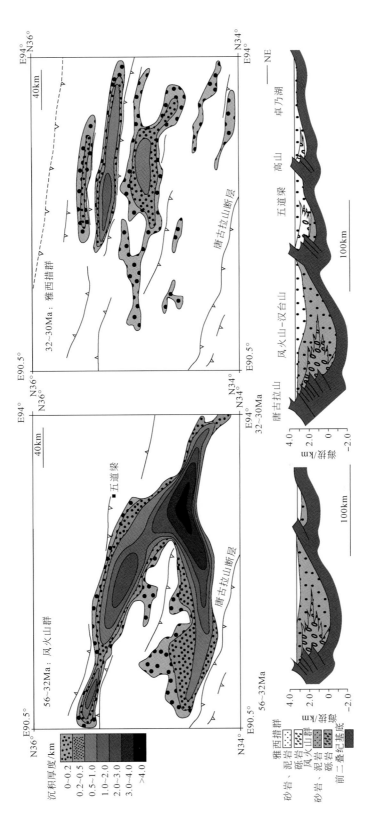

图4.6　始新世—渐新世可可西里前陆盆地演化与沉积过程（据Wang et al., 2002修改）

于藏北地区地壳及岩石圈显著增厚，引起重力不稳，部分下地壳和岩石圈地幔发生拆沉以及软流圈上升，下地壳温度上升诱发了下地壳部分熔融。

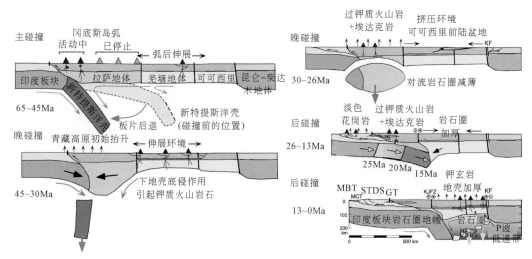

图 4.7　青藏高原构造-热事件演化剖面示意图（据 Chung et al., 2005 修改）

该阶段在进一步的碰撞挤压下，风火山群发生强烈褶皱（图 4.8），平衡剖面计算风火山地区褶皱缩短量为 34 ± 12km，占原始上地壳的 $24\%\pm9\%$（Staisch et al., 2016）。根据岗齐曲地区和风火山南部一起卷入变形的石英正长斑岩 ^{40}Ar-^{39}Ar（38.09 ± 0.56Ma，郑祥身和郑健康，1997）和上覆五道梁群（底部年龄为 22Ma，Wang et al., 2008）水平地层，以及风火山地区断层泥和磷灰石裂变径迹共同约束的变形年龄在 $34\sim27$Ma（Staisch et al., 2016），表明可可西里中部风火山地区发生地壳缩短的时限在始新世末期。

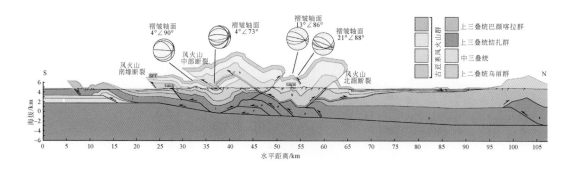

图 4.8　风火山地区地质剖面（据 Staisch et al., 2016 修改）

（3）可可西里盆地的中新统五道梁群泥灰岩（$22\sim18$Ma）于后碰撞期沉积，其变形程度较弱，呈舒缓波状展布，平均倾角不超过 $15°$，表现为平缓地层的中新世陆相盆地沉积（Wu et al., 2008），与下伏遭受强烈变形的始新统—渐新统风火山群和雅西措群杂色碎屑岩层呈鲜明的对比，表明自中新世以来，整个地区的挤压变形大幅度减弱（王二七，2013）。该期构造变形主要表现为块体侧向逃逸，沿先存的逆断层形成走滑断层，包括昆南左行走滑断层、五道梁左行走滑断层和乌兰乌拉左行走滑断层（图 3.2）。

　　左行走滑的昆南断裂是东昆仑山重要的断裂构造，其吸收了印度-亚洲汇聚过程中的北东向挤压缩短变形，根据格尔木附近花岗岩的磷灰石和锆石裂变径迹定年和热史模拟研究，东昆仑山主体在新生代具有 16.3 ~ 10.0Ma 和 5.1 ~ 0.9Ma 两个峰值年龄（陈宣华等，2011），是印度板块和欧亚板块碰撞后期的远程效应，代表了青藏高原北部较新的隆升历史。

　　后碰撞期的岩浆活动主要集中在可可西里北部的巴颜喀拉火山区，为典型碰撞后环境的钾玄岩系列（Guo et al.，2006），主要活动时期为 18 ~ 7Ma，与青藏高原新生代以来地壳的缩短、加厚和隆升有密切的关系。火山岩同位素组成显示，青藏高原北部这条火山岩带岩浆源也属于 EM Ⅱ 富集交代地幔（邓万明，1993；杨经绥等，2002；江东辉等，2008）。这类地幔源区最合理的解释是陆缘物质或大洋沉积物沿俯冲带再循环进入地幔楔内，与地幔岩发生混合作用形成的（邢光福，1997）。

　　观察格尔木—嘎拉天然地震层析剖面发现，在青藏高原北部可见下伏于可可西里地区的深部地幔低速异常体，低速异常域范围深度在 100 ~ 400km，南北向长约 600km（图4.9），并且低速异常体呈近柱状，可直达可可西里地区地表，即可可西里新生代高钾火山岩区，可能是下伏地幔低速异常物质底辟的结果（许志琴等，2004）。

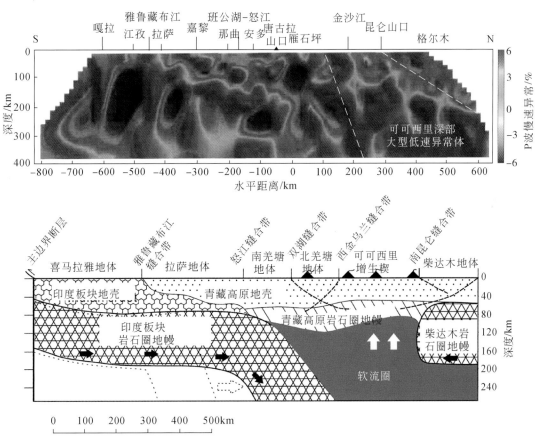

图 4.9　青藏高原天然地震层析剖面（上）及超钾质岩动力模式图（下）

（据许志琴等，2004，Guo et al.，2006 修改）

可可西里下部的低速异常体被进一步解释为，由于印度板块向北的挤压并同时受到造山带外侧稳定大陆的岩石圈根的阻挡（北面昆仑山、柴达木地块），造山带下面的软流圈物质在边界处上涌形成幔源岩浆及其在莫霍面以上的底侵和拆沉作用的结果（图4.7、图4.9）。陆壳的水平挤压缩短作用可更好地封闭底侵的壳底岩浆海，使底侵岩浆有更充分的条件与陆壳物质相互作用（赖少聪，1999）。

4.3 小 结

（1）石炭纪以来，可可西里地区地质演化过程主要与古特提斯洋关闭过程中多岛弧、地体碰撞拼贴和新生代以来印度板块与欧亚大陆碰撞引起的青藏高原抬升相关，将可可西里地区构造演化分为八个演化阶段：①早石炭世—晚二叠世古特提斯洋演化阶段；②早三叠世—晚三叠世弧前盆地—残余洋盆演化阶段；③晚三叠世末—早侏罗世强烈造山阶段；④侏罗纪前陆盆地阶段；⑤白垩纪抬升剥蚀阶段；⑥始新世—渐新世前陆盆地阶段；⑦渐新世末—早中新世地壳缩短阶段；⑧中新世至今抬升夷平阶段

（2）古特提斯洋在昆南缝合带和西金乌兰缝合带自早三叠世近乎同时俯冲，形成反向俯冲的构造格局。古特提斯洋向北俯冲关闭的过程中，在可可西里增生楔上堆积了三叠纪巴颜喀拉群深海和半深海沉积为主的巴颜喀拉弧前盆地—残余洋盆沉积。

（3）可可西里地区经历了印度板块和欧亚大陆的主碰撞、晚碰撞和后碰撞三个阶段。在主碰撞阶段表现为唐古拉山的逆冲隆起和可可西里古近纪前陆盆地的形成；晚碰撞阶段表现为可可西里南部的北羌塘火山岩区钾质火山岩活动和始新统—渐新统风火山群的强烈褶皱变形；后碰撞阶段主要表现为青藏高原块体侧向逃逸，在可可西里地区的先存逆断层形成走滑断层，以及可可西里北部的巴颜喀拉火山区钾玄岩火山活动，是典型的后碰撞环境火山活动。

第5章 可可西里新生代演化
与青藏高原隆升过程

5.1 青藏高原隆升过程回顾

印度板块与欧亚板块碰撞所导致的青藏高原隆升是过去100Ma以来地球历史上最重大的地质事件之一，形成了青藏高原边部挤压隆升、腹地伸展垮塌、南北分带以及东西分块的大地构造格局（赵福岳等，2012）。它不仅改变全球的地形和地貌，形成了面积超过250万km²、平均海拔超过5000m的青藏高原，而且对亚洲乃至全球的碳循环、气候和环境变化都产生了重大影响（方洪宾等，2009）。

青藏高原隆升历史的大规模研究最早源于中国学者。早在1964年中国学者施雅风和刘东生根据在希夏邦马峰北坡上新统野博康加勒地层中发现的高山栎等植物化石，首次提出上新世以来喜马拉雅山已上升3000m（施雅风和刘东生，1964）。徐仁等（1973）根据青藏高原多处发现的古植物化石，认为大陆碰撞以来始新世是温暖的低海拔环境，之后是一个逐步升高的连续过程。李吉钧等（1979）根据高原隆升所导致的地表自然环境变化和与环境密切相关的沉积记录，提出了青藏高原三期隆升两次夷平，以及最强烈的隆升发生在上新世末至第四纪初的观点。

在20世纪90年代初期到中期，Molnar和England（1990）首先对之前利用古气候和古生物变迁分析青藏高原隆升的研究方法提出了质疑。随后，很多地质学家尝试应用新的技术方法对高原隆升历史提出了不同的观点。Bull和Scrutton（1992）根据印度洋底由板块边界扩张引发的地震、断层和褶皱的开始时间为8.0~7.5Ma，认为青藏高原此时已经隆升到最大高度。Harrison等（1995）根据羊八井地堑形成的时间为8Ma左右，推断整个青藏高原在8Ma达到现在的高度。Hodges和Coleman（1995）依据青藏高原正断层的发育时间推测高原在约15Ma达到现在的高度。Turner等（1996）根据藏北钾质火山岩的喷出时间，推测高原在13Ma已经达到现在的高度。

除了少数研究者以外，这些早期认识都没有提及高原隆升在空间上有什么不同。这就暗示这些研究者似乎把高原作为一个整体来考虑它的隆升问题。另一个主要问题是国际上多数研究成果是来自喜马拉雅山和西藏南部，对高原腹地和其北缘及西部知之甚少，而国内学者的主要成果来自青藏高原北缘。更为主要的是有些研究者往往用一个点或地区的隆升记录，来代表整个青藏高原的隆升历史。所以，在高原隆升的时间、方式与幅度等方面产生较大的分歧也就不难理解了。

随着青藏高原腹地1∶25万区域地质调查工作的大力开展，认识到青藏高原隆升具有阶段性（Yin and Harrison，2000；Ding et al.，2003；Wang et al.，2008），不同地区代表着青藏高原不同的隆升阶段。可可西里作为藏北地区最大的新生代沉积盆地，其沉积演化很好地反映了藏北地区构造–古地理的变迁演化过程；可可西里北部的钾玄岩系列火山岩是青藏高原北部隆升的结果，其岩石学成因反映了青藏高原北部隆升的深部过程；可可西里地区保留了完整的高原夷平面，其发育史将有助于充分认识藏北高原出现以前的真实面貌；可可西里地区新生代以来的古生物化石记录了藏北地区气候的变化，反映了当时的古海拔。因此，可可西里地区新生代演化对认识青藏高原藏北地区的隆升历史具有重要意义。

5.2　可可西里新生代盆地演化与青藏高原隆升的关系

5.2.1　可可西里新生代沉积环境演化

可可西里沉积盆地位于唐古拉山和昆仑山之间，平均海拔 5000m 以上，分布面积 101000km^2，是青藏高原腹地最大的始新统—中新统沉积盆地。由下自上主要由风火山群、雅西措群和五道梁群组成。最底部的为风火山群，岩性主要由砾岩、红色砂岩和河流相、湖泊相及三角洲相的生物碎屑灰岩组成。磁性地层年龄为 56.0 ~ 31.3Ma（Liu et al.，2003），属于早始新世—渐新世沉积。风火山群之上为雅西措群，岩性主要由砂岩、泥岩、泥灰岩及盐湖环境下沉积的石膏组成，与风火山群整合接触，其磁性地层年龄约 31.3 ~ 23.8Ma（Wang et al.，2008）。现今风火山群和雅西措群强烈褶皱，五道梁群（22Ma 左右）角度不整合于雅西错群之上，主要由湖相泥灰岩和少量黑色油页岩组成。风火山群和雅西错群厚度超过 5000m，地层变形强烈，发育有倒转褶皱和数条南倾的逆冲断层，而上部五道梁群地层仅发生轻微变形，厚度在 100 ~ 200m（Wang et al.，2008）。

Liu 等（2001）在可可西里沉积盆地开展的沉积层序、沉积环境和古水流变化综合对比研究，为可可西里新生代沉积环境演化提供了详细的证据。可可西里盆地最早在风火山群沉积早期（56.0 ~ 49Ma）受走滑断层影响，形成拉分盆地分布在西金乌兰缝合带的南部（Zhu et al.，2006，图 5.1a）。盆地一直处在相对稳定的环境中，以湖泊沉积为主，含石膏段和深湖相灰岩，反映了当时干燥温暖的气候条件（Liu and Wang，2001；王国灿等，2010；张克信等，2013）。在风火山群砂砾岩段沉积时（49.0 ~ 31.3Ma），可可西里沉积盆地沉积中心逐渐向东迁移，反映了南部盆地的收缩和抬升，沉积环境转变为以河流沉积为主，并向上逐步变成扇三角洲沉积（图 5.1b ~ d，图 5.2），是唐古拉山向北扩展冲断形成的可可西里始新统—渐新统前陆盆地沉积。该时期盆地北部边界不是很明显，东昆仑中–西段并未形成，可可西里盆地古近纪可能与柴达木盆地相互连通（尹安等，2007；王国灿等，2010）。

30 ~ 23Ma 为可可西里地区经历构造抬升和剥蚀的阶段，雅西措群（31.3 ~ 23.8Ma）主要的河流相–湖泊相沉积都发生在本次变形之前（30Ma 之前），发育大量薄层石膏夹层，反映 31.3Ma 之后可可西里地区古气候逐渐变干（刘志飞和王成善，2000）。随后一起经历了构造变形，变形期仅在山间形成少量沉积，变形程度较小。由于渐新世末期构造

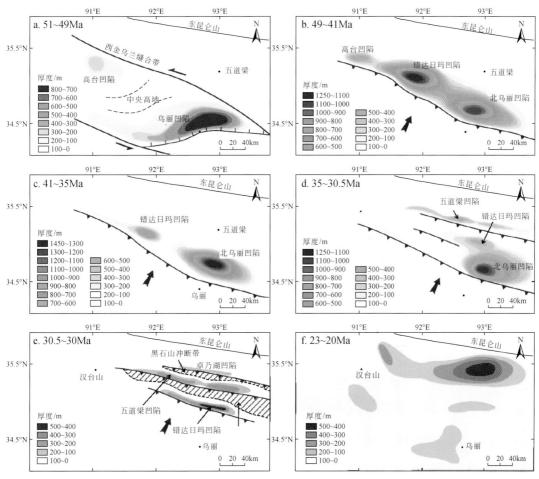

图 5.1　始新世—渐新世可可西里控盆构造和地层厚度图（据 Zhu et al., 2006 修改）

运动的加强，可可西里及其周缘地区受到隆升影响，湖盆面积逐渐变小，在整个可可西里产生大量的剥蚀区（图 5.1e）。

五道梁群底部（22Ma 左右）与雅西措群顶部（23.8Ma）的角度不整合表明在渐新世末期—中新世初期（23.8～22Ma）可可西里地区发生过一次较大的构造运动，可可西里地区发生明显的抬升。五道梁群保存有大套湖相碳酸盐沉积，岩性主要为灰岩和白云质灰岩（张雪飞等，2015），几乎分布在现今可可西里盆地的所有地区（图 5.1f；刘志飞等，2001；吴珍汉等，2006a）。根据五道梁群的沉积范围，认为中新世早期在唐古拉山和昆仑山之间发育 5000～15000km² 的古湖盆（图 5.3），根据 ETM 遥感和野外观察发现可可西里地区的五道梁湖盆甚至可能和唐古拉山北部的青西古大湖和南侧的藏北古大湖相连（Wu et al., 2008）。湖盆范围的扩大，代表可可西里中新世进入一个伸展的构造环境。现今五道梁群地层仍保持着近水平的地层产状，表明中新世之后，可可西里地区活动较弱，或为整体差异抬升的结果。

可可西里新生代沉积环境演化与青藏高原隆升密切相关，反映了青藏高原北部的抬升

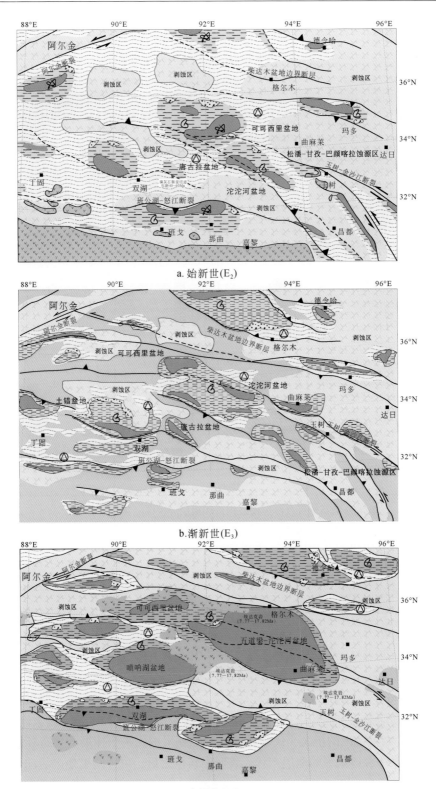

a. 始新世(E₂)

b. 渐新世(E₃)

c. 中新世(N₁)

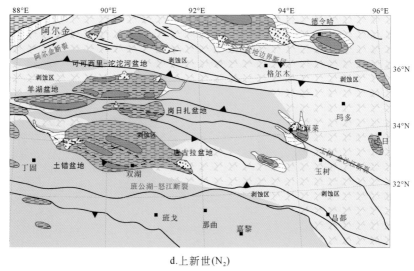

d.上新世(N₂)

深湖相　浅湖相　隆起区　火山岩区　剥蚀区　河流相

走滑断层　逆断层　湖泊三角洲相　介形虫　孢粉　轮藻

图 5.2　藏北可可西里地区古新世—上新世岩相古地理演化图

岩相古地理格局修改自张克信，2007；地质构造参考王国灿等，2010；尹安等，2007；吴珍汉等，2006a；

火山岩年龄参考邓万明等，1999；江东辉等，2008；郑祥身等，1996；古化石、古生物资料参考蔡雄飞，2008；

刘志飞和王成善，2000

过程。可可西里在 49Ma 时的沉积环境和古水流的变化代表着青藏高原在唐古拉山北部的第一次抬升；五道梁群和雅西措群的角度不整合及沉积间断（23.8～22.0Ma）表明可可西里古近纪盆地岩石圈发生挤压收缩，代表青藏高原在渐新世末期挤压应力已经传播到藏北地区。五道梁群大范围的湖相沉积代表可可西里地区强烈挤压后的伸展松弛，其近水平的地层表明中新世以后的高原抬升以整体差异抬升为主，是青藏高原地壳增厚均衡抬升的，与俯冲作用没有直接关系。

5.2.2　可可西里新生代构造演化

可可西里新生代沉积盆地位于唐古拉山北部，是唐古拉山逆冲推覆构造的前陆盆地和藏北隆升形成的伸展湖盆，为一叠合盆地。其新生代以来的构造演化与新特提斯洋关闭、印度板块与欧亚板块碰撞密切相关。

根据可可西里盆地南北两大次级拗陷（沱沱河沉积盆地和错仁德加沉积盆地）碎屑沉积物记录和唐古拉山的磷灰石裂变径迹冷却年龄分析表明（Wang et al.，2008；段志明等，2009；Li et al.，2012；吴驰华，2014），可可西里盆地周缘造山带新生代以来总体表现为三期构造抬升：古新世（65～51Ma）、晚始新世—渐新世（38～28Ma）、晚渐新世（28～24Ma）（吴驰华，2014）。

沱沱河沉积盆地碎屑颗粒磷灰石裂变径迹指示碎屑沉积发生在古新世（64～51Ma），与唐古拉山启动隆升时期相符合。同时，盆地沉积充填序列、盆地结构及古水流展布直接

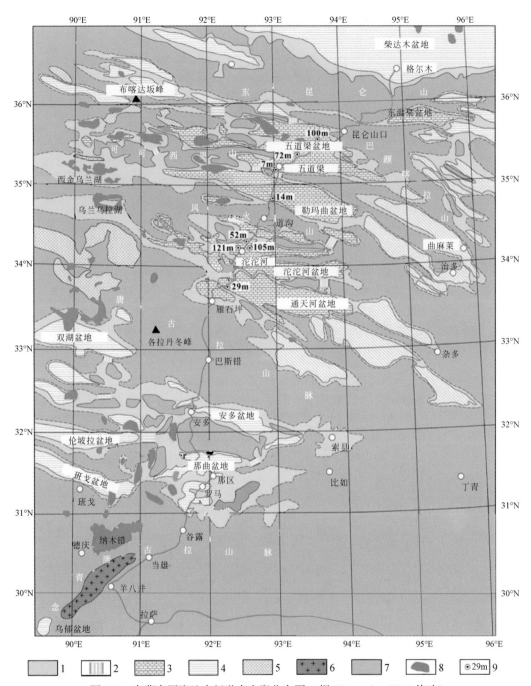

图 5.3　青藏高原腹地中新世古大湖分布图（据 Wu et al., 2008 修改）

1. 中新世早期古大湖区；2. 中新世早期古湖水连接通道；3. 中新世早期碳酸盐岩；4. 中新世早期碎屑岩；
5. 中新世玄武岩；6. 中新世花岗岩；7. 中新世早期剥蚀区；8. 现代湖泊；9. 钻孔及中新统地层厚度；
虚线表示中新世早期古大湖边界

受控于南侧逆冲推覆带，即唐古拉逆冲推覆带（TTS）。Li 等（2006，2012）对唐古拉逆冲推覆构造进行构造恢复研究，认为 TTS 发育启动时间为古新世初期（65Ma），与印度板块向北的运动速率缩减时间一致（Acton et al.，1999），受控于印度板块-欧亚板块碰撞造山及碰撞后持续向北俯冲作用（65～23Ma）。43Ma 时在羌塘北部的祖尔肯乌拉山地区形成的钾质熔岩，可能代表了可可西里南部隆升的开始，是地壳加厚引起的火山作用，被认为是青藏高原中部早期快速隆升的开始（Chung et al.，1998）。

始新世晚期—渐新世时期（38～28Ma），唐古拉山继承前期构造性质继续受控于印度板块-欧亚板块碰撞造山，并在 34～38Ma 之间出现了最大幅度的隆升及剥蚀速率，剥蚀速率最大可达 712.5m/Ma（吴驰华，2014）。与此同时，在风火山地区形成倾向朝北的反向逆冲断层，该区同构造花岗斑岩锆石 SHRIMP U-Pb 年龄（28.84Ma，吴珍汉，2009）和磷灰石裂变径迹冷却年龄（约 30Ma，Wang et al.，2008）与唐古拉山大规模抬升时期相符合，代表着青藏高原北部一次强烈的地壳收缩变形，在风火山地区地壳缩短量约 24%±9%（Staisch et al.，2016）。

渐新世晚期（28～24Ma），可可西里盆地物源区隆升格局发生重大转变，物源区岩性组合从始新世时期的碳酸盐岩岩屑为主（唐古拉山）转变为以变质岩岩屑为主（巴颜喀拉山和东昆仑山），而古水流方向显示沱沱河盆地出现了南西流向水系（Wang et al.，2014），与巴颜喀拉山和东昆仑山地区具有一定的亲缘性，说明盆地北部地区山脉隆升作用持续加强，已经达到了促使盆地内古水流发生倒转的规模。唐古拉作为早期隆升山脉持续抬升继续为盆地提供物源，剥蚀速率展现出多物源区叠加的特点。同时，该期隆升事件使得整个可可西里盆地遭受大面积的挤压变形，在盆地内多个区域可见五道梁群和雅西措群（或直接与风火山群）呈角度不整合。区域构造演化特征表明，渐新世末期在可可西里地区是挤压缩短向伸展走滑转换的重要时期。通过对构造缩短和地壳增厚的关系，以及在重力均衡隆升下的定量高度研究发现（误差约 500m，吴珍汉，2009），印度大陆向北俯冲造成的强烈挤压向伸展走滑转变对应的平均海拔应该在 4000m，说明中新世初期可可西里发生显著隆升。

可可西里地区发育的两级夷平面指示可可西里地区三次隆升和两次夷平作用，与青藏高原发育的两级夷平面相吻合。根据中新世古大湖和古水系发育特征（Wu et al.，2008），认为可可西里中新世经历的夷平作用为山麓剥蚀作用，其海拔明显高于接近水平面的准平原化夷平作用，表明藏北地区在 22Ma 之前完成了第一次隆升，且具有较高的海拔。藏北地区主夷平面发育之前（7.77Ma 之前）完成第二次隆升，将原山麓剥蚀面抬升并肢解，形成山顶面。7.77～3.40Ma 藏北地区完成第二次夷平作用，形成主夷平面，该夷平面切过因地壳显著加厚形成的钾玄岩（18.25～6.95Ma），表明主夷平面形成时期藏北地区已接近现今的海拔（Polissar et al.，2009）。3.4Ma 之后青藏高原完成最后一次抬升，主夷平面和现今高原面抬升至现今高度。

5.2.3　可可西里新生代古植物化石演化与古环境判别

青藏高原隆升对可可西里地区古气候和环境影响剧烈（Molnar et al.，1993；Jiang et

al.，2000），主要体现在青藏高原对印度洋暖湿气流的阻挡。东亚季风增强和海拔强烈抬升，直接控制着古植被发育演化。可可西里新生代沉积盆地保存了大量的植物化石，主要包括被子植物门（禾本科和莎草科）、蕨类植物门、裸子植物门、藻类和一些阔叶类植硅体，是古生态环境的重要记录，对藏北地区古环境演化具有重要意义。

可可西里沉积盆地新生代化石相对稀少，蔡雄飞等（2008）首次在可可西里盆地的雅西措组和五道梁组的底部发现较为丰富的植硅体及藻类化石。其中雅西措组中上部植硅体形态较丰富，主要来源于禾本科植物，少数为莎草科，另外还见蕨类、裸子植物和阔叶类植硅体。五道梁组底部的木本植物中裸子植物含量增高。

雅西措组植硅体以温暖类型为主，含丰富的蕨类、裸子植物和阔叶植物植硅体，反映当时植被以森林为主，林下草本层较发育，温暖指数0.82~1.00［温暖指数利用示暖型植硅体（如方型、长方型、扇型、哑铃型、短鞍型、长鞍型）和示冷型植硅体（如齿型、平滑棒型、刺边棒型、长尖型）体颗粒含量的多少来计算当时沉积环境草本地表植被所反映的气候的温暖程度，即温暖指数＝（示暖型植硅体总和）／（示暖型植硅体总和+示冷型植硅体总和），吕厚远等，2002，张新荣等，2004］，表明极端炎热的环境；五道梁群底部的植硅体则以寒冷、干旱类型为主，木本植物中裸子植物含量增高，类型单一，以齿型、平滑棒型、突起棒型、扇型、齿型、棒型植硅体为主，温暖指数最低为0.17，指示了一次极端的降温事件（蔡雄飞等，2008）。因此，雅西措组和五道梁组记录了可可西里地区从温暖到寒冷气候的转变，这很可能是该区开始显著隆升的结果。

吴珍汉等（2006b）根据沉积物中的孢粉恢复出可可西里地区渐新世与中新世植物类型（图5.4），位于风火山北侧地区渐新世发育落阔叶林森林草原植被，落阔叶以榆树和桦树为主，反映了热带–亚热带温暖草原环境；五道梁群中落阔叶、灌木和草本植物下降，

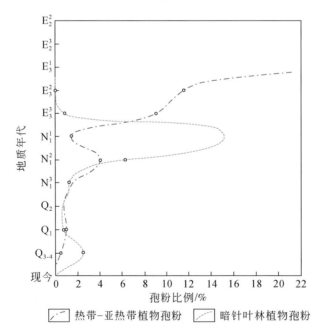

图 5.4　可可西里地区渐新世—中新世植物孢粉含量变化图（据吴汉珍等，2006b 修改）

以针叶林和暗叶林占主导地位，反映了中新世总体处于高海拔温凉潮湿的气候环境。结合青藏高原现今不同地区云杉和冷杉的实际观测数据（吕厚远等，2002），可可西里地区阔叶林繁盛对应的海拔小于500m，暗针叶林繁盛对应的海拔为1000~3250m，这都可以说明可可西里于渐新世晚期发生了剧烈隆升。

由于古气温和古海拔存在一定函数关系，在水蒸气的冷凝过程中不同海拔地区对水体中氧同位素的分异具有明显影响，这对沉积物水体氧同位素组成具有控制作用（Rowley et al.，2001），根据该原理可以建立氧同位素和古海拔的相关性。通过建立可可西里地区现代沉积物氧同位素与现今海拔的相关性，测定渐新世—中新世可可西里地区湖相沉积中的氧同位素，分析表明39Ma可可西里海拔低于2000m，大约25~20Ma隆升至海拔4000m左右（Cyr et al.，2005；Rowley and Currie，2006；Polissar et al.，2009），为可可西里植物化石古环境提供了定量的环境标志，标志着藏北地区在中新世进入高原高寒环境（图5.5）。

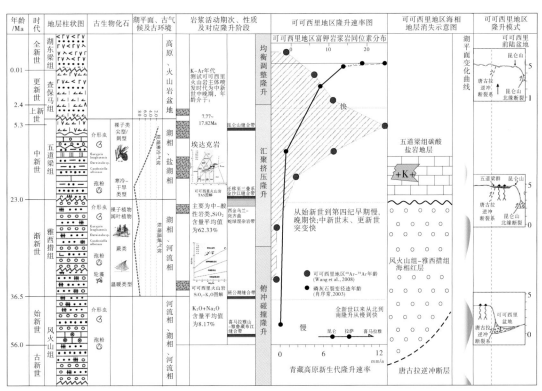

图5.5　可可西里地区各因素隆升响应综合图

地层柱状图参考王国灿等，2010；尹安等，2007；Wang et al.，2010；吴珍汉等，2006b，2009；火山岩年龄参考邓万明等，1996；江东辉等，2008；郑祥身等，1996；古化石、古生物资料参考蔡雄飞，2008；刘志飞和王成善，2000

5.3　小　　结

（1）可可西里作为藏北地区最大的新生代沉积盆地，其沉积演化很好地反映了藏北地区构造–古地理的变迁演化过程。可可西里盆地风火山群沉积时期（56.0～23.8Ma）沉积中心逐渐向东迁移，沉积环境从湖泊向河流转变，并向上逐步变成扇三角洲环境，沉积范围逐渐缩小，反映了唐古拉山向北扩展冲断对可可西里始新统—渐新统前陆盆地的控制作用。五道梁群底部（22Ma左右）与雅西措群顶部（23.8Ma）的角度不整合表明在渐新世末期—中新世初期（23.8～22.0Ma）藏北地区发生过一次较大规模的构造运动，可可西里及其周缘地区受到隆升的影响，湖盆面积逐渐变小，可可西里大部分地区发生剥蚀作用。五道梁群湖盆范围的扩大，代表可可西里中新世转而进入一个伸展的构造环境。

（2）可可西里新生代沉积盆地经历了始新世—渐新世的挤压构造变形和中新世的伸展隆升阶段，沉积物碎屑颗粒裂变径迹显示可可西里在古近纪总体上呈现出三期构造抬升，包括古新世（65～51Ma）、始新世晚期—渐新世（38～28Ma）、晚渐新世（28～24Ma），完成了可可西里山顶面形成前的第一次抬升。在主夷平面发育之前（7.7Ma之前）完成第二次隆升，并将原山麓剥蚀面抬升并肢解，形成山顶面。3.4Ma之后青藏高原完成最后一次抬升，主夷平和现今高原面抬升至现今高度。

（3）可可西里新生代沉积盆地保存了大量的植物化石，是古生态环境的重要记录。具有环境意义的植硅体及藻类化石主要分布在可可西里沉积盆地雅西措群顶部和五道梁群底部。雅西措组植硅体以温暖类型为主，五道梁群底部的植硅体则以寒冷、干旱类型为主，记录了中新世前后该地区从温暖到寒冷的气候上的转变，表明藏北地区在中新世发生显著隆升。沉积物中氧同位素指示的渐新世古海拔低于2000m，中新世古海拔约4000m，渐新世末期—中新世初期藏北地区抬升超过2000m。

第6章 可可西里地质地貌的突出普遍价值

6.1 地质地貌突出普遍价值

自石炭纪以来，可可西里地区经历了复杂的构造演化过程，形成了种类丰富、类型独特、极具科考价值的地质遗迹景观。本区地貌类型多样，不仅有构造差异运动形成极高山、高海拔丘陵、台地和高原等基本地貌，还有受构造控制的火山熔岩地貌。气候地貌类型也比较丰富，有高寒地区特有的现代冰川和冰缘冻土，还有最常见的流水地貌和湖成地貌。星罗棋布的高原湖泊和保存完整的高原夷平面造就了可可西里地区罕见的高原美景。由于可可西里位于青藏高原腹地，自然条件恶劣，区内人迹罕至，成为原始生态环境和独特高原自然景观保存最好的地区。此外，地表出露的蛇绿混杂岩、地震断裂带、火山等地质遗迹直观地记录了该区从古特提斯洋闭合到抬升造山的海陆变迁过程。可可西里新生代沉积盆地是青藏高原腹地最大的古近纪—新近纪陆相盆地，其沉积地层是青藏高原整体抬升演化过程和气候变化的直接反映，可以说可可西里地区是一个完整记录青藏高原隆升演化的地区。

由于地质遗迹具有多样性和复杂性，建立一个清晰的分类框架有助于认清遗迹的地学价值和进行准确评估。在构建地质遗迹资源体系的过程中，对青海可可西里自然遗产提名地地质遗迹进行了大量的文献调研和详细的野外地质地貌考察，结合世界自然保护联盟（IUCN，2005）提出的地质主题分类标准进行评估，将青海可可西里的地质遗迹分为地质构造、火山、山脉、地层剖面、河流湖泊、现代冰川、第四纪冰期遗迹7类，共计60余处地质遗迹点。具体的地质遗迹分类及遗迹点分布见表6.1。

表6.1 青海可可西里提名地地质遗迹分类表

类型	地质遗迹点
地质构造	西金乌兰—蛇形沟蛇绿混杂岩、冈齐曲蛇绿混杂岩、巴音查乌马蛇绿混杂岩、风火山逆冲推覆构造剖面、布喀达坂峰—库赛湖—昆仑山口全新世活动断裂带、勒斜武担湖—太阳湖活动断裂、五道梁南活动断裂带、乌兰拉湖—风火山活动断裂带、2001年11月14日昆仑山口西8.1级地震遗迹
火山	大帽山中新统粗面岩熔岩台地、可考湖东中新统流纹岩火山颈、大坎顶中新统粗面岩熔岩台地、五雪峰西粗面岩中新统熔岩台地、马兰山东中新统粗面安山岩火山锥、马兰山南中新统流纹斑岩火山锥、黑锅头中新统粗面安山岩熔岩台地、黑驼峰中新统粗面安山岩熔岩台地、平台山中新统粗面安山岩熔岩台地、巍雪山北火山锥、勒斜武担湖西南火山锥、天台山中新统粗面安山岩火山锥、白象山中新统粗面安山岩熔岩通道、祖尔肯乌拉山始新统粗面安山岩熔岩台地
山脉	昆仑山、可可西里山、冬布里山、乌兰乌拉山

续表

类型	地质遗迹点
地层剖面	不冻泉北三叠系巴颜喀拉群地层剖面、风火山地区始新统—渐新统风火山群—雅西措群地层剖面、海丁诺尔地区中新统五道梁群地层剖面
河流湖泊	楚玛尔河、勒玛曲、西金乌兰湖、可可西里湖、勒斜武担湖、卓乃湖、库赛湖、多尔改措、海丁诺尔湖、错达日玛、移山湖、太阳湖、库水浣、涟湖、月亮湖、饮马湖、永红湖、节约湖、明镜湖、移山湖、连水湖、马鞍湖、高台湖、可考湖、特拉什湖、苟仁错、茶湖
现代冰川	布喀达坂峰冰川、马兰山冰川、太阳湖冰川、煤矿冰川、野牛沟冰川、湖北冰峰冰川、足冰川、北莫诺玛哈冰川、冰鳞川冰川
第四纪冰期遗迹	岗扎日第四纪冰川作用遗迹、多索岗日第四纪冰川作用遗迹、布喀达坂峰第四纪冰川作用遗迹、马兰山第四纪冰川作用遗迹

青海可可西里世界自然遗产提名地地貌类型丰富，形成了独特绝美的自然景观，符合自然遗产评价标准（vii）。其地质美景突出的普遍价值体现在以下三个方面：

（1）可可西里独特的高山宽谷地貌。可可西里自北向南分布有昆仑山东段博卡雷克塔格山和马兰山—大雪峰组成的大、中起伏的高山和极高山；勒斜武担湖—可可西里湖—卓乃湖、库赛湖高海拔湖盆带；可可西里山中小起伏的高山带；西金乌兰湖—楚玛尔河高海拔宽谷湖盆带；冬布里山—乌兰乌拉山中、小起伏的高山带。独特的地貌结构形成了可可西里地区纵横数百千米、峰岭叠嶂、山丘连绵、盆地相间的宏大自然地理景观。

青海可可西里世界自然遗产提名地东西向三条巨大山脉和其间的宽阔河谷构成了可可西里独特的"三山两盆两河"的高山宽谷地貌格局（图6.1a）。冰雪覆盖的极高山（最高峰布喀达坂峰海拔达6860m）、中、小起伏的高山（如可可西里山、冬布勒山及乌兰乌拉山等，平均海拔5100~5400m）和高原宽谷湖盆（海拔在4500~4900m之间，图6.1b）具有三个地貌层次，区内山地、宽谷和盆地沿北西西—南东东方向有规律地带状排列。三座极高山之间分布着楚玛尔河和勒玛曲两条宽阔河谷，为典型的辫状河河道，河漫滩发

图 6.1　青海可可西里自然遗产提名地高山与宽谷自然景象

a. 可可西里地区高山与宽谷三维地形图（数据来源 landsat8，http：//glovis. usgs. gov/）；b. 唐古拉山及沱沱河河谷；
c. 昆仑山及楚玛尔河河谷

育，几乎占据整个河谷（图6.1c）。其中，楚玛尔河河谷最为宽广，最宽处约70km，勒玛曲河谷宽约40km。这样的高山及宽谷构成的高原景象是可可西里最具特色的自然景观。

（2）可可西里绝美的高山及山岳冰川。可可西里地区气候寒冷，横贯本区的昆仑山、可可西里山、乌兰乌拉山和祖尔肯乌拉山超过5500m的山峰终年冰雪覆盖（图6.2），发育着各种类型的现代冰川，以大陆型冰川为主。区域内雪山冰川与冻土带形成独特的冰缘地貌景观，包括冻胀丘、冻胀草丘、石冰川、热融洼地，热融湖塘、冰缘黄土与砂丘、冻胀"石林"和融冻褶皱（冰卷泥）等。根据2014年数据统计，可可西里发育429条冰川，其冰川面积为852.65km^2，占全国冰川面积的4/5以上，冰川储量为71.33km^3。

图 6.2　青海可可西里自然遗产提名地山峰及山岳冰川美景

（3）可可西里星罗棋布的湖泊。青海可可西里世界自然遗产提名地内高原湖泊星罗棋布，区内广大地带水流排泄不畅积储成泊，据统计（Yan et al., 2015），青海可可西里地区面积大于1km^{2}的湖泊有107个，总面积为3825km^2，平均海拔高达4400m。最大的湖泊为西金乌兰湖，其湖泊面积为383.6km^2（据2000年数据，下同），大于100km^{2}的湖泊还有可可西里湖（319.5km^2）、卓乃湖（264.98km^2）、库赛湖（274.4km^2）、勒斜武担湖（245.56km^2）、多尔改错（144.1km^2）、饮马湖（108.46km^2）、太阳湖（102.59km^2）（表6.2，图6.3）等，湖泊度达到了5%（胡东生，1994）。湖泊类型按矿化度可分为淡水湖（矿化度<1g/L）、咸水湖（矿化度1~35g/L）、盐湖（矿化度>35g/L），提名地湖泊具有海拔高、数量多、密度大、种类丰富等突出特点，在全球其他高原地区中实属罕见。另外，区内人类活动罕见，湖泊未受到人类活动的干扰，保持了最原始的自然美景。

表6.2　青海可可西里提名地主要湖泊及其类型表

湖名	类型	海拔/m	矿化度/（g/L）	面积/km^2	湖水化学类型
多尔改错	淡水湖	4685		208.8	
太阳湖	淡水湖	4882		101.5	
乌兰乌拉湖	咸水湖	4854	4~36	535.1	
库赛湖	咸水湖	4470		340.5	硫酸镁亚型
可可西里湖	咸水湖	4878		308.1	硫酸镁亚型
卓乃湖	咸水湖	4751		149.1	
饮马湖	咸水湖	4918		108.9	
永红湖	咸水湖	4780		74.1	
可考湖	咸水湖	4882		56.8	
库水浣	咸水湖	5008		34.7	
苟鲁错	咸水湖	4665	33.7	23.1	硫酸镁亚型
移山湖	咸水湖	4840		19.6	
节约湖	咸水湖	4810		17.8	
特拉什湖	咸水湖	4808		58.4	
海丁诺尔	咸水湖	4471		25.1	
涟湖	咸水湖	4915		24.3	
月亮湖	咸水湖	4915		21.8	
西金乌兰湖	盐湖	4769	256.7	351.7	硫酸镁亚型
勒斜武担湖	盐湖	4867	135.5	229.2	氯化物型
明镜湖	盐湖	4790	105.4	84.2	硫酸镁亚型
茶错	盐湖	4527	172.4	7	硫酸镁亚型

数据来源：胡东生等，1992；鲁萍丽等，2006；刘勇平等，2009；庞小朋等，2010；罗重光等，2010；姚晓军等，2013；刘宝康等，2016。

在自然遗产的评价标准中（viii），可可西里地区保留了众多地质遗迹，其地质遗迹记录了地球重要演化阶段和地球演变过程中的重要地质过程，很好地记录了石炭纪以来与古

图 6.3　青海可可西里自然遗产提名地湖泊美景

特提斯洋关闭过程中相关的多岛弧、地体碰撞拼贴事件和新生代以来的青藏高原隆升过程。青海可可西里世界自然遗产提名地记录地球重要演化阶段的地质遗迹的突出普遍价值主要体现在以下 8 个方面。

（1）西金乌兰晚石炭世蛇绿混杂岩。西金乌兰湖以北的蛇绿岩大致分布在宽约 8km、近东西向断缓延伸约 70km 范围内（东经 $90°10′ \sim 90°50′$，北纬 $35°19′ \sim 35°23′$）。其中构造混杂岩的基质是硅质岩和千枚岩，大小不等的辉长岩、辉绿岩、枕状玄武岩、块状玄武岩、灰岩，大理岩等岩块杂乱地散布在这些基质中。蛇绿混杂岩的发现表明，可可西里地区经历过晚古生代的洋盆，即古特提斯洋，洋壳在早石炭世已存在。据硅质岩中有早石炭世和早二叠世的放射虫化石，以及中三叠统砂岩与蛇绿岩之间的不整合关系推测，古特提斯洋盆的消亡应在早二叠世之后、中三叠世之前（边千韬，1991），它记录了古特提斯洋关闭的地质过程。

（2）可可西里中、新生代地层剖面。风火山群和雅西措群的沉积演化记录了藏北高原沉积环境的演化，反映青藏高原自南向北的隆升过程；五道梁群为一套湖相碳酸盐岩沉积，其沉积范围广阔，与邻区相通，可能代表了中新世藏北地区一古大湖环境；雅西措群和五道梁群中石膏层和叠层石记录了干旱寒冷气候和湿润气候交替的过程。

青藏高原羌塘盆地侏罗系是我国海相侏罗系发育最典型最完整的地区之一，更具意义的是，无论地层时代还是沉积盆地特征，都与全球中生代海相沉积具有相似性和可对比性。羌塘盆地是发育在前泥盆纪结晶基底之上、以中生代海相沉积为沉积盖层的复合型残留盆地，其中沉积盖层中发育最全，分布最广泛的是侏罗系海相地层。

（3）可可西里北部中新世钾玄岩类。可可西里地区钾质火山岩以中–酸性岩类为主，熔岩类为粗面安山岩、粗面岩，次火山岩为流纹斑岩。主体喷发时代为中新世中晚期，

K-Ar 年龄为 7.77~17.82Ma。钾质火山岩记录了青藏高原隆升的深部岩浆过程，是印度和欧亚大陆碰撞形成青藏高原的证据。

（4）可可西里高原夷平面。可可西里地区山地顶部地形十分平坦，其宽度从百米至数千米，东西延伸最大可达数十千米（邓万明，2002）。根据山丘顶面恢复的古地面十分平缓，整个地面坡度一般为 1°~2°，完全可与现代夷平面形态特征相对比（崔久之，1996；李炳元，2002）。可可西里地区广泛分布的山丘顶面是青藏高原夷平面的一部分（李炳元等，2002），它记录了青藏高原向北扩张过程及新近纪隆升阶段。

（5）藏北地区活动构造及地震活动。可可西里地区由南至北分别发育布喀达坂峰—库赛湖—昆仑山口活动断裂带、勒斜武担湖—太阳湖活动断裂、西金乌兰湖—五道梁南活动断裂系、乌兰乌拉湖—岗齐曲全新世活动断裂、玛章错钦活动断裂和温泉活动断裂等 6 条新生代活动断裂，大部分活动断裂呈北西西—南东东向展布，控制着研究区内绝大部分的火山、地震活动与温泉。这记录了可可西里最新的构造活动，展现了藏北地区现今的构造环境。

（6）可可西里第四纪冰川遗迹。可可西里地区发育的现代冰川是青藏高原北部第四纪大陆性冰川的代表，记录了第四纪以来的全球气候变化，以及青藏高原隆升对全球气候变化的影响。

（7）可可西里现代冰川及冰缘地貌。可可西里是地球上中、低纬度地区重要的冻岛，在青藏高原隆升的地质背景下，独特的气候环境形成了众多的第四纪大陆性现代冰川及冰缘地貌。区域内雪山冰川与冻土带形成独特的冰缘地貌景观，包括冻胀丘、冻胀草丘、石冰川、热融洼地、热融湖塘、冰缘黄土与砂丘、冻胀"石林"和融冻褶皱（冰卷泥）等。冰川作为气候的产物，其进退变化离不开气候波动的影响，其中冰川面积和冰碛垄的变化直接记录了气候变化过程。

（8）长江重要水源地。楚玛尔河和勒玛曲是长江水源沱沱河的两条重要支流。青海可可西里提名地还是内流水系和外流水系分界地，内流水系主要汇入可可西里众多低洼地区形成湖泊，外流水系分别汇入黄河、长江、澜沧江、怒江、雅鲁藏布江、恒河，最终向东或向南入海。此外，区内湖泊平均海拔高达 4400m，是世界上海拔最高、范围最大的高原湖泊群，也是中国高原湖泊分布最密集的地区之一。湖泊类型从淡水湖、咸水湖到盐湖，涵盖了湖泊的不同演化阶段，同时湖泊本身也记录了青藏高原发展过程中的沉积及演化历史。可可西里地区的温泉在唐古拉山北麓和昆仑山南麓较集中，形成了大规模的低、中、高温泉群，温泉水就近汇入河流，构成研究区水系的重要部分。

6.2　地质地貌的完整性

《世界自然遗产行动指南》（2015）对自然遗产的完整性的界定包括：①提名地包含所有体现其突出普遍价值的必要元素；②提名地的价值载体保持了足够的规模，得以充分体现遗产突出普遍价值的特征和过程；③由于发展压力及管理不到位所带来的负面影响均已得到良好的控制。

可可西里提名地面积超过 37000km²，并有面积与之相当的缓冲区，北以青海可可西里国家级自然保护区北界及青海三江源国家自然保护区索加—曲麻河分区北界至玉珠峰为界限，南以可可西里山山脊线以南山麓—楚玛尔河上游集水区南界—风火山南界—通天河河谷北岸山脊线为界，西以青海、西藏两省（自治区）边界为界，东以青海三江源国家自然保护区索加—曲麻河区东界为界。这一广大范围覆盖了高原环境下高山、宽谷、冰川、湖泊、河流、火山等自然美景要素，并完整地记录了古特提斯洋闭合和藏北高原抬升的地质过程，保证了地质地貌的完整性。由于青海可可西里人迹罕至，所有的地质地貌保持着其原始的自然形态，几乎没有人为改造痕迹。

遗产提名地包括了可可西里地区主要的三大山系（昆仑山、可可西里山、乌兰乌拉山）和山系间的宽谷、高原面、冰川、热泉、河流和湖泊，同时也包括蛇绿混杂岩、断裂带、地震遗迹和火山遗迹等元素。根据 IUCN（2003）提出的 13 类地质主题，将可可西里遗产提名地范围内具有突出普遍价值的地质地貌要素分为构造、火山和地热、山脉、地层、河湖、冰川 6 类，每一类具有突出价值的地质主题都具有其完整性。

1. 完整记录古特提斯洋北支关闭的地质过程

在可可西里提名地内西金乌兰—蛇形沟和岗齐曲两地发现了两条蛇绿混杂岩带，它们沿着逆冲断裂带分布，是被逆冲上来的三叠系复理石之下的俯冲增生杂岩（边千韬和郑祥身，1991）。西金乌兰—蛇形沟蛇绿混杂岩带分布于西金乌兰湖北、蛇形沟及移山湖一带，东西向断续延伸约 70km，宽约 8km；岗齐曲蛇绿混杂岩分布于岗齐曲至康特金一带，东西向断续延伸约 10km，宽约 1km，具有较大的出露规模。岩石组合包括底部超铁镁质杂岩、上部结晶岩系（堆晶辉长岩、席状岩墙、枕状熔岩）和深海硅质岩、沉积物混杂堆积，各处恢复出来的蛇绿岩层序虽以中上部层位岩石单元为主，但岩石单元序列保存齐全（边千韬等，1997b），是大洋岩石圈残迹的代表，完整地记录了古特提斯洋关闭的地质过程。

2. 完整记录藏北高原抬升的地质过程

可可西里提名地内多数地区地形平坦，是青藏高原主夷平面的一部分（李炳元等，2002）。可可西里地区存在两级夷平面（崔之久，1996），老夷平面即山顶面，海拔 5000～6000m，分布在大山系顶部，保存面积较小；较新夷平面即主夷平面，高度在 4500m 左右，构成高原及其外围山地的主体，主要位于高原中部、北部，在可可西里广泛分布。山顶面易受冻融风化作用改造，形成冻融山顶面和冻融陡坡带（邵兆刚，2009），主夷平面与青藏高原内流湖盆演化相关，是青藏高原地区夷平面保存最完整的地区（Wang et al.，2014）。据在可可西里地区与夷平作用相关的岩溶、火山覆盖和热构造事件（崔之久，1996；李炳元等，2002；李吉均，2013）可推断山顶面形成于 20Ma 之前的渐新世末，当时山顶面高度在 500m 以下；主夷平面形成时间在 3Ma 之前。完整保留的夷平面完整地记录了青藏高原北部三次抬升与两次夷平过程（图 6.4）。

同时，提名地内的沉积盆地还是青藏高原腹地最大的新生代陆相沉积盆地（刘志飞等，2001；李廷栋，2002），海拔在 5000m 以上，盆地面积 101000km^2，盆地内出露始新统中上部、中新统中下部（56～30Ma）和中新统上部（23.8～21.8Ma）连续沉积剖面（刘志飞等，2001，2005），该时期地层信息完整地记录了青藏高原隆升过程及其气候效应

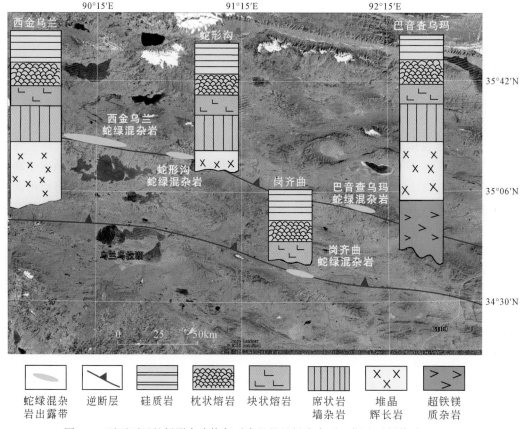

图 6.4　可可西里蛇绿混杂岩恢复后完整的蛇绿岩序列（据边千韬修改，1997）

（伊海生等，2008）。

　　提名地内新生代火山岩时间跨度大，并以中新世火山岩分布最广（朱迎堂等，2004）。火山机构以五雪峰最为完整，火山中心放射状、环状裂隙发育，熔岩从喷发中心呈放射状向四周溢流，熔岩产状以喷发中心为对称，呈内倾式。岩相从中心向四周有火山集块岩、火山角砾岩，溢流相气孔粗安岩、块状粗安岩等（朱迎堂等，2004）。区内火山岩是印度板块与欧亚大陆碰撞后藏北地区最具代表性的火山岩，为一套钾质–超钾质火山岩（江东辉等，2008），反映了青藏高原东西向伸展引起地幔物质发生减压重熔，形成了一套富钾岩浆（郑祥身等，1996）。由此可见，可可西里新生代火山机构完整，喷出岩岩石类型具有代表性，完整记录了青藏高原抬升、地壳缩短的过程。

　　3. 完整的现代冰川和第四纪冰川遗迹

　　可可西里提名地主要包括三大山系：昆仑山、可可西里山和唐古拉山，现代冰川主要分布在这些山脉及零星分布的东岗扎日、马兰山等海拔6000m左右的高山上。区内冰川主要为大陆性现代冰川，在高山地区以冰帽冰川和山谷冰川为主，较低的山头发育冰斗冰川、悬冰川和坡面冰川（李世杰，1996），其冰川种类丰富，形态保存完整。根据2014年数据统计，该区发育429条冰川，其发育面积为852.65km²，冰川储量为71.33km³，为本区众多河流湖泊的重要补给源。

提名地内完整地保留下了 2~3 次第四纪冰川作用遗迹，均围绕着高大山地分布。昆仑山口极高山地区完整保留了 3 次冰期的冰碛物，第三次认为是第四纪末次冰期，东岗扎日的东南坡、马兰山北坡和布喀达坂南坡也至少发育 2 期冰碛（李世杰和李树德，1992）。第四纪以来全球气候寒暖交替频繁，可可西里第四纪冰川遗迹完整地记录了第四纪最后三次冰期以来青藏高原气候变化的特征。

1970~1990 年之间地形图和实测资料显示，冰舌末端具有明显的退缩趋势，冰面面积也有明显减小，表明可可西里现代冰川具有明显退缩的趋势，这是气候变暖的必然结果。其现代冰川冰舌和冰面面积变化完整地记录了近期青藏高原气候波动变化的特征。

4. 完整的高原湖泊、河流、雪山冰川水域系统

可可西里提名地内高原湖泊星罗棋布，区内广大地区水流排泄不畅积储成泊，据统计（Yao et al.，2015），青海可可西里地区面积大于 1km² 的湖泊有 107 个，总面积为 3825km²，平均海拔高达 4400m。最大的湖泊为西金乌兰湖，其湖泊面积为 383.6km²（为 2000 年数据，下同），大于 100km² 的湖泊还有可可西里湖（319.5km²）、卓乃湖（264.98km²）、库赛湖（274.4km²）、勒斜武担湖（245.56km²）、多尔改错（144.1km²）、饮马湖（108.46km²）、太阳湖（102.59km²）等，湖泊度达到了 5%（胡东生和王世和，1994）。可可西里湖泊多为新近纪以来东西向展布的断陷湖盆（罗重光等，2010），湖泊类型包括淡水湖、半咸水湖、咸水湖和盐湖，淡水湖多呈浅蓝色–深蓝色，盐湖多呈白色及浅灰色（鲁萍丽，2006）。可可西里湖泊以内流湖为主，少量湖泊为外流湖（河间湖）。提名地湖泊具有海拔高、分布密度大、种类丰富等突出特点，全球罕见。并且区内少有人类活动，湖泊未受到人类活动干扰，其湖进湖退完全是在自然条件下发展演化，演化痕迹保存完整。

可可西里提名地是长江北源楚玛尔河的发源地，提名地内的流域还包括组成长江北源外流水系北麓河、秀水河、雅玛尔河等河流。河流和绝大多数湖泊的水源来自于提名地内众多雪山和冰川融水，纵横交织的河流部分注入湖泊，构成了提名地内完整的水系系统。

5. 完整的地震遗迹记录

可可西里提名地位于青藏高原腹地，是中国西部现代构造运动最活跃的地带之一，北纬 35°以南几乎包含了整个可可西里地区的所有地震，乌兰乌拉湖—岗齐曲活动断裂带就占了可可西里 M_s≥5.0 级地震总数的 60% 和 M_s≥6.0 级地震的 75%，是少有的现代中强地震发震断裂带（叶建青，1994）。可可西里拥有我国乃至世界上板块内部最长的地震断裂带，而且保存得十分完整。6000 多年以来历经了 5 次地震的遗迹在此清晰可见，具有相当大的规模和完整性。2001 年 11 月 14 日，在东昆仑构造带昆仑山口西发生了 8.1 级强烈地震，地震地表破裂带长达 426km，这是目前世界上最长、最新，并且可以进行直接观测的断裂带，其地震遗迹已被国际地质学界一致认为是研究喜马拉雅造山运动和强地震机理的天然课堂，科学家对昆仑山断裂地震遗迹的典型性和稀有性已达成共识。

6.3　小　　结

（1）在可可西里提名地内西金乌兰—蛇形沟和岗齐曲两地发现了两条蛇绿混杂岩带，它们沿着逆冲断裂带分布，是被逆冲上来的三叠系复理石之下的俯冲增生杂岩。岩石组合包括底部超铁镁质杂岩、上部结晶岩系（堆晶辉长岩、席状岩墙、枕状熔岩）和深海硅质岩、沉积物混杂堆积。各处恢复出来的蛇绿岩层序虽以中上部层位岩石单元为主，但岩石单元序列保存齐全，是大洋岩石圈残迹的代表，完整地记录了古特提斯洋关闭的地质过程。

（2）可可西里提名地内多数地区地形平坦，是青藏高原主夷平面的一部分，可可西里地区存在两级夷平面，一级为山顶面，海拔 5000～6000m，分布在大山系顶部，保存面积较小；二级为主夷平面，高度 4500m 左右。据区内与夷平作用相关的岩溶、火山覆盖和热构造事件，推断山顶面形成于 20Ma 之前的渐新世末，当时山顶面高度在 500m 以下；主夷平面形成时间在 3Ma 之前。完整保留的夷平面记录了青藏高原北部三次抬升与两次夷平的过程。

（3）提名地内完整地保留了 2～3 次第四纪冰川作用遗迹，均围绕着高大山地分布。昆仑山口极高山地区完整保留了 3 次冰期的冰碛物，第三次认为是第四纪末次冰期，东岗扎日的东南坡、马兰山北坡和布喀达板南坡也至少发育有 2 期冰碛。第四纪以来全球气候寒暖交替频繁，可可西里第四纪冰川遗迹完整地记录了第四纪最后三次冰期以来青藏高原气候变化的特征。

（4）可可西里提名地内高原湖泊星罗棋布，最大的湖泊为西金乌兰湖，其湖泊面积为 383.6km^2（为 2000 年数据，下同），大于 100km^2 的湖泊还有可可西里湖（319.5km^2）、卓乃湖（264.98km^2）、库赛湖（274.4km^2）、勒斜武担湖（245.56km^2）、多尔改错（144.1km^2）、饮马湖（108.46km^2）、太阳湖（102.59km^2）等。可可西里湖泊多为新近纪以来东西向展布的断陷湖盆，湖泊类型包括淡水湖、半咸水湖、咸水湖和盐湖，区内人类活动罕见，湖泊未受到人类活动干扰，其湖进湖退完全是在自然条件下发展演化，演化遗迹保存完整。

第7章 可可西里地质地貌价值对比

根据《实施保护世界文化与自然遗产公约的操作指南》，世界自然遗产提名地应与类似地区或满足相同标准的遗产地以及与列入世界自然遗产预备清单的提名地进行对比。青海可可西里提名地是中国乃至全世界唯一一处完整记录青藏高原隆升过程并完好保存相关地质遗迹的保护区。西金乌兰—蛇形沟和岗齐曲两地的蛇绿混杂岩带有保存齐全的蛇绿岩岩石单元序列，是大洋岩石圈残迹的代表，完整地记录了古特提斯洋关闭的地质过程。这些都记录了地球历史演化的重要阶段，记录地貌演化过程中的重要地质过程且具有地貌特征的突出范例，符合标准 viii；青海可可西里提名地具有独特的高原湖泊、河流、冰川，符合标准 vii 中独特稀有的自然现象、地貌或具有罕见自然美景的地区。将青海可可西里提名地跟已经列入世界遗产名录的相似自然遗产地和列入预备清单的提名遗产地进行对比，以证明青海可可西里提名遗产地在地质演化、地形地貌、地貌多样性及自然美景等方面具有全球突出的普遍价值。

7.1 与已列入世界遗产名录中类似或相同标准的自然遗产对比

截至 2016 年 7 月，全球共有 203 项世界自然遗产和 35 项双遗产列入世界遗产名录。其中，符合标准 vii 的世界自然遗产和双遗产 170 余项，符合标准 viii 的世界自然遗产和双遗产 91 项。它们展示了最重要的自然现象和自然美（标准 vii）、地质过程（标准 viii），因而具有突出普遍价值。

青海可可西里提名地地跨青藏高原地区两个大地构造单元，北部为松潘甘孜褶皱系，南部属唐古拉准地台，是青藏高原北部最大的新生代陆相沉积盆地（吴施华，2014）。该地是青藏高原主夷平面的一部分，提名地发育两级夷平面，一级为山顶面，海拔 5000~6000m，分布在大山系顶部，保存面积较小；二级为主夷平面，高度为 4500m 左右，完整地记录了青藏高原北部三次抬升与两次夷平过程。青海可可西里提名地发育着我国特有的中低纬度、高海拔高原冻土、冰缘地貌和第四纪冰川。据此拟以标准（vii）和标准（viii）申报世界自然遗产，这与相同标准列入遗产名录的其他自然遗产相比，具有独特性。经过筛选，91 项以标准（viii）列入的世界自然遗产中，挑选出 10 处与青海可可西里提名地进行对比分析（表7.1）。

1. 塔吉克斯坦国家公园（帕米尔）

帕米尔高原是仅次于喜马拉雅山和喀喇昆仑山的世界第三高的地区，印度板块与欧亚板块碰撞逐步形成的喀喇昆仑山、天山、兴都库什山等五条山脉的交界区域，是世界上构造活动最活跃的地方之一（图 7.1a）。公园所处的位置是帕米尔高原的核心地区，公园分成东、

表7.1　与青海可可西里提名地对比的10项类似或相同标准已列入世界遗产名录中自然遗产地

序号	名称（国家）	符合标准入选年	面积 海拔	坐标	地质地貌特征
1	可可西里自然保护区（中国）	（vii）（viii）（x）/ — 2001,2007	4400838hm² 4200~6860m	N35°19'24" E92°26'56"	平均海拔4600m以上，最高6860m。其中布喀达坂峰（又称新青峰或莫诺马哈峰）海拔6860m，为本区最高峰，此外还有马兰山（6016m）、魏雪山（5814m）、五雪峰（5805m）、大雪峰（5863m）等。青海可可西里地区湖泊众多，是青藏高原上湖泊最集中分布的区域之一。面积最大的湖泊西金乌兰湖（面积为383.6km²），可可西里湖（319.5km²）、卓乃湖（264.98km²），湖泊海拔均在4400m以上。发育现代429条冰川，冰川面积为852.65km²，冰川储量为71.33km³。并有冰川遗迹分布。同时具有冰川侵蚀地貌和冰缘地貌
2	少女峰－阿雷奇冰河－毕奇霍恩峰（瑞士）	（vii）（viii）（ix）/ 2001,2007	82 400hm² —	N46°30'0" E8°1'60"	自然世界遗产少女峰－阿雷奇冰河－毕奇霍恩峰（最早于2001年被列入）从东部扩展到西部，面积从53900hm²扩展到82400hm²。该遗址为阿尔卑斯高山——包括山脉最受冰河作用的部分和欧亚大陆山脉最大的冰川——的形成提供了一个杰出的实例。它们生态系统多样性特点，包括冰川融化而形成的演替阶段。该遗址因景色秀美，而且包含山脉和冰川成以及正在发生的气候变化方面的丰富知识而具有突出的全球价值。在它尤其通过植物演替所阐释的生态和生物演替过程方面，该遗址的价值无法衡量。其令人难忘的景观在欧洲艺术、文化，登山和阿尔卑斯山旅游中起着重要作用
3	沃特顿冰川国际和平公园（加拿大/美国）	（vii）（ix）/ 1995	457 614hm² 962~3178m	N48°59'46" W113°54'15"	加拿大境内的沃特顿湖公园是由一连串分布在"U"形冰川谷地中的冰碛湖群组成。落基山脉从北向南纵贯国际和平公园，在岩层叠置的主脊线两侧，发育了50~60条现代冰川，它们大多是冰舌短小的冰斗冰川或悬冰川。在冰川下方的古代冰川"U"形谷里，从上到下分布着一级级波光粼粼的冰碛湖，总数有650多座。区域中阆咏冰川海拔从卡瓦吉布山（6740m）下降到2700m，号称是北半球中在这种纬度（28°N）下降最低的冰川
4	冰川国家公园（阿根廷）	（vii）（viii）/ 1981	— 2440~3000m	S50°0'0" W73°14'57"	冰川国家公园风景秀美，峰峦叠嶂，冰川湖泊星罗棋布，其中包括长达160km的阿根廷湖。在遥远而圣洁的源头，三川汇流，奔涌注入奶白色冰水之中，将硕大的冰块冲刷到湖里，冰块撞击如雷声轰鸣，蔚为壮观

续表

序号	名称（国家）	符合标准（入选年）	面积海拔	坐标	地质地貌特征
5	金山–阿尔泰山（俄罗斯）	（x）1998	1611457hm² 109～4506m	N50°28′0″ E86°0′0″	阿尔泰山最高山峰为别鲁哈4506m。 阿尔泰山区主要发育一条阿卡通河,其海拔超过2500m,常年温度不超过10℃。另外发育一些湖泊和瀑布。 现代冰川有1000多条,冰冻总面积达800km²,最长的冰川长20km,有很多冰川遗迹分布
6	萨加玛塔国家公园（尼泊尔）	（vii）1979	124400hm² 2805～8844.43m	N27°57′55″ E86°54′47″	共有7座山峰,包括珠穆朗玛峰,其余6座山峰海拔都在7000m以上。拥有一定数量的冰川冰斗,冰川深谷。河流主要为末复冰雪消融形成的冰川河流。它为印度板块与欧亚板块碰撞变形最为强烈的地区
7	克卢恩–兰格尔–圣伊莱亚斯/冰川湾/塔琴希尼–阿尔塞克（美国,加拿大）	（vii）（viii）（ix）（x）1979	9839121hm² 962～3178m	N61°11′51″ W140°59′31″	其坐落于美国和加拿大边境的育空–阿拉斯加与不列颠哥伦比亚等地。兰格尔–圣伊莱亚斯国家公园,位于美国阿拉斯加州东南部。公园内山峰林立,其中包括加拿大境内的最高峰—海拔5951m的路根山。在阿拉斯加,冰川的面积占总面积的5%,这里还有世界上移动最快的冰川
8	东非大裂谷的湖泊系统（肯尼亚）	（vii）（ix）（x）2011年	32034hm² —	N0°26′33″ E36°14′24″	肯尼亚东非大裂谷的湖泊系统由三个浅水湖泊组成,分别为博戈尼亚湖、纳库鲁湖和埃尔门泰塔湖。埃尔门泰塔湖与肯尼亚境内的东非大裂谷东部,面积约18km²,纳库鲁湖占地面积188km²
9	乌尼昂加湖泊群（乍得）	（vii）2012	62808hm² —	N19°3′18″ E20°30′20″	乌尼昂加湖泊群位于乍得北部的博尔库–恩内迪–提贝斯提省的恩内迪地区,湖区涵盖湖面积约62808hm²,湖泊群由大乌尼昂加和小乌尼昂加两个湖泊群组成,这些湖泊位于极度干旱的撒哈拉沙漠地中;乌尼昂加湖泊群在沙海中存在了上千年,为研究撒哈拉沙漠气候演化和古人类迁徙提供了证据
10	新疆天山（中国）	（vii）（ix）2013	606833hm² —	N41°58′6″ E80°21′15″	新疆天山具有极好的自然奇观,将反差巨大的炎热与寒冷、干旱与湿润、荒凉与秀美、壮观与精致奇特地汇集在一起,展现了独特的自然美;典型的山地垂直自然带谱,南北坡景观差异和植物多样性,体现了帕米尔–天山山地生物生态演进过程,也是中亚山地众多珍稀濒危物种,特有物种的最重要栖息地,突出代表了这一区域由暖湿植物系逐步被现代旱生的地中海湿植物系所替代的生物进化过程

西两部分，东部地形较为平缓，由两条北西—南东方向的山脉和一组河谷湖盆构成，海拔5000～6000m，山脉被宽浅的河谷分割，在海拔4000～5000m处有冰碛平原和荒漠平原。西部主要是强烈切割的高山地形，河谷窄而深，山脊高出谷底达3000～4000m，永久积雪的阿尔卑斯型山脉与深邃的峡谷交错分布，冰川地貌广泛发育，包括中低纬地区最长的山地冰川费琴科冰川，世界最高的天然坝和堰塞湖。公园内的索莫尼峰（Somoni Peak）海拔7495m，是帕米尔高原最高峰，与东北方向海拔7105m的卡季尼夫斯基峰（Korzhenevskaya Peak）和南部海拔6974m的独立峰构成一个高山冰川的发育中心，其中费琴科冰川（Fedchenko glacier）源自独立峰冰原，向北流淌形成了127条冰川，绵延77km，面积900km²，是中低纬山谷冰川中最长的一条。整个公园内分布的冰川多达1085条，这些冰川为中亚地区提供了丰富的淡水资源，公园内形成了170条河流和400多个湖泊，其中大部分进入阿姆河水系。

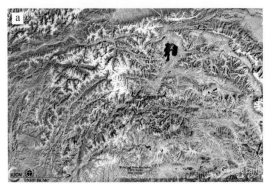

图7.1　a. 塔吉克斯坦国家公园（帕米尔）世界自然遗产地；b. 青海可可西里提名地（据谷歌地球）

塔吉克斯坦国家公园中最大的三个高山湖泊分别是卡拉库尔（Karakul）、萨雷兹（Sarez）和叶什勒池（Yashilkul），他们的面积分别为364km²，88km²及35.6km²。在青海可可西里地区，最大的湖泊为西金乌兰湖，其湖泊面积为383.6km²（为2000年数据，下同），其面积大于卡拉库尔湖。除此之外可可西里地区还有可可西里湖（319.5km²）、卓乃湖（264.98km²）、库赛湖（274.4km²）、勒斜武担湖（245.56km²）、多尔改错（144.1km²）、饮马湖（108.46km²）、太阳湖（102.59km²）、明镜湖（91.42km²）等（图7.1b），比帕米尔国家公园第二大湖萨雷兹大的湖泊多达10余个，且湖泊总数量也多。帕米尔地区的最大湖泊卡拉库尔（Karakul）和萨雷兹（Sarez）的海拔分别为3914m和3239m，而青海可可西里地区最大湖泊西金乌兰湖、可可西里湖海拔分别为4769m、4878m，远远高于帕米尔地区湖泊的海拔，青海可可西里地区的其他湖泊海拔也多在4400m以上，其中面积107.2km²的饮马湖海拔为4918m，面积为51.7km²的雪莲湖海拔达到5274m。湖泊的成因上也是截然不同，卡拉库尔（Karakul）为陨石撞击形成，萨雷兹湖是在1911年的一次地震中形成的一个堰塞湖。而青海可可西里提名地的湖泊主要为构造成因，而且多为内流湖，其形成发育都是在自然条件下进行，远离人类的生产活动，不受人类干扰，因此对它们的变化规律研究对全球的气候变化等重要科学问题具有重要意义。就湖泊与河流关系而言，可可西里地区是青藏高原最北面的湖群区，也是长江上游通天河支流楚玛尔河的发源地。

青海可可西里提名地大多数地面坡度小于 2%（约 36.56%），是青藏高原主夷平面的一部分。在可可西里山和南北两端的昆仑山、唐古拉山山顶均发育夷平面。而塔吉克国家公园东部为高原，西部为高低不一的山峰。两者地形地势有很大差别。

2. 瑞士少女峰-阿雷奇冰河-毕奇霍恩峰

世界自然遗产少女峰-阿雷奇冰河-毕奇霍恩峰（最早于 2001 年被列入，后扩展）从东部扩展到西部，面积从 53900hm² 扩大到 82400hm²。该遗址为阿尔卑斯高山，包括山脉最易受冰川作用的部分，为欧亚大陆山脉最大冰川的形成提供了一个杰出的实例。

少女峰-阿莱奇-毕奇峰地区的冰川是阿尔卑斯山地区面积最大的，有 9 个山峰海拔超过 4000m，其中最高峰为 4274m。这与作为昆仑山脉一部分的青海可可西里提名地平均 4600m 的海拔是完全不同的。前者最主要的特征是冰川侵蚀地貌，包括角峰、刃脊、冰斗、U 形谷等等，记录了阿尔卑斯山形成中明显的地壳上升和挤压运动过程。但可可西里地区除了冰川侵蚀地貌外，还有冰缘地貌，比如分布于昆仑山垭口等地区的冻胀丘、岗齐曲南侧山间洼地及分水岭上夷平面的冻胀草丘等等，该地的冰缘地貌是青藏高原北部大陆型冰缘地貌的主要发育地。由于气候变暖，冰川退缩，宽大的冰舌上发育冰塔林，景观壮丽。

少女峰-阿莱奇-毕奇峰地区海拔 3454m 高的少女峰车站，是欧洲最高的火车站，而穿越青海可可西里提名地的青藏铁路平均海拔 4000m 以上的路段 960km，多年冻土地段 550km，翻越唐古拉山的铁路最高点海拔 5072m，是世界上海拔最高、在冻土上路程最长的高原铁路。提名地附近的玉珠峰站呈东西走向，观景台位于铁轨南侧，高 1.25m、长 500m，露天无顶。玉珠峰主峰清晰可见，海拔 6178m，周围有 15 座海拔 5000m 以上的雪山，由东向西排列（图 7.2b）。

图 7.2　a. 少女峰及少女峰铁路；b. 玉珠峰及青藏铁路

3. 加拿大、美国沃特顿冰川国际和平公园

沃特顿湖地处加拿大阿尔伯塔省南部，冰川国家公园位于美国蒙大拿州西北部。加拿大境内的沃特顿湖公园是由一连串分布在 "U" 形冰川谷地中的冰碛湖群组成，是人与自

然和谐共生的典范。落基山脉从北向南纵贯国际和平公园，在岩层叠置的主脊线两侧，发育了50～60条现代冰川，它们大多是冰舌短小的冰斗冰川或悬冰川。在冰川下方的古冰斗或宽大的古冰川"U"形谷里，从上到下分布着一级级波光粼粼的冰碛湖，总数有650多座。

该自然遗产地以冰川和冰碛湖为主要特征，其中冰碛湖达数百座。可可西里地区的湖泊成因多样，以构造成因为主，沃特顿冰川国际和平公园虽然冰碛湖数量众多但其面积较小，无论从单个湖泊面积还是总面积上均小于可可西里地区的湖泊面积。

美洲大陆的分水岭——落基山脉从沃特顿冰川国际和平公园中央穿过，山脉两侧雨量充沛，气候潮湿而寒冷，这种气候孕育出苍翠浓郁的雨林（图7.3a）。高处是由冰雪覆盖的崇山峻岭和冰川，低处是郁郁葱葱的肥沃草地和宛若仙境的湖泊。而青海可可西里提名地均在海拔5000m左右，气候干燥寒冷，严重缺氧和淡水，人类无法在那里长期生存，只能依稀见到已适应了高寒气候的野生动植物。自然景观自南东向北西呈现高寒草甸—高寒草原—高寒荒漠更替，其中高寒草原是主要类型（图7.3b）。

图7.3　a. 沃特顿冰川国际和平公园高山风景；b. 青海可可西里提名地大雪峰及高寒草原景观

4. 阿根廷冰川国家公园

阿根廷冰川国家公园坐落于阿根廷南部，地处南纬52°，属高纬度地区。这里是纵贯南美大陆西部的安第斯山脉的南段，属巴塔哥尼亚高原阿根廷圣克鲁斯省。冰川公园所在的冰川湖名为阿根廷湖，湖的面积达1414km²。其中巴塔哥尼亚冰原是南半球南极大陆以外最大的一片冰雪覆盖的陆地，阿根廷冰川国家公园内共有47条发源于巴塔哥尼亚冰原的冰川，而公园所在的阿根廷湖接纳了来自周围几十条冰川的冰流和冰块，其中最著名的是莫雷诺冰川。该自然遗产地有着崎岖高耸的山脉和众多冰湖，在湖的远端即三条冰河汇合处发育的冰川至今活动频繁。

阿根廷冰川国家公园地处高纬度，形成造型奇特的冰墙（图7.4），高达80m。而青海可可西里提名地是中低纬冰川的典型代表，主要发育冰盖及冰缘地貌。阿根廷冰川遗产地内有两个大的冰川湖分别为阿根廷湖（1414km²）和别德马湖（1088km²），而青海可可西里提名地的冰川湖数量多但面积小。

5. 俄罗斯金山-阿尔泰山

位于西伯利亚南部的金山-阿尔泰山（图7.5a）是西西伯利亚地理生态区的主要山

图 7.4　a. 阿根廷冰川国家公园冰川冰墙 (80m)；b. 青海可可西里提名地巍雪峰冰盖

脉，也是世界上最长的河流之一鄂毕河的源头。列入《世界遗产名录》的有三个区域：阿尔泰司基扎波伏德尼克及傣勒茨克叶湖缓冲地带、卡顿司基扎波伏德尼克及贝露克哈湖缓冲地带、吴郭高原上的吴郭静养区。阿尔泰山海拔在 109~4506m 之间，阿尔泰山的最高山峰为别鲁哈 (4506m)。这一地区有巨大的冰川分布，现代冰川有 1000 多条，冰冻总面积达 800km²，最长的冰川长 20km，并有很多冰川遗迹分布。

　　阿尔泰山脉平均海拔很低，最高山峰别鲁哈的海拔为 4506m，这与可可西里地区海拔为 6860m 的最高峰布喀达坂峰是无法相比的，同时可可西里地区的平均海拔为 4600m，比阿尔泰山脉最高峰还高，这种巨大的海拔差异必然会造成完全不同的地质地貌景观，其生态系统也会完全不同（图 7.5b）。

图 7.5　a. 俄罗斯金山–阿尔泰山；b. 青海可可西里提名地高寒草原

图 a 来自世界自然遗产专题集邮网，2013

6. 尼泊尔萨加玛塔国家公园

　　萨加玛塔国家公园（图 7.6a）位于尼泊尔喜马拉雅山区，首都加德满都东北的索洛–昆布地区，坐落在珠穆朗玛峰南坡，北部与西藏珠穆朗玛自然保护区接壤。公园海拔从入口处的 2805m 上升到最高处 8844.43m。萨加玛塔国家公园包括珠穆朗玛峰在内共有 7 座山峰，海拔都在 7000m 以上，还有数量可观的冰川深谷。

萨加玛塔国家公园拥有包括珠穆朗玛峰在内的极高山峰，其地形的垂直高差最高达6000多米。它作为印度板块与欧亚板块碰撞变形最为强烈的地区，具有不可替代的科研价值，然而可可西里地区是作为青藏高原抬升速度最快但是受到变形作用最小的地区，这和萨加玛塔国家公园形成强烈的对比，可可西里地区是这个高山系统（图7.6b）极好的补充，它们不可替换，缺一不可。

图7.6　a. 尼泊尔萨加玛塔国家公园；b. 可可西里昆仑山东段玉珠峰

7. 美国、加拿大克卢恩/兰格尔-圣伊莱亚斯/冰川湾/塔琴希尼-阿尔塞克

克卢恩/兰格尔-圣伊莱亚斯/冰川湾/塔琴希尼-阿尔塞克坐落于美国和加拿大边境的育空、阿拉斯加与不列颠哥伦比亚等地。它具有重要的冰川资源与冰原景观，是世界上最大的非极地冰原区（图7.7a）。克卢恩国家公园位于加拿大境内，占地9.7万km²，是自然生态保护区和土著历史文化保护区。兰格尔-圣伊莱亚斯国家公园，位于美国阿拉斯加州东南部。公园内山峰林立，其中包括加拿大境内的最高峰——海拔5951m的洛根山。从太平洋吹来的湿润气流，给这里带来大量降雪，并形成大量冰原和冰川。在阿拉斯加，冰川的面积占其总面积的5%。这里还有世界上移动最快的冰川，目前冰川不断融化，像河流一样向下方缓缓地滑动，速度大约为每年9m，而且有加快的趋势。冰川湾国家公园西临阿拉斯加湾，成立于1925年，1939年与1978年两次扩大范围。冰川湾长105km，经历了地质史上4次冰川时期。200年以前，海湾充满了大西洋冰川，而目前冰川后退了95km。塔琴希尼-阿尔塞克，位于加拿大境内，是一处地域辽阔、生态环境未遭到破坏的地域，区内仍保持着其原始风貌。

该自然遗产地同样是以冰川及海拔5951m的加拿大境内的最高峰洛根山为特征，其地貌特征与可可西里地区是截然不同的。此外，该地区属于海洋性气候，夏季凉爽潮湿，冬季气候温和湿润。内陆属于高海拔地区，气候终年严寒。整个地区年平均降水量约1800mm，海边地带为2870mm，内陆为390mm。形成的冰川类型为潮汐冰川，这不同于可可西里的大陆型冰川（图7.7b）。

8. 肯尼亚东非大裂谷的湖泊系统

肯尼亚东非大裂谷的湖泊系统由三个浅水湖泊组成，分别为博戈尼亚湖、纳库鲁湖、埃尔门泰塔湖。埃尔门泰塔湖位于肯尼亚境内的东非大裂谷东部，面积约18km²。纳库鲁

图 7.7　a. 冰川湾国家公园；b. 可可西里冰塔林

湖是为保护禽鸟而建立的公园，占地面积 188km²。另一个被誉为"火烈鸟世界"的湖泊是博格利亚湖（图 7.8a）。博格利亚湖位于纳库鲁湖正北约 130km 处，是众多东非大峡谷咸水湖泊中的一个。

肯尼亚东非大裂谷湖泊系统的特征是由一些湖泊组成的，为一些重要鸟类的栖息地，在可可西里湖泊群中，一些湖泊如库赛湖等也是藏羚羊等保护动物的栖息地（图 7.8b），同时可可西里数百个湖泊又代表着湖泊演化的过程，有着另一个重要意义。

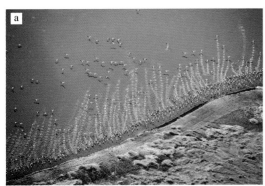

图 7.8　a. 纳库鲁湖的火烈鸟；b. 卓乃湖的藏羚羊

9. 乍得乌尼昂加湖泊群

乌尼昂加湖泊群是乍得北部恩内迪地区的一个湖泊群（图 7.9a），位于撒哈拉沙漠内，由 18 个湖泊组成，湖泊群的水源由地下水补充，各湖泊相互连接。

尼昂加-克比尔湖泊群有约安湖、卡塔姆湖等 7 个湖泊，其中约安湖面积 358hm²，水深 27m。乌尼昂加-塞里尔湖泊群位于乌尼昂加-克比尔湖泊群的东南 45～60km 处，共有11 座湖泊；其中铁力湖占地 436km²，水深 10m。湖水为淡水，高质量的淡水使得部分湖泊成为水生动物，特别是鱼类的栖息场所。乌尼昂加湖泊群湖面总面积约为 20km²，其中最大的湖泊是铁力湖，湖面面积约为 4.36km²。

乌尼昂加湖群是沙漠内由地下水补给的湖泊，以淡水为主，而可可西里的湖泊群位于青藏高原北部，以冰川融水补给，且淡水湖（图 7.9b）、咸水湖、盐湖均有分布，主要为咸水湖。

图 7.9　a. 乌尼昂加湖泊群；b. 青海可可西里提名地唯一淡水湖太阳湖

图 a 来自联合国教科文组织；图 b 来自新华网青海频道，2015①

10. 新疆天山

新疆天山属全球七大山系之一，是世界温带干旱地区最大的山脉。自然遗产地由昌吉回族自治州的博格达、巴音郭楞蒙古自治州的巴音布鲁克和阿克苏地区的托木尔、伊犁哈萨克自治州的喀拉峻–库尔德宁等四个区域组成。博格达峰，它是天山山脉东段的最高峰，海拔 5448m。位于海拔 4800m 至峰顶的岩石大部分裸露，由于冰蚀作用，角峰和刃脊十分发育。海拔 3800～4800m 处的岩石出露面积较小，大部分为冰雪覆盖，此段发育冰川 10余条。托木尔峰是中国境内天山山脉的最高峰，海拔 7435.3m。海拔 4200m 以上区域，冰雪终年不化，角峰、刃脊、冰斗、槽谷等冰蚀地形极为发育。现代冰川以托峰为中心呈放射状随斜坡向下流动，西南有托木尔冰川，东南有东、西琼台兰冰川，北面有汗腾格里冰川和南伊内里切克冰川。

新疆天山以较大的垂直高差为特征，其博格达地区（图 7.10a）海拔在 1380m 和5445m 之间，最大相对高差为 4065m，托木尔地区海拔在 1450m 到 7443m 之间，垂直高差为 5993m。而可可西里地区的地貌类型除南北边缘山地为大、中起伏的高山和极高山外，广大地区主要为中小起伏的山地和高海拔丘陵、台地和平原（图 7.10b）。山地起伏和缓，河谷盆地宽坦，区内地势起伏较小，相对高度仅 300～400m 左右，是青藏高原上一个极其平缓的高原面，它们的地貌类型是完全不同的。新疆天山的湖泊面积为 1370km²，远远小于可可西里的 3825km² 的湖泊总面积，并且新疆天山的湖泊主要分布在海拔 1000～2000m之间的区域，其中最重要的湖泊为天山天池，海拔为 1910m，面积为 4.9km²，而可可西里湖泊群平均海拔超过 4600m，面积超过 100km² 有数十个。

对比结论：

青海可可西里遗产提名地是中国乃至全世界唯一一处完整记录青藏高原隆升过程并完好保存相关地质遗迹的高原盆地内保护区。西金乌兰—蛇形沟和岗齐曲两地的蛇绿混杂岩带有保存齐全的蛇绿岩岩石单元序列，是大洋岩石圈残迹的代表，记录了古特提斯洋关闭

① 新华网青海频道.2015.《地球生命力报告中国 2015》发布——全国仅青海西藏维持生态盈余.［2015-11-26］.http：//www.qh.xinhuanet.com/2015/11/26/c_1117272315_12.htm.

图 7.10　a. 新疆天山博格达峰；b. 青海可可西里提名地可可西里山及宽坦河谷盆地

图 b 来自青海新闻网，2009①

的地质演化过程。

青海可可西里遗产提名地平均海拔超过 4500m，这里由昆仑山、可可西里山、乌兰乌拉山勾勒出"三山间两盆"地势，三山之间地势平坦开阔，保存着青藏高原完整的高原夷平面和密集的、不同演替阶段的湖泊群，构成了长江源的北部集水区。它的自然景观自东南向西北呈现高寒草甸—高寒草原—高寒荒漠更替，其中以高寒草原为主要类型，而且该地是中低纬大陆型冰川的典型代表。

7.2　与列入预备清单的提名遗产地对比

目前，全球共有 367 处世界自然遗产预备清单，其中符合标准 vii 的世界自然遗产预备清单有 182 项，符合标准 viii 的世界自然遗产预备清单共 145 项。可可西里提名地具有突出的美学与地质价值，它们既展示了最重要的自然现象和自然美（标准 vii），又保留了青藏高原隆升的复杂地质过程（标准 viii），因而有着独特的突出普遍价值。考虑美学（标准 vii）和地质（标准 viii）两种标准，选取了预备清单中与可可西里提名地具有可比性的 5 处世界自然遗产提名地进行对比（表 7.2）。

1. 中国新疆阿尔泰山

阿尔泰山（图 7.11）是亚洲中部横跨俄罗斯、哈萨克斯坦、中国和蒙古四国的巨大山系，呈北西—南东走向，最高峰海拔 4605m。阿尔泰山由广阔的山地组成，是未受干扰的全球冰川的关键分布区之一，也是具有全球意义的生物多样性中心区域之一，对评估全球变暖对山地生态系统的影响具有重要意义。"新疆阿尔泰山"作为"金山—阿尔泰"跨境世界遗产地的扩展范围之一，代表了阿尔泰山南坡自然地理特征与生态系统。

"新疆阿尔泰山"提名遗产地包括喀纳斯和两河源两个片区，现状均为国家级自然保

① 青海新闻网.2009. 青海可可西里.［2009-07-02］. http：//www.qhnews.com/kkxl/system/2009/07/02/002766595.shtml

表7.2 与青海可可西里提名地对比的4项类似或相同标准的世界遗产预备清单

序号	名称（国家）	符合标准/入选年	面积 海拔	坐标	地质地貌特征
1	可可西里自然保护区（中国）	(vii)(viii)(x)/ —	4400838hm² 4200~6860m	N35°19'24" E92°26'56"	平均海拔4600m以上，最高6860m。其中布喀达坂峰（又称新青峰或莫诺马哈峰）海拔6860m，为本区最高峰，此外还有马兰山（6016m）、五雪峰（5805m）、大雪峰（5863m）等。青海可可西里地区湖泊众多，是青藏高原上湖泊最集中分布的区域之一。面积最大的湖泊有西金乌兰湖（面积为383.6km²），可可西里湖（319.5km²），卓乃湖（264.98km²），湖泊海拔均在4400m以上。发育现代429条冰川。冰川面积为852.65km²，冰川储量为71.33km³，并有冰川遗迹分布。同时具有冰川侵蚀地貌和冰缘地貌
2	阿尔泰山（中国）	(vii)(viii)(ix)/ 2010	1611457hm² 1000~3000m	N47°58'2" E89°55'39"	阿尔泰山最高山峰为别鲁哈峰4506m。阿尔泰山区具有主要发育一条阿卡卡通河，其海拔超过2500m，一些湖泊和瀑布。现代冰川有1000多条，冰冻总面积达800km²，最长的冰川长20km，有很多冰川遗迹分布
3	喀喇昆仑-帕米尔群峰	(viii)(x)/2010	—	N36°10'E76°30'; N75°12'E75°12'	高原海拔4000~7000m，是地球上两条巨大山带（阿尔卑斯—喜马拉雅山带和帕米尔—楚科奇山脉）的山结，也是亚洲大陆南部和中部地区主要山脉的汇集处，包括喜马拉雅山脉、喀喇昆仑山脉、昆仑山脉、天山山脉、兴都库什山脉五大山脉。高山冰雪及冰冻风化作用强烈，发育U形谷
4	高地陶恩国家公园	(vii)(viii)(x)/ 2003	183400hm² 1000~3000m	—	高地陶恩国家公园屹立着240座超过3000m高的山峰，拥有奥地利最高的山峰和面积最大的冰川，中收最后一个冰期形成了高地陶恩国家公园核心区的主要景观，气势雄伟的峭壁和清泉的瀑布奔泻的草地。构成了阿尔卑斯山的最深处构造窗口。从海拔1000m的山谷到海拔超过3000m的奥地利最高山峰，由干地质和地貌形态的多样性，生物多样性以及生态系统的变化过程不断在这里发生
5	中央巴尔干公园	(vii)(viii)(ix)(x)/ 2011	71669hm² 550~2376m	N42°46'3" E24°36'5"	中央巴尔干国家公园海拔变化很大，从550m到靠近卡洛夫斯基的2376m，最高山峰为博泰夫峰。公园属于北温带阔叶林和混交林的地面生态区，森林面积占总面积的65%，共有59种哺乳动物，224种鸟类、14种爬行动物、8种两栖动物和6种鱼，以及2387种无脊椎动物，是珍稀濒危野生动植物的天堂
6	塞拉利昂国家公园	(vii)(viii)(ix)/ 2005	—	S32°25'4" W32°44'6"	塞拉利昂国家公园由阿根廷中西部的Mesozoic盆地构成，沉积地层从三叠系到白垩系，陆相沉积序列形成干半干旱的气候环境

图 7.11　喀纳斯湖月亮湾环山而绕（世界遗产 2014）

护区，涵盖了极为丰富的综合性自然景观。喀纳斯片区中的友谊峰是阿尔泰山冰川作用中心，同时也是阿尔泰山岳冰川的突出代表，作为阿尔泰山最大的冰川分布区，保留了第四纪以来冰川发育演替的完整序列，对于评估全球变暖对山地生态系统的影响具有重要意义。而发源于此的额尔齐斯河是世界第六大河——鄂毕河的源头，发育了阿尔泰山最典型的花岗岩象形山石地貌景观。喀纳斯片区的现代冰川、河湖奇湾、五花草甸、泰加林森林生态系统完美组合，构成丰富多样的自然景观。

2. 中国喀喇昆仑-帕米尔群峰

帕米尔高原位于亚洲中部内陆地区，地跨塔吉克斯坦、中国和阿富汗边境。"帕米尔"是塔吉克语"世界屋脊"的意思，海拔 4000～7000m，是地球上两条巨大造山带（阿尔卑斯—喜马拉雅造山带和帕米尔—楚科奇造山带）的山结，也是亚洲大陆南部和中部地区主要山脉的汇集处，包括喜马拉雅山脉、喀喇昆仑山脉、昆仑山脉、天山山脉、兴都库什山脉五大山脉。现有塔什库尔干自然保护区（图 7.12）。

帕米尔构造结是印度板块向欧亚大陆碰撞的两个突出支点之一，是中国大陆受板块动力作用和地震活动最强烈的地区之一，也是揭示青藏高原形成与演化历史的关键地区之一。保护区属高山区，海拔平均在 4000m 以上，海拔为 8611m 的世界第二高峰（乔戈里峰）屹立于保护区的南向。帕米尔在造山运动中和青藏高原同时隆起，由前震旦系、石炭系、二叠系、侏罗系等变质沉积岩和前寒武纪、海西期花岗岩组成。由于强烈切割作用，高原上高山谷地相对高差多在 1000～2000m 之间。高山冰雪及冰冻风化作用强烈，以冰斗和山谷冰川为多。在海拔 4300m 以上的河谷中，U 形谷及泥石流阶地非常发育。

土壤类型主要有高山草甸土、高山草甸草原土和高山荒漠土；河谷中有草甸土和草甸沼泽土，海拔 3000m 左右的河谷中，则发育泥炭沼泽土。

帕米尔是印度河、阿姆河及塔里木河上游叶尔羌河的发源地。由塔什库尔干县境的红其拉甫河、明铁盖河交汇而成的。塔什库尔干河和马尔洋的普备西都河均向东北汇入叶尔羌河，冰山及冰雪融水为主要补给水源。在宽阔的河谷中，裂隙水及泉水出露形成许多大小不等的湖泊和沼泽。

图 7.12　红旗拉甫口岸冰川（张良摄影；世界遗产 2014）

3. 高地陶恩国家公园

高地陶恩国家公园跨越奥地利的蒂罗尔、克恩顿和萨尔茨堡三州，建立于 1971 年，占地 1834km²，是中欧最大的国家公园（图 7.13）。这里汇聚了多种自然奇观，如奥地利最高峰——大钟山、巨大的冰川和壮观的克里姆勒瀑布，屹立着 240 座超过 3000m 的山峰。高地陶恩国家公园位于阿尔卑斯山的中心，面积 1800km²，是濒危动植物的宝贵栖息地。高地陶恩国家公园拥有奥地利最高的山峰和面积最大的冰川，提名地核心区的主要景观在中欧最后一次冰期形成，构成了阿尔卑斯山的最深处构造层巨大的构造窗口。在占地约 900km²（其中 15% 属于冰川景观）的三州边境地区，整个国家公园是一个巨大的未受破坏的自然景观，从海拔 1000m 的山谷到海拔超过 3000m 的奥地利最高山峰，具有地质和地貌形态的多样性、生物多样性以及生态系统的多样性。

4. 中央巴尔干公园

中央巴尔干国家公园位于保加利亚的中心地带，坐落在巴尔干山中部及以上部分。海拔变化从 550m 到靠近卡洛夫镇的 2376m，最高山峰为博泰夫峰。中央巴尔干国家公园是保加利亚的第三大保护地，占地面积共 716.69km²，东西长约 10km，平均宽度 85km。跨越保加利亚的 5 个省区：洛维奇、加布罗沃、索非亚、普罗夫迪夫和旧扎戈拉。国家公园包括 9 个自然保护区，涵盖该国领土 28% 的面积。中央巴尔干国家公园是最大的，最有价值的欧洲保护区之一。公园属于北温带阔叶林和混交林的地面生态区，森林面积占总面积的 65%，共有 59 种哺乳动物，224 种鸟类，14 种爬行动物，8 种两栖类和 6 种鱼，以及 2387 种无脊椎动物，是珍稀濒危野生动植物的天堂。

5. Sierra de las Quijadas 国家公园

Sierra de las Quijadas 国家公园位于阿根廷圣路易斯省，成立于 1991 年，由阿根廷中

图 7.13 a. 高地陶恩国家公园雪山地貌；b. 高地陶恩国家公园

西部的 Mesowic 盆地构成，沉积地层从三叠系到白垩系，陆相沉积序列形成于半干旱的气候环境（图 7.14）。沉积盆地从安第斯山脉的拉里奥哈和塞拉利昂德山谷向南到比兹利盆地，都表现出裂谷构造，呈现不对称的几何形状，它们构成了中生代南美板块。

图 7.14 Sierra de las Quijadas 国家公园

对比结论：

与已列入预备清单的提名遗产地对比，青海可可西里遗产提名地平均海拔超过 4500m，由昆仑山、可可西里山、乌兰乌拉山勾勒出"三山间两盆"的地势，三山之间地势平坦开阔，这与喀喇昆仑-帕米尔群峰和阿尔泰山是不同的，它保存着青藏高原最完整的高原夷平面和密集的、不同演替阶段的湖泊群，构成了长江源的北部集水区，这也是高地陶恩国家公园、中央巴尔干公园、塞拉利昂国家公园所不具有的特点。它的自然景观自东南向西北呈现高寒草甸—高寒草原—高寒荒漠更替，其中高寒草原是主要类型，而且该地是中低纬大陆型冰川的典型代表，也是其他提名地不能取代的。

7.3 小 结

（1）从中亚东部到印度北部，在阿尔泰山、帕米尔高原、昆仑山、喜马拉雅山这片广袤的土地上，从北到南绵延 3000km，覆盖了巨大的领土，是地球演化最为剧烈的地区，集中了世界上最高的高峰、高原，具有多样化的动植物，绝美的风景，极高的科研价值，然而，到目前为止在 197 个世界自然遗产中只有包括新疆天山（中国）、塔吉克斯坦国家公园（帕米尔）（塔吉克斯坦）、楠达戴维山国家公园和花谷国家公园（印度）、云南三江并流保护区（中国）、金山–阿尔泰山（俄罗斯）、萨加玛塔国家公园（尼泊尔）、大喜马拉雅山脉国家公园（印度）在内的 7 个世界自然遗产以高山深谷为特征，提名地最重要的特征是保留下的高原夷平面，这将是该地区高原系统的重要补充。

（2）可可西里地区拥有高海拔的湖泊构成壮观的高原湖泊群，其海拔、数量、面积都是世界上独一无二的，同时湖泊类型从淡水湖、半咸水—咸水湖到盐湖，涵盖了湖泊的不同演化阶段。并且由于其深处无人区，其湖泊的发展演化完全在自然环境下进行，不受人类生产活动的影响，因此对它们变化规律的研究对全球的气候变化等重要科学问题具有重要意义。

（3）对于像瑞士阿尔卑斯山的少女峰–阿雷奇冰河–毕奇霍恩峰这类的冰川类型的自然遗产，他们主要是以大规模冰川为特点，其地质地貌景观也以冰川地貌为主，而提名地地区除了存在冰川地貌外，还拥有高原湖泊、高寒草甸等其他地貌，这些地貌共同组成了这个高海拔地区的独特自然生态体系。

（4）可可西里地区作为青藏高原腹地现代构造运动最活跃的地带之一，发育多个仍在活跃的断裂带，地表保留了因地震而形成的地震破裂形变带；在唐古拉山北麓和昆仑山南麓较集中分布海拔 5000m 左右的低、中、高温泉群，为世界上海拔最高的温泉群；可可西里地区分布了以中新世为主的火山岩，保留了丰富的火山熔岩地貌；青海可可西里地区存在两条蛇绿混杂岩带，它们清楚地记录了可可西里地区的裂谷或洋盆—浅海—高原的古地理变迁史。而正因为这些原始的地貌景观及演变痕迹在该地区未受到后期河流的侵蚀以及人类活动的破坏得以完好保存，具有很高的科研价值。

第8章 威胁因素及其保护管理

8.1 自然灾害

可可西里位于独特而又脆弱的高寒生态敏感区，人烟稀少，气候干燥寒冷，含氧量低，土地沙化严重，植被类型以高寒草甸和草原为主，这些因素决定了可可西里生态系统对外界干扰的明显响应，一旦被破坏就很难恢复。可可西里地域辽阔，区内地质活动复杂，主要的自然灾害包括气象灾害、地质灾害、水文灾害和生物灾害等。可可西里自然条件恶劣，气候是最基本的环境因子，每年各种自然灾害所造成的损失中95%以上是由气象及其衍生灾害带来的。极端气候事件如干旱、雪灾、局地强降水、霜冻、冰雹、沙尘、大风以及洪水、山体滑坡等气象衍生灾害更加易发和频发，造成的损失和影响越来越大。极端气候事件的频繁发生，给提名遗产地内、缓冲区及其周边社区的基础设施和生产生活直接造成巨大的危害。

8.1.1 自然灾害的主要类型

1. 气象灾害

可可西里高寒气候类型的主要特点是干燥寒冷，昼夜温差大，干湿季节分明且降水量小，自然条件恶劣，因此气候变化势必会对生态格局产生影响。

雪灾是对当地影响最大的自然灾害之一。雪灾是一种自然与人为因素综合作用而形成、发展的冰冻圈灾害，降雪量过大、持续时间过长，往往会造成藏羚羊等动物吃草困难、难以抵抗严寒，从而引发牲畜死亡（王世金等，2014）。由于积雪很厚，太阳一出来，阳光照在雪地上反射出强烈的阳光，导致藏羚羊眼角膜烧坏，看不见任何东西，这些藏羚羊没有抵御外界侵犯和寻觅食物的能力，就这样被活活饿死（图8.1）。如2008年1月的持续降雪和低温天气，一些地方的最低气温可达到−37℃，青海省三江源自然保护区和可可西里自然保护区等野生动物重点分布区遭受雪灾面积达120000km²，各类野生动物死亡7000余只（头），冻伤3000余只（头），自然保护区受灾损失达500多万元。

2. 地质灾害

冻土和草场沙化是可可西里的两大地质灾害。青藏铁路格拉段穿越约547km的多年冻土地段，高海拔使得区内长期发育着大面积的冻土，其分布对青藏铁路的工程问题具有重要影响，另有部分岛状冻土、深季节冻土、沼泽湿地和斜坡湿地。冻土具有流变性，其长

图 8.1　雪灾过后三只鼠兔和赤狐在雪地里觅食（新华网青海频道，2008[①]）

期强度远低于瞬时强度，并具有融化下沉性和冻胀性。这些特性造成了冻土区修筑工程构筑物时，面临的两大工程问题：冻胀和融沉。青藏铁路纬度低，海拔高，日照强烈，而太阳辐射对冻土有着非同寻常的影响。加上青藏高原年轻、构造运动频繁，且这里的多年冻土具有地温高、厚度薄、热融发育等特点，其复杂性和独特性举世无双。全球变暖的大环境改变了多年冻土的热量平衡状态，最直接的反映是季节融化深度加深和次年回冻深度减薄。随着地温上升，一些不稳定的冻土区域逐渐发生消退和消失，这都导致了冻土工程地基稳定性的下降，也严重危害了道路工程的安全。

可可西里自然保护区处于生态环境敏感区，中西部地区由于风力较大、降水较少，形成了部分沙化区域。目前保护区包括卓乃湖沿岸约有 $2300km^2$ 的沙化地带，并且有蔓延的趋势。此外，可可西里土地沙化和草场退化现象严重，中西部地区由于风力大、降水偏少，形成了部分沙化区域，湖泊水患导致卓乃湖原有湖面裸露，进一步加剧了保护区沙化。维系着保护区脆弱原始生态的草皮遭到高原田鼠和鼠兔咬啮、吞食，现已发生大面积枯死，导致草场出现沙化（图 8.2）。老鼠吃掉草根，破坏了草的生长，加快了沙化的速度，而且如此密集的鼠洞还造成草地表面塌陷，使草原形成大面积黑土滩。同时，丢弃的油桶浸泡在湖中，余油不断渗漏，湖区严重污染，草地资源也遭受不同程度的破坏，随意碾轧的车辙使植被盖度下降达到80%以上（段秀华，2003）。目前保护区内包括卓乃湖沿岸估计共有约 $2300km^2$ 的沙化地带，并且有蔓延的趋势，形成的黑土滩和荒漠化面积达到近 $5000km^2$，索加-曲麻河分区内草地退化面积也达到约 $2000km^2$。

3. 水文灾害

随着全球变暖导致的冰川、冻土融化，降雨量上升，可可西里湖泊水位不断上涨，当地生态和重大工程开始面临潜在威胁，根据环境减灾卫星资料监测数据，2011 年盐湖面积约 $45.9km^2$，与 2011 年 8 月下旬相比，可可西里盐湖面积增大了 $104.52km^2$，也就是说，

---

① 新华网青海频道 . 2008. 三江源遭遇低温雪灾"动物天堂"变样了 . ［2008-4-15］. http：//www. jrem. cn/content/2008-4/15/200841595019. htm.

图 8.2 可可西里草场退缩

过去 4 年盐湖面积增大了 2.3 倍。根据 2015 年 9 月 30 日环境减灾卫星资料监测结果显示，可可西里盐湖水体面积达 150.41km²，与去年同期相比，增加了 4.78km²。四年来，盐湖水面持续扩大，湖面东南部与青藏铁路的距离从 12km 缩减到了 8km 左右。但从此次监测数据来看，盐湖主要向南部和西南部扩增。卓乃湖系列湖泊原本均属内流湖，2011 年 9 月 15 日卓乃湖发生大溃堤后，大量湖水外泄，面积急剧减小，外流湖水向东流经库赛湖和海丁诺尔湖，使得库赛湖和海丁诺尔湖面积短期快速扩大，相继成为外流湖，2011 年 10 月前后注入盐湖，四个湖泊之间通过河流连为一体。卓乃湖溃堤外泄，导致下游库赛湖、海丁诺尔湖被冲垮，并灌入盐湖形成一个巨大的新生湖，已经影响到藏羚羊等野生动物的迁徙和繁殖。

可可西里湖泊水位的升高和面积的扩大将对周边草地生态环境产生破坏（图 8.3），盐湖为高盐分的咸水湖，盐湖水矿化度较高，若其进一步扩大，会有较大危害。一旦溢出将会侵蚀青藏铁路、青藏公路、输油管道、输电线路和通信光缆等，盐类也可使冰点降低，盐水漫渗会使多年冻土部分融陷，影响冻土路基强度。同时，对下游群众的生产生活和生态平衡会存在潜在威胁。

图 8.3 可可西里多个湖泊水位快速上升（图片来源：西宁晚报）

4. 生物灾害

可可西里的鼠害是生物因素中最主要的因素之一，老鼠泛滥成灾，藏羚羊生存环境面临威胁。在可可西里保护区 4 万多平方千米的高寒草甸区，大大小小的老鼠洞近年来犹如"雨后春笋"般迅速扩张，草地上随处可见。由于鼠害严重，数量不断增多的藏羚羊、藏原羚、野牦牛、藏野驴等野生动物在保护区核心区域将面临着几乎无草可食的困境，它们的生存环境将会日益恶化。保护区害鼠主要为高原鼠兔和草原田鼠，高原鼠兔大都分布在保护区海拔较高、较干燥的山脊及平原化的滩地。其对草地的破坏主要有采食牧草、打洞、形成的土丘覆盖牧草等形式，有效洞口 600～1000 个/hm²。它们主要采食针茅、高山蒿草等植物的绿色部分，冬天不冬眠，采食干草及种子，群居。草原田鼠主要分布在保护区内山梁洼处的阶地，较高原鼠兔相比喜潮湿，栖息地海拔较低，但多与高原鼠兔的洞穴混杂，连成一片。它们同样采食针茅、高山蒿草、小蒿草等植物的绿色部分，种子及根芽，冬天不冬眠，秋季储存大量牧草，对草地的破坏与高原鼠兔类似，啃食植物根系，形成极高密度，有效洞口 2000 个/km²以上，加剧了水土流失（图 8.4，段秀华，2003）。

图 8.4　可可西里清水河一带草场布满鼠兔的鼠洞（张书清摄）

由于高原田鼠在高寒地区的繁殖能力极强，再加上它们每只每年食草量至少为 50kg，保护区的藏羚羊等野生动物将面临着与老鼠"争食"的命运。由于鼠兔在哺乳动物中处于食物链的最底层，鼠害的形成，使得狼的食物条件又有新的改善，可可西里目前狼的数量也大大增加。狼的增多已严重影响到藏羚羊的种群数量增长。可可西里管理局曾经试图用招鹰灭鼠等生物措施治理鼠害，然而收效甚微。如果采用毒药灭鼠的办法，担心会给藏羚羊等野生动物带来伤害，藏羚羊生存环境和保护区生态链条都将面临严峻考验。

青海可可西里涉及鼠兔及鼠类控制的地区为曲麻莱县曲麻河乡。高原鼠兔、高原田鼠等是青藏高原草原生态系统生物链中不可或缺的一环，它们对维护草地生态物种多样性、草地生态平衡发挥着关键作用。在曲麻河乡境内，2015～2016 年设置 1230 副招鹰架，以恢复天敌数量方式调控草原鼠兔、田鼠数量，以保护生物多样性和生态系统动态平衡。今后我们将密切关注该地区物种的变迁情况，加大监测力度，维护各物种间的自然平衡状态。

8.1.2　全球变暖及其威胁

近年来，可可西里保护区平均气温及平均降水量呈上升趋势（图 8.5），1961~2015年，青海可可西里地区年平均气温升温率为 0.34℃/10a，年平均降水量增加速率为 4.97mm/10a。

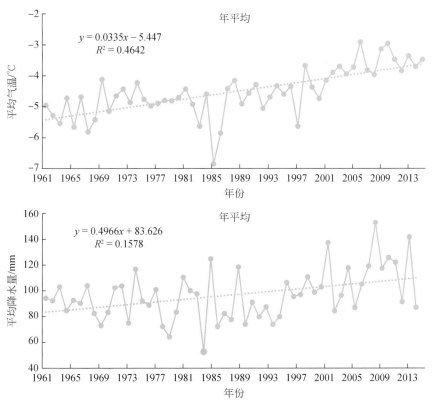

图 8.5　1961~2015 年可可西里地区年平均气温及年平均降水量曲线图

随着全球气候的变暖以及自然环境的影响，可可西里区内冰川加速融化，加之自然降水量增多，导致保护区内湖泊呈现出扩张趋势，湖泊面积增大，雪山雪线升高。作为可可西里固体水库的冰川也在急剧地演变，主要表现为冰川的退缩和冰川面积的急剧减少，如黄河源区阿尼玛卿山冰川及长江源头各拉丹东地区冰川总面积自 1992 年以来呈持续下降趋势，雪线则呈上升趋势。冰川末端的退缩为冰碛湖的发育提供了广阔的空间，冰川消融的加剧为冰碛湖提供了大量的水资源，湖泊的不稳定性在加大。冰川退缩在提供大量水资源的同时，也为冰川泥石流等地质灾害的发生创造了物源条件。冰川活动的加剧可直接诱发下游河道阻塞、公路毁损和村庄毁灭性破坏等自然灾害的发生。

气候变化进一步影响本地区野生动物的活动区域和生存状况，对本地区生态环境的影响是不可忽视的。最新研究表明（Luo et al.，2015），青藏高原未来 50 年的气候变化对高原上兽类动物的分布具有较大影响：12~15 种有蹄类将成为本地濒危动物。5~7 种有蹄类将成为本地极度濒危动物；4～7 种特有有蹄类将成为全球濒危动物；22 种有蹄类的平均分布半径将减小 300km。气候变暖极可能导致保护区内某些传染性疾病流行，使藏羚羊种群自然死亡率上升，使保护区内野生动物间竞争加剧，种群数量下降。气候变暖、降水增多，对保护区内植被产生有利影响，使保护区内植被生产力和产量增加，生态功能增强，面积不断扩大。随着保护区生态环境的恢复和改善，湖泊、湿地面积增大，监测区域内的藏野驴、藏原羚等种群数量也在不断增加，栖息活动范围呈扩大趋势。在升温增湿过程中，草原初级生产力增加，新的河流、湖泊和沼泽出现。食草动物数量有上升趋势，夏季繁殖的水鸟数量增加。地表景观的改变引起大型有蹄类动物和候鸟迁徙路线随之变化。这一快速变化的动态美景不见于地球其他地区。近年来可可西里保护区内大风日数和风速明显减少，风力对水土流失的作用力减小，降水增多使得植被退化趋势变缓，对水土流失的发生发展起到了一定的遏制作用。

　　冻土呈现出总体退化的趋势，表现为冻土温度显著升高、冻结持续日数缩短、年最大冻土深度减小、多年冻土面积萎缩、季节冻土面积增大以及冻土下界上升、上界下降等，其中保护区平均年最大冻土深度也呈减小趋势。

　　区内的冰川、河流、湖泊、湿地和泉眼等地表景观元素对升温增湿发生快速的自然响应和变化，是陆地上自然景观变化的最佳例证和地貌变迁过程的珍贵记录。提名地内冰川前缘每年均有退缩（图 8.6）；河流溯源侵蚀加剧，长江北源向原先的内流区扩展，发源于布喀达坂地区的柴达木盆地的第一大河那陵格勒水量也在增大；区内湖泊、湿地面积普遍增加，盐湖向淡水湖转化，出现新的泉眼。这一切生动展现了正在进行的演变过程，并对动物栖息地产生深远影响。

图 8.6　唐古拉山主峰各拉丹冬脚下的岗加曲巴冰川 1990 年与 2004 年影像对比，
14 年内冰川后退约 750m（曾世杰，2004）

8.2　人为活动威胁

　　人类活动在一定程度上改变了可可西里生态系统的稳定状态，成为区域生态退化的主要原因，其中超载过牧是人类活动中引起草地退化的首要原因，旅游资源开发等人类经济活动也给草原生态带来严重的破坏，使局部地区出现了草地退化、湿地消失、土地沙化等现象。可可西里人为活动威胁主要来自放牧、采矿、盗猎、交通建设和旅游等方面。

1. 草地过度放牧

超载过牧是人类活动中引起草地退化的首要原因，可可西里自然保护区南部核心区西藏牧民进入居住和放牧的情况比较严重，放牧给核心区原始生态环境和野生动物的正常生存造成威胁。同时，自然保护区东南部有唐古拉山乡牧民放牧，曲麻莱县牧民也有越界进入可可西里放牧的现象。放牧活动可能造成野生动物栖息地质量下降和缩小，进一步导致野生动物分布区域的减少。而广泛分布的牧民可能导致人兽冲突加剧，对野生动物生存产生不利影响。在索加-曲麻河分区的部分地区，存在过度放牧造成的草场退化、土地沙化现象（图8.7）。

图8.7　可可西里放牧的马群

根据2005年3月调查，可可西里自然保护区核心区内有西藏安多县牧民73户，455人。共有牛4509头，羊21440只，马5匹。保护区东南部有唐古拉山乡牧民24户，120人，共有牛2783头，羊12611只，马20匹。根据2010年的统计数据，索加-曲麻河分区共有居民2521户，13867人，其中涉及生态移民的有630户，3467人。越来越多的牧民正在逐渐由保护区缓冲区迁入核心区，导致野生动物分布区域日益缩小。根据保护区管理局的调查统计，目前，已有来自西藏和青海唐古拉乡的50多户牧民进入核心地区，共390多人，37000多只羊及7200多头牦牛，可可西里"无人区"在一些地方已名不副实。在保护区海拔4800m的风火山口高寒草甸区，成千上万只羊、牦牛随意啃吃着草原上刚长出的嫩草。这些迁入的牧户一般都占据较好的草场，这无疑使野生动物的活动范围及生存空间日益缩小，同时，家养的牛、羊在保护区与野牦牛、藏羚羊可能会产生交配行为，这在某种程度上将会造成高原野生动物物种发生变化。

2. 采矿活动

可可西里蕴藏着金、银、铅、锌、铁、盐等多种矿产，在利益的驱动下，大批的淘金者涌入可可西里。原始粗放的采掘方式，使保护区的生态环境和草地资源遭到毁灭性的破坏。

在遗产提名地和缓冲区范围内，可可西里保护区内有小型矿床1处，矿点33处，矿化点27处。提名遗产地外围，索加-曲玛河分区内有大型金矿1处（储量达25t），中型矿床1处，小型矿床6处，矿点28处，矿化点39处。可可西里自然保护区内，青海省设有探矿权 4 个；提名遗产地外围，索加–曲玛河分区内有采矿权 1 个（哈达煤矿）。可可西里保护区内盗采矿物的情况偶有发生。虽然国家和地方政府严令禁止在该地区进行采金活动，但零散的淘金者屡禁不止。在 2000 年可可西里保护区管理体制得到完善之前，每年都有数万名工人进入保护区从事淘金、捕捞卤虫等活动，给可可西里的原始生态环境造成无法弥补的损失。

3. 盗猎行为

可可西里独特的高原生物系统为多种野生动物提供了良好的栖息环境。动物区系组成简单，但种群密度大、数量较多，而且多为青藏高原特有种，其中藏羚羊为我国特有种，国家一级保护动物。近年来藏羚羊羊绒在国际市场走俏，盗猎者大量捕杀，致使藏羚羊数量锐减，保护区的生态平衡和草地资源均遭到破坏（段秀华，2003）。

4. 交通运输

青藏铁路和青藏公路的修建，构成了藏羚羊迁徙中两大人为障碍。虽然已有监测数据表明藏羚羊正在适应青藏铁路对该地区的环境所带来的新变化。然而，随着社会经济的发展，特别是青藏公路过往车辆的增加，将对藏羚羊迁徙构成压力，可能切断廊道，造成动物受伤、死亡。根据路网长期规划，提名遗产地范围内涉及格尔木到唐古拉山口的 G109 将由目前的国道升级为高速公路，结古镇到不冻泉的 G215 将由目前砂石路省道升级为国道，这些可能会对野生动物带来巨大影响。

5. 旅游探险活动

部分户外运动爱好者非法进入甚至穿越自然保护区的行为时有发生，容易对动植物生活环境造成不必要的破坏，甚至给动物带来惊吓。生态旅游的开展也可能给保护区环境带来压力。

8.3 管理与保护措施

8.3.1 遗产地立法保护

自 2016 年 10 月 1 日起，《青海省可可西里自然遗产地保护条例》（以下简称《条例》）开始施行，标志着可可西里自然遗产区获得立法保护，《条例》分别从规划、保护、利用、管理和法律责任方面，对可可西里地区自然遗产保护工作进行了法律界定。条约规定可可西里自然遗产地严禁下列行为：开山、采石、取土、采矿与狩猎活动；严重影响野生动物迁徙栖息的工程建设、旅游开发、生产经营；引来外来物种及其制品可能带来不良影响的驯化、繁殖活动。《条例》的施行将会对可可西里地区生态环境的保护起到促进与监督的作用。

8.3.2 保护与管理措施

青海可可西里自然保护区管理局和三江源自然保护区管理局是青海可可西里世界自然

提名遗产地的实地管理机构，青海可可西里提名遗产地的保护管理主要涉及国家、省、提名遗产地三级管理机构。提名遗产地范围内，青藏公路（109 国道）以西均属于青海可可西里自然保护区管辖。青藏公路以东则属于青海省玉树藏族自治州曲麻莱县曲麻河乡管辖，牧民均有草地使用权。

　　针对水患防治，可可西里自然保护区各单位应加大巡视力度，并联合有关科研院所加强动态监测和地理气候方面的科学考察，以便及时发现并防范水患灾害，并为当地生态系统保护提供科学依据。对于潜在的风险应当提高警惕，早作防范，在可控范围内，应该考虑路基加固、建设堤坝等工程措施。

　　针对冻土的冻胀和融沉，探明多年冻土分布规律，明确多年冻土的地温分区和冻土工程分类，为合理确定工程措施提供了详实的科学依据。科学地确立"主动降温、冷却地基、保护冻土"的设计思想，使冻土工程建设逐步实现了由被动保温向主动降温转变，由静态分析向动态分析转变，由单一工程措施向多种措施的综合应用转变。此外，还创新了片石气冷路基、热棒、路基铺设保温材料、桥梁通过极不稳定多年冻土地段（图 8.8）。

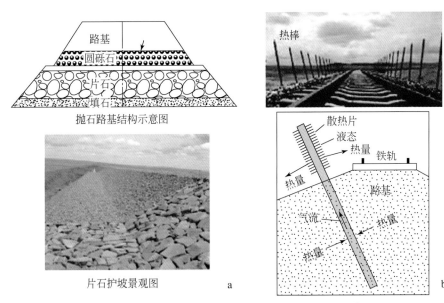

图 8.8　青藏铁路片石气冷路基（a）和热棒（b）示意图

　　针对草场沙化，应补播牧草、增加植被盖度，提高草地生产力。草地补播是在不破坏或减少破坏草地原有植被的基础上，补播能适应当地环境的优质牧草，草地补播只适用于气候较湿润的高山草甸草地，采用斑块状或条带状划破草皮的方法进行补播。以达到增加植被盖度、防风固沙、抵御沙化、增加生物多样性的功效。另外需加强管理，严令禁止捞卤虫、淘金、盗猎等人为活动，预防对草场的破坏。

　　针对鼠害防治，应该制定鼠害防治措施，采取微生物制剂灭鼠、生物毒素灭鼠，集中连片防治。同时加强鼠虫害预测预报工作，及时掌握鼠虫害发生规律和动态，指导防治；做好鼠类天敌保护工作，严禁滥捕乱猎野生禽兽，充分利用自然界天敌制约害鼠种群数量增长，降低灾害发生的频次（段秀华，2003）。

针对人为活动威胁,应采取适宜的政策与管理措施,控制、引导牧民放牧活动,逐渐将牧民生产生活对提名地的影响降到最低,形成可持续协调发展的模式。在科学研究的基础上,控制户均、人均家畜数量,对牧民牧场的范围和放牧活动进行严格的管控,降低放牧活动对草场质量的影响,提高野生动物栖息地质量。

针对可能的旅游压力,提名遗产地实施了分区保护和游人数量控制措施,在提名地及在自然保护区内开展的旅游活动必须经过可可西里世界遗产管理机构特许及组织方能进行。未经允许进入提名地或缓冲区的行为均被视为违规违法。可结合遗产展示开展一定的旅游活动,建设必要的游步道、标识牌、环卫设施、休憩设施、科普教育设施和结合保护点设立的简易服务点等,制定并实施保护和管理的法律、法规,做到有法可依、有章可循。通过采取以上措施,有效缓解了旅游业所带来的生态环境压力。

8.3.3　建立监测体系

针对其他人类无法控制的自然灾害,应加强遗产提名地地质环境监测,包括地貌景观监测、植被监测、动物观测和栖息地监测、动物种类变动监测、气象变化监测、大气环境质量监测、水环境质量监测、土壤监测。提名地采用定点观察、仪器监测、社区巡防监测与调查统计等手段相结合进行监测。遗产提名地管理机构人员每月定期深入保护区腹地进行巡山观测工作,沿青藏公路分布的四个保护站则安排有专门的巡护监测人员。管理机构也定期将监测数据提供给高校或科研机构进行分析研究。在提名地涉及的三江源自然保护区范围内,监测主要以协议保护–社区监测的形式开展。

(1)生物生态监测。采用固定样地(带)和追踪监测的方法,对提名地特殊植被群落、关键物种、动物种群及栖息地、动物迁徙、疫源疫病等进行定期监测。

(2)自然美景监测。采用定点拍照方式,对提名地内重要自然美景的保护状态进行定期监测。

(3)地质地貌监测。采用定位监测方法,对重点地质特征区进行定期监测。

(4)环境状况监测。采用定位监测方法,对提名地主要进水口、出水口、存在水质威胁的区域和气象、噪声、水文状况等方面进行监测。

(5)旅游状况监测。结合游客中心,对提名地游人数量、道路交通状况、游人安全和展示服务设施质量等方面进行监测。

(6)非法活动监测。利用巡护、遥感技术对遗产提名地内进行非法开采、非法狩猎情况监测。

(7)社区状况监测。对牧民、定居社区的生产生活状况、建设情况以及相关社会经济指标进行人工调研监测。

8.4　小　　结

(1)提名地内自然灾害包括气象灾害、地质灾害、草原退化、沙化、冰川冻土消融等,其每年造成的损失中95%以上是由气象及其衍生灾害所带来的,其中雪灾是对当地影响最大的自然灾害之一。

（2）提名地的气候变化主要表现为平均气温具明显升高趋势，降水量呈增多趋势，从而导致可可西里地区的雪山雪线升高以及冻土层冻融更加频繁，并且进一步影响本地区野生动物的活动范围与生存状况。因此气候变化对本地区的生态环境造成了不可忽视的影响。除此之外，可可西里地区内主要的盐湖面积不断扩大，使得周边草地生态环境遭到破坏，或附近的输油管线、通信设施等受到侵蚀。

（3）由于一些牧民的过度放牧，导致可可西里保护区草场退化现象严重，给核心区原始生态环境和野生动物的正常生存造成威胁。同时一些采矿者对矿产资源的盗采，其原始粗放的采掘方式，使保护区的生态环境和草地资源遭到严重破坏。

（4）青藏铁路和青藏公路的修建，构成了藏羚羊迁徙中两大人为障碍。虽然已有监测数据表明藏羚羊正在适应青藏铁路修建对该地区的环境所带来的新变化。然而，随着社会经济的发展，特别是青藏公路过往车辆的增加，将对藏羚羊迁徙构成压力。另外，部分户外运动爱好者非法进入甚至穿越自然保护区，容易对动植物生境造成破坏，对原始生态环境的保护造成威胁。

参 考 文 献

安勇胜, 邓中林, 庄永成. 2004. 风火山群的物质特征及时代讨论. 西北地质, 37(1):63-68.

边千韬, 郑祥身. 1991. 西金乌兰和冈齐曲蛇绿岩的发现. 地质科学, 26(3):304.

边千韬, 常承法, 郑祥身. 1997a. 青海可可西里大地构造基本特征. 地质科学, 32(1):37-46.

边千韬, 郑祥身, 李红生, 等. 1997b. 青海可可西里地区蛇绿岩的时代及形成环境. 地质论评, 43(4): 347-355.

边千韬, 郑祥身, 徐贵忠, 等. 1992. 青海可可西里地区构造特征与构造演化. 大陆岩石圈构造与资源, 北京: 海洋出版社: 19-32.

蔡雄飞, 刘德民, 魏启荣, 等. 2008. 古新世—中新世以来青藏高原北缘隆升的特征——来自可可西里盆地的报告. 地质学报, 82(2): 194-203.

曹德云. 2013. 长江源区水环境及水化学背景特征. 中国地质大学(北京) 硕士学位论文

曹俊, 杨更, 龚自仙, 等. 2009. 新疆天山天池地质公园地质景观资源特征及初步评价. 四川地质学报, 29(S2): 229-234.

柴慧霞, 欧阳, 陈曦, 等. 2009. 新疆地貌区划的一个新方案. 干旱区地理, 32(1): 95-106.

陈多福, 王茂春, 夏斌. 2005. 青藏高原冻土带天然气水合物的形成条件与分布预测. 地球物理学报, 48(1): 165-172.

陈锋. 2007. 在冰川末端捕捉环境变化的踪迹. 中国国家地理, (2): 22-24.

陈进. 2014. 长江源—当曲水系及其生态系统特征探讨. 长江科学院院报, 31(10):1-6.

陈立军. 2013. 青藏高原的地震构造与地震活动. 地震研究, 36(1):123-131.

陈亮, 孙勇, 裴先治, 等. 2001. 德尔尼蛇绿岩^{40}Ar-^{39}Ar年龄:青藏最北端古特提斯洋盆存在和延展的证据. 科学通报, 46(5): 424-426.

陈守建, 李荣社, 计文化, 等. 2001. 巴颜喀拉构造带二叠—三叠纪岩相特征及构造演化. 地球科学——中国地质大学学报, 36(3): 393-408.

陈宣华, 尹安, George E, 等. 2002. 青藏高原北缘中生代伸展构造^{40}Ar/^{39}Ar测年和MDD模拟. 地球学报, 23(4): 305-310.

陈宣华, Mcrivette M W, 李丽, 等. 2011. 东昆仑造山带多期隆升历史的地质热年代学证据. 地质通报, 30(11): 1647-1659.

陈妍, 陈世悦, 张鹏飞, 等. 2008. 古流向的研究方法探讨. 断块油气田, 15(1): 37-40.

陈志伟. 2005. 可可西里摄影作品展. http://outdoor.sohu.com/s2005/czwyz.shtml.

迟效国, 李才, 金巍. 1999. 藏北新生代火山作用的时空演化与高原隆升. 地质论评, 5(z1).

崔之久. 1984. 昆仑山型石冰川的发现及石冰川的最新分类. 科学通报, 29(13): 810-813.

崔之久, 高全洲, 刘耕年, 等. 1996. 夷平面, 古岩溶与青藏高原隆升. 中国科学(D辑), 26(4): 378-384.

崔之久, 伍永秋, 刘耕年, 等. 1998. 关于"昆仑—黄河运动". 中国科学(D辑), 28(1): 53-59.

崔之久, 李德文, 冯金良, 等. 2001. 夷平面研究的再评述. 科学通报, 46(21): 1761-1768.

邓起东, 程绍平, 马冀, 等. 2014. 青藏高原地震活动特征及当前地震活动形势. 地球物理学报, 57(7): 2025-2042.

邓万明. 1993. 青藏北部新生代钾质火山岩微量元素和Sr、Nd同位素地球化学研究. 岩石学报, 9(4): 379-387.

邓万明. 1996. 青藏古特提斯蛇绿岩与"冈瓦纳古陆北界". 蛇绿岩与地球动力学研讨会论文集.

邓万明.2002.青藏及邻区新生代火山活动及构造演化.全国第三次火山学术研讨会论文集.

邓万明,郑锡澜,松本征夫.1996.青海可可西里地区新生代火山岩的岩石特征与时代.岩石矿物学杂志,
　　15(4)：289-298.

丁超.2006.世界遗产入选标准的对比分析及中国申报世界遗产的对策.北京大学学报(自然科学版),
　　42(2)：231-237.

丁林.2003.西藏雅鲁藏布江缝合带古新世深水沉积和放射虫动物群的发现及对前陆盆地演化的制约.中
　　国科学：D辑,33(1)：47-58.

董顺利,李忠,高剑等.2013.阿尔金—祁连—昆仑造山带早古生代构造格架及结晶岩年代学研究进展.
　　地质论评,59(4)：731-746.

董斯扬,薛娴,尤全刚,等.2014.近40年青藏高原湖泊面积变化遥感分析.湖泊科学,26(4)：535-544.

都昌庭.2003.青海昆仑山口西8.1级地震前的尾波持续时间和地震频次.山西地震,(2)：29-31.

杜兵盈.2011.青藏高原石炭纪构造–岩相古地理研究.中国地质大学(北京)硕士学位论文

杜军,路红亚,建军.2014.1961—2012年西藏极端降水事件的变化.自然资源学报,29(6)：990-1002.

段秀华.2003.可可西里国家级自然保护区草地现状调查.草业科学,20(11)：11-14.

段志明,李勇,张毅,等.2005.青藏高原唐古拉山中新代花岗岩锆石U-Pb年龄,地球化学特征及其大陆动
　　力学意义.地质学报,79(1)：88-97.

段志明,李勇,祝向平,等.2009.藏北唐古拉山木乃花岗岩地壳隆升的裂变径迹证据.矿物岩石,29(2)：
　　61-65.

方洪宾,刘顺喜,杨清华,等.2009.CBERS-02B星在轨测试数据国土资源应用评价.国土资源遥感,21(1)：
　　34-47.

方明.1986.布喀达坂峰.干旱区地理,19(4)：13.

冯先岳,赵瑞斌,李军.1994.吐鲁番盆地地震地质初步研究.内陆地震,8(2)：97-108.

付碧宏.2011.11月14日：昆仑山地震10周年记.[2011-11-04]http://blog.sciencenet.cn/blog-416625-
　　507972.html

葛伟鹏,王敏,沈正康等.2013.柴达木—祁连山地块内部震间上地壳块体运动特征与变形模式研究.地
　　球物理学报,56(9)：2994-3010.

葛肖虹,刘永江,刘俊来.1999.中国西部大陆构造若干问题的新认识//中国地球物理学会年刊——中国
　　地球物理学会年会.

龚大兴,伊海生,周家云,等.2014.可可西里古近系含盐系地层沉积特征及古盐湖成盐模式讨论.盐湖研究,
　　(3)：1-8.

苟金.1990.唐古拉巴音查乌马地区超基性岩的基本特征.西北地质,(1)：1-5.

苟金.1991.可可西里地区中新统五道梁群的建立及找矿意义.西北地质,(3)：1-6.

关志华.2006.亚洲水塔——亚洲大河文明的水源地.西藏人文地理,(5)：48-67.

郭良辉,孟小红,石磊等.2012.优化滤波方法及其在中国大陆布格重力异常数据处理中的应用.地球物
　　理学报,55(12)：4078-4088.

国家地震局地质研究所.1993.祁连山—河西走廊活动断裂系.北京：地震出版社.

韩海辉.2009.基于SRTM-DEM的青藏高原地貌特征分析.兰州大学硕士学位论文

贺日政,高锐,郑洪伟等.2007.青藏高原中西部航磁异常的匹配滤波分析与构造意义.地球物理学报,
　　50(4)：1131-1131.

胡道功,吴中海,吴珍汉.2007.东昆仑断裂带库赛湖段晚第四纪古地震研究.第四纪研究,27(1)：
　　27-34.

胡东生.1992.可可西里地区湖泊资源调查研究.干旱区地理,15(3)：50-58.

胡东生.1995.可可西里地区湖泊演化.干旱区地理,18(1):60-67.

胡东生,王世和.1994.可可西里地区乌兰乌拉湖湖泊环境变迁及古人类活动遗迹.干旱区地理,17(2):30-37.

胡光印,董治宝,逯军峰,等.2012.长江源区沙漠化及其景观格局变化研究.中国沙漠,32(2):314-322.

黄汲清,陈炳蔚.1987.中国及邻区特提斯海的演化.北京:地质出版社.

黄汲清,陈国铭,陈炳蔚.1984.特提斯-喜马拉雅构造域初步分析.地质学报,(1):4-20.

江东辉,刘嘉麒,丁林.2008.青藏高原北部可可西里地区新生代钾质火山岩地球化学特征及成因.岩石学报,24(2):279-290.

江东辉,刘嘉麒,郭正府,等.2009.藏北可可西里中新世钾质火山岩矿物化学及温压计算.地质科学,44(3):1001-1011.

江在森,方颖,武艳强等.2009.汶川8.0级地震前区域地壳运动与变形动态过.地球物理学报,52(2):505-518.

姜春发,朱松年.1992.构造迁移论概述.中国地质科学院院报,(00):1-14

姜寒冰,李文渊,董福辰,等.2012.昆中断裂带南北陆块基底、盖层沉积、岩浆岩对比研究——昆中断裂带构造意义的讨论.中国地质,39(3):581-594.

姜琳.2009.青藏高原可可西里盆地烃源岩特征研究.成都理工大学硕士学位论文.

姜琳,朱利东,王成善,等.2009,可可西里卓乃湖地区五道梁群油页岩石油地质意义.沉积与特提斯地质,29(1):13-20.

姜珊,杨太保,田洪阵.2012.1973—2010年基于RS和GIS的马兰冰川退缩与气候变化关系研究.冰川冻土,34(3):522-529.

姜永见,李世杰,沈德福,等.2012.青藏高原江河源区近40年来气候变化特征及其对区域环境的影响.山地学报,30(4):461-469.

金会军,赵林,王绍令,等.2006.青藏公路沿线冻土的地温特征及退化方式.中国科学(D辑),36(11):1009-1019.

可可西里地区综合科学考察队,李炳元,顾国安,等.1996.青海可可西里地区自然环境.北京:科学出版社.

赖绍聪.1999.青藏高原北部新生代火山岩的成因机制.岩石学报,15(1):98-104.

李保华,伊海生,林金辉,等.2004,青藏高原祖尔肯乌拉山地区火山岩Ar-Ar年代学初步研究.四川地质学报,24(2):73-76.

李炳元.1990.青海可可西里地区综合科学考察初报.山地学报,8(3):93-98.

李炳元,潘保田.2002.青藏高原古地理环境研究.地理研究,21(1):61-70.

李炳元,李矩章,王建军.1996.中国自然灾害的区域组合规律.地理学报,51(1):1-11.

李炳元,潘保田,高红山.2002.可可西里东部地区的夷平面与火山年代.第四纪研究,22(5):397-405.

李炳元,潘保田,韩嘉福.2008.中国陆地基本地貌类型及其划分指标探讨.第四纪研究,28(4):535-543.

李炳元,潘保田,程维明,等.2013.中国地貌区划新论.地理学报,68(3):291-306.

李才,翟庆国,董永胜,等.2006.青藏高原羌塘中部榴辉岩的发现及其意义.科学通报,51(1):70-74.

李才,翟庆国,董永胜,等.2007.青藏高原龙木错–双湖板块缝合带与羌塘古特提斯洋演化记录.地质通报,26(1):13-21.

李才.1987.龙木错–双湖–澜沧江板块缝合带与石炭二叠纪冈瓦纳北界.长春地质学院学报,17(2):155-166.

李春峰,贺群禄,赵国光.2005.东昆仑活动断裂带东段古地震活动特征.地震学报,27(1):60-67.

李东,由亚男,栾福明,等.2015.博格达世界自然遗产地旅游景观资源评价与保护研究.世界地理研究,24(1):159-167.

李高聪.2014.中国南方喀斯特地貌全球对比及其世界遗产价值研究.贵阳:贵州师范大学.

李海兵,Franck,Valli 等.2007.喀喇昆仑断裂的形成时代:锆石 SHRIMP U-Pb 年龄的制约.科学通报, 52(4):438-447.

李红生,边千韬.1993.可可西里西金乌兰—冈齐曲蛇绿混杂岩中晚古生代放射虫.现代地质,7(4): 400-420.

李吉均.1999.青藏高原的地貌演化与亚洲季风.海洋地质与第四纪地质,19(1):7-17.

李吉均.1983.青藏高原的地貌轮廓及形成机制.山地学报,1(1):9-17.

李吉均.1992.青藏高原的地貌演化与亚洲季风.海洋地质与第四纪地质,19(1):1-11.

李吉均.2013.青藏高原隆升与晚新生代环境变化.兰州大学学报(自然科学版),49(2):154-159.

李吉均,文世宣,张青松,等.1979.青藏高原隆起的时代、幅度和形式的探讨.中国科学,(6):608-616.

李吉均,方小敏,马海洲,等.1996.晚新生代黄河上游地貌演化与青藏高原隆起.中国科学(D辑),26(4): 316-322.

李吉均,方小敏,潘保田,等.2001.新生代晚期青藏高原强烈隆起及其对周边环境的影响.第四纪研究, 21(5):381-391.

李建兵.2005.藏北高原措勤地区湖泊演化及古气候变迁研究.成都理工大学硕士学位论文.

李江海,姜洪福.2013.全球古板块再造、岩相古地理及古环境图集.北京:地质出版社.

李森,董玉祥,董光荣,等.2001.青藏高原土地沙漠化区划.中国沙漠,21(4):103-112.

李世杰.1996.青藏高原可可西里地区现代冰川发育特征.地理科学,16(1):10-17.

李世杰,李树德.1992.青海可可西里地区第四纪冰川与环境演化.冰川冻土,14(4):316-324.

李树德.1991.可可西里地区冰川冻土考察记录.百科知识,(5):53-55.

李树德,李世杰.1993.青海可可西里地区多年冻土与冰缘地貌.冰川冻土,15(1):77-82.

李廷栋.2002.青藏高原地质科学研究的新进展.地质通报,21(7):370-376.

李文巧,陈杰,袁兆德等.2011.帕米尔高原1895年塔什库尔干地震地表多段同震破裂与发震构造.地震 地质,33(2):260-276.

李亚林,王成善,王谋,等.2006a.藏北长江源地区河流地貌特征及其对新构造运动的响应.中国地质, 33(2):374-382.

李亚林,王成善,伊海生,等.2006b.西藏北部新生代大型逆冲推覆构造与唐古拉山的隆起.地质学报, 80(8):1118-1130.

李英杰.2002.可可西里的风采.柴达木开发研究,(6):53-55.

李勇,王成善,伊海生,等.2001.青藏高原中侏罗世–早白垩世羌塘复合型前陆盆地充填模式.沉积学报, 19(1):20-27.

李志威,余国安,徐梦珍,等.2016.青藏高原河流演变研究进展.水科学进展,27(4):617-628.

李治国.2012.近50a气候变化背景下青藏高原冰川和湖泊变化.自然资源学报,27(8):1431-1443.

梁川,刘玉邦.2009.长江上游流域水文生态系统分区及保护措施.北京师范大学学报(自然科学版), 45(Z1):501-508.

林振耀,赵昕奕.1996.青藏高原气温降水变化的空间特征.中国科学(D辑),26(4):354-358.

刘宝康,李林,杜玉娥,等.2016.青藏高原可可西里卓乃湖溃堤成因及其影响分析.冰川冻土,38(2): 305-311.

刘彬,马昌前,张金阳,等.2012.东昆仑造山带东段早泥盆世侵入岩的成因及其对早古生代造山作用的指 示.岩石学报,8(6):1785-1807.

刘国成,秦尊丽,贺日政等.2013.藏北高原钾质火山岩区的均衡重力异常与密度结构.地震地质, 35(4):817-832.

刘海军.2007.可可西里盆地构造特征及其对油气保存条件的遥感研究.成都理工大学硕士学位论文.

刘海军,刘登忠,吴波.2009.可可西里盆地构造特征遥感研究.新疆地质,27(3):283-286.

刘荣,吕金刚,吴新忠.2006.藏北沉鱼湖—向阳湖一带石坪顶组火山岩特征、形成时代及环境.新疆地质,24(2):109-114.

刘少创.2010.探寻大河之源.百科知识,(6).

刘时银,上官冬辉,丁永建,等.2004.基于 RS 与 GIS 的冰川变化研究——青藏高原北侧新青峰与马兰冰帽变化的再评估.冰川冻土,26(3):244-252.

刘顺,王成善,伊海生,等.2001.青藏高原中部风火山地区第三纪地壳南北缩短量研究.地震地质,23(1):122-125.

刘维亮,夏斌,刘鸿飞等.2013.西藏泽当蛇绿岩玄武岩 SHRIMP 锆石 U-Pb 年龄及其地质意义.地质通报,32(9):1356-1361.

刘燕学,王光辉,江小均,等.2001."三江"北段沱沱河盆地古近纪—新近纪沉积格架与盆地演化分析.岩石矿物学杂志,30(3):381-390.

刘银,李荣社,计文化,等.2014.金沙江缝合带西段蛇绿岩与弧火山岩成对性关系——来自地球化学和 LA-ICP-MS 锆石 U-Pb 年龄证据.地质通报,33(7):1076-1088.

刘再华,田友萍,安德军,等.2009.世界自然遗产–四川黄龙钙华景观的形成与演化.地球学报,30(6):841-847.

刘志飞.2002.图形显示和比较古水流数据的一种软件（PC99）：以青藏高原北部可可西里盆地新生代古水流数据为例.沉积学报,20(2):354-358.

刘志飞,王成善.2000.可可西里盆地早渐新世雅西措群沉积环境分析及古气候意义.沉积学报,18(3):355-361.

刘志飞,王成善.2001.青藏高原北部可可西里盆地第三纪风火山群沉积环境分析.沉积学报,19(1):28-36.

刘志飞,王成善,伊海生,等.2001.可可西里盆地新生代沉积演化历史重建.地质学报,75(2):250-258.

刘志飞,王成善,金玮,等.2005.青藏高原沱沱河盆地渐新—中新世沉积环境分析.沉积学报,23(2):210-217.

刘宗香,苏珍,姚檀栋,等.2000.青藏高原冰川资源及其分布特征.资源科学,22(5):49-52.

龙恩,程维明,刘海江,等.2007.中国 1∶100 万数字地貌信息集成试验及特征分析.地球信息科学学报,9(2):91-95.

卢占武,高锐,李秋生,等.2006.中国青藏高原深部地球物理探测与地球动力学研究（1958—2004）.地球物理学报,49(3):753-770.

鲁萍丽.2006.可可西里地区湖泊变化的遥感研究.中国地质大学(北京)硕士学位论文.

陆松年,杨春亮,李怀坤,等.2002.华北古大陆与哥伦比亚超大陆.地学前缘,9(4):225-233.

吕厚远,贾继伟,王伟铭,等.2002."植硅体"含义和禾本科植硅体的分类.微体古生物学报,19(4):389-396.

吕厚远,王淑云,沈才明,等.2004.青藏高原现代表土中冷杉和云杉花粉的空间分布.第四纪研究,24(1):39-49.

吕兰芝,金会军,王绍令,等.2008.青藏高原中、东部局地因素对地温的双重影响（Ⅱ）:砂层和水被.冰川冻土,30(4):546-555.

吕晓蓉,吕晓英.2002.青藏高原东北部草地气候暖干化趋势分析.中国草地学报,24(4):8-13.

罗重光,韩凤清,庞小朋,等.2010.青海可可西里主要湖泊湖底地貌研究.盐湖研究,18(1):1-8.

马茹莹,韩凤清,马海州,等.2015.青海可可西里盐湖水化学及硼同位素地球化学特征.地球学报,36(1):

60-66.

马耀明,胡泽勇,田立德,等.2014.青藏高原气候系统变化及其对东亚区域的影响与机制研究进展.地球科学进展,29(2):207-215.

马玉虎,王培玲,刘文邦.2011.青海地区各地震带强震活动基本状态探讨.高原地震,23(4):4-9.

莫宣学,潘桂棠.2006.从特提斯到青藏高原形成:构造-岩浆事件的约束.地学前缘,13(6):43-51.

莫宣学,董国臣,赵志丹,等.2005.西藏冈底斯带花岗岩的时空分布特征及地壳生长演化信息.高校地质学报,11(3):281-290.

莫宣学,罗照华,邓晋福,等.2007a.东昆仑造山带花岗岩及地壳生长.高校地质学报,13(3):403-414.

莫宣学,赵志丹,周肃,等.2007b.印度-亚洲大陆碰撞的时限.地质通报,26(10):1240-1244.

欧阳光文,保广普,付军.2013.可可西里地区蛇形沟一带蛇绿岩的物质组成及大地构造的意义.中国科技信息,(1):35-36.

潘保田,李吉均.1996.青藏高原:全球气候变化的驱动机与放大器——Ⅲ.青藏高原隆起对气候变化的影响.兰州大学学报(自然科学版),32(1):108-115

潘保田,高红山,李吉均.2002.关于夷平面的科学问题——兼论青藏高原夷平面.地理科学,22(5):520-526.

潘桂棠.1990.青藏高原新生代构造演化.北京:地质出版社.

潘桂棠.1997.东特提斯地质构造形成演化.北京:地质出版社.

潘桂棠,丁俊,王立全,等.2002.青藏高原区域地质调查重要新进展.地质通报,21(11):787-793.

潘桂棠,莫宣学,侯增谦,等.2006.冈底斯造山带的时空结构及演化.岩石学报,22(3):521-533.

潘卫东,张鲁新.2002.青藏高原多年冻土地区不良冻土现象对铁路建设的影响.兰州大学学报:自然科学版,38(1):127-131.

潘裕生.1994.青藏高原第五缝合带的发现与论证.地球物理学报,37(2):184-192.

潘裕生,方爱民.2010.中国青藏高原特提斯的形成与演化.地质科学,45(1):92-101.

蒲健辰,姚檀栋,王宁练,等.2001.可可西里马兰山冰川的近期变化.冰川冻土,23(2):189-192.

蒲健辰,姚檀栋,王宁练,等.2004.近百年来青藏高原冰川的进退变化.冰川冻土,26(5):517-522.

祁洁.2015.青藏高原第四纪冰川作用与气候变化特征的探讨.中国地质大学(北京)硕士学位论文.

祁生胜,王毅智,何世豪,等.2009.唐古拉地区孕羊晚二叠世碰撞型花岗岩的确定和构造意义.西北地质,42(3):26-35.

青海省地震局.1999.东昆仑活动断裂带.北京:地震出版社.

任纪舜,牛宝贵.1999.软碰撞、叠覆造山和多旋回缝合作用.地学前缘,6(3):85-93

任纪舜,肖黎薇.2004.1:25万地质填图进一步揭开了青藏高原大地构造的神秘面纱.地质通报,23(1):1-11.

任金卫,汪一鹏,吴章明,等.1993.青藏高原北部库玛断裂东、西大滩段全新世地震形变带及其位移特征和水平滑动速率.地震地质,15(3):285-288.

桑隆康,马昌前.2014.岩石学.北京:地质出版社.

沙金庚.1995.青海可可西里地区古生物.北京:科学出版社.

沙金庚.1998.青海可可西里地区的古生物地层特征及其古地理学意义.古生物学报,37(1):85-96.

沙金庚.2001.沧海桑田长江源——古生物化石讲述的故事.科学,53(5):20-21.

沙金庚,张遴信,罗辉,等.1992.论可可西里晚古生代裂谷的消亡时代.微体古生物学报,9(2):177-182.

邵玉红,张海玲.1998.长江黄河源地的气候特征.青海环境,8(2):68-72.

邵志刚,傅容珊,薛霆虓,等.2008.昆仑山 M_s 8.1级地震震后变形场数值模拟与成因机理探讨.地球物理学报,51(3):805-816.

邵兆刚,孟宪刚,朱大岗,等.2009.青藏高原层状地貌特征及其成因初探.地学前缘,16(6):186-194.

沈玉昌,苏时雨,尹泽生.1982.中国地貌分类、区划与制图研究工作的回顾与展望.地理科学,2(2):97-105.

施雅风.2011.中国第四纪冰川新论.上海:上海科学普及出版社.

施雅风,刘东生.1964.希夏邦马峯地区科学考察初步报告.科学通报,(10):928-938.

史晨暄.2008.世界遗产"突出的普遍价值"评价标准的演变.清华大学博士学位论文.

史连昌,郭通珍,杨延兴,等.2004.可可西里湖地区新生代火山岩同位素地球化学特征及火山成因、源区性质讨论.西北地质,37(1):9-25.

税晓洁.2007.天堂与炼狱:漂流长江南源当曲.http://cq.qq.com/a/20071009/000130.htm.

税晓洁.2008.沱沱河与当曲:谁为长江正源?中国三峡,(2):42-47.

宋辞,裴韬,周成虎.2012.1960年以来青藏高原气温变化研究进展.地理科学进展,31(11):1503-1509.

宋忠宝,李文明,李长安,等.2004.青藏高原可可西里风火山盆地白垩纪砂岩粒度特征与沉积环境.西北地质,37(2):1-6.

苏珍.1994.喀喇昆仑山-昆仑山现代冰川进退变化及其对气候波动的响应.中国青藏高原研究会青藏高原与全球变化研讨会论文集.中国青藏高原研究会.

苏珍.1998.喀喇昆仑山-昆仑山地区冰川与环境.北京:科学出版社.

苏珍,蒲建辰.1998.青藏高原现代冰川的进退变化.青藏高原近代气候变化及对环境的影响.广州:广东科技出版社.

孙广友,邓伟,邵庆春.1987.关于长江正源的新认识.科学,(2):140

孙克勤.2008.中国的世界遗产保护与可持续发展研究.中国地质大学学报(社会科学版),8(3):36-40.

孙延贵.1992.可可西里北缘中新世火山活动带的基本特征.青海国土经略,(2):40-47.

汤朝阳,姚华舟,牛志军,等.2007.长江源各拉丹冬地区上三叠统巴贡组双壳类组合与环境初探.古地理学报,9(1):59-68.

滕吉文,张中杰.1996.青藏高原地体划分的地球物理标志研究.地球物理学报,39(5):629-641.

万玮,肖鹏峰,冯学智,等.2014.卫星遥感监测近30年来青藏高原湖泊变化.科学通报,59(8):701-714.

汪青春,周陆生.1998,长江黄河源地气候变化诊断分析.青海环境,8(2):73-77.

王秉璋,陈静,罗照华,等.2014.东昆仑祁漫塔格东段晚二叠世—早侏罗世侵入岩岩石组合时空分布、构造环境的讨论.岩石学报,30(11):3213-3228.

王成善,戴紧根,刘志飞,等.2009.西藏高原与喜马拉雅的隆升历史和研究方法:回顾与进展.地学前缘,16(3):1-30.

王得祥,李轶冰,杨改河.2004.江河源区生态环境问题研究现状及进展.西北农林科技大学学报(自然科学版),32(1):5-10.

王二七.2013.青藏高原大地构造演化——主要构造-热事件的制约及其成因探讨.地质科学,48(2):334-353.

王国灿,张克信,曹凯,等.2010.藏高原新生代构造隆升的时空差异性看青藏高原的扩展与高原形成过程.地球科学(中国地质大学学报),35(5):713-727.

王嘉学,彭秀芬,杨世瑜.2005.三江并流世界自然遗产地旅游资源及其环境脆弱性分析.云南师范大学学报(自然科学版),25(2):59-64.

王乃文.1984.青藏高原古生物地理与板块构造的探讨.中国地质科学院地质研究所文集.

王宁练,徐柏青,蒲健辰,等.2013.青藏高原冰川内部富含水冰层的发现及其环境意义.冰川冻土,35(6):1371-1381.

王绍令.1989.晚更新世以来青藏高原多年冻土形成及演化的探讨.冰川冻土,11(1):69-75.

王绍令,谢应钦. 1998.青藏高原沙区地温研究. 中国沙漠, 18(2):42-47.

王世金,魏彦强,方苗.2014.青海省三江源牧区雪灾综合风险评估.草业学报,23(2):108-116.

王昕,韦杰,胡传东.2010.中国世界遗产的空间分布特征.地理研究,29(11):2080-2088.

王永文,王玉德,李善平,等.2004.西金乌兰构造混杂岩带特征.西北地质,37(3):15-20.

王有学,余钦范,韩国华. 2002. HQ-E 爆破地震测深剖面的地壳浅部精细结构及其地质构造研究. 物探与化探, 26(2):91-96.

王玉净,杨群,郭通珍.2005.青海可可西里地区中三叠世晚期放射虫 Spongoserrulararauana 动物群. 微体古生物学报,22(1):1-9.

王振荣,兰江华.2009.世界自然遗产黄龙钙华景观的地质分析.矿物岩石,29(1):1-8.

韦志刚,黄荣辉,董文杰.2003.青藏高原气温和降水的年际和年代际变化.大气科学,27(2):157-170.

魏启荣,李德威,王国灿,等.2007.青藏高原北部查保马组火山岩的锆石 SHRIMP U-Pb 定年和地球化学特点及其成因意义.岩石学报,23(11):2727-2736.

文军.2012.青藏高原可可西里地区雅西措群含盐层系的沉积特征研究.成都理工大学硕士学位论文.

吴驰华.2014.青藏高原北部可可西里地区新生代构造隆升的沉积记录.成都理工大学博士学位论文

吴功建,高锐,余钦范,等.1991.青藏高原"亚东—格尔木地学断面"综合地球物理调查与研究.地球物理学报,34(05):552-562.

吴吉春,盛煜,曹元兵,等.2015.青藏高原发现大型冻胀丘群.冰川冻土,37(5):1217-1228.

吴青柏,蒋观利,蒲毅彬,等.2006.青藏高原天然气水合物的形成与多年冻土的关系.地质通报,25(1-2):29-33.

吴珍汉.2009.青藏高原新生代构造演化与隆升过程.北京:地质出版社.

吴珍汉,吴中海,胡道功,等.2003.可可西里东部活动断裂的地质特征.地学前缘,10(4):583-589.

吴珍汉,吴中海,胡道功,等.2006a.青藏高原腹地中新世早期古大湖的特征及其构造意义.地质通报,25(7):782-791.

吴珍汉,吴中海,叶培盛,等.2006b.青藏高原晚新生代孢粉组合与古环境演化.中国地质,33(5):966-979.

吴珍汉,吴中海,胡道功,等.2009.青藏高原古大湖与夷平面的关系及高原面形成演化过程.现代地质,23(6):993-1002.

吴珍汉,赵立国,叶培盛,等.2011.青藏高原中段渐新世逆冲推覆构造.中国地质,38(3):522-536.

吴中海,胡道功,吴珍汉.2004.青藏铁路邻侧昆仑山 2001 年 M_s 8.1 级地震地表破裂特征分析.地球学报,25(4):411-414.

武素功.1994.可可西里综合科学考察.科学,46(1):46-49.

武素功,冯祚建.1997.青海可可西里地区生物与人体高山生理.北京:科学出版社.

武素功,张以茀,李炳元.1991.青海可可西里地区综合科学考察再报.山地学报,9(2):93-98.

西宁晚报. 2013. 世界罕见昆仑山大地震裂缝. [2013-7-19]. http://www.xnwbw.com/html/ 2013-07/19/ content_94159.htm.

谢建湘.1993.青海可可西里地区水环境背景考察报告.青海环境,2(3):111-115.

谢自楚,王晓军.2000.青藏高原可可西里地区马兰山冰川的初步研究.湖南师范大学自然科学学报,23(1):83-88.

星球地图出版社. 2014. 青海省军民两用交通地图册. 北京:星球地图出版社.

邢光福.1997.Dupal 同位素异常的概念、成因及其地质意义.火山地质与矿产,18(4):281-291.

熊富浩,马昌前,张金阳,等.2011.东昆仑造山带白日其利辉长岩体 LA-ICP-MS 锆石 U-Pb 年龄及地质意义.地质通报,30(8):1196-1202.

熊绍柏. 1993.中国东南地区地幔上涌的地球物理证据// 中国地球物理学会学术年会.

熊盛青,周伏洪,姚正煦等.2001.青藏高原中西部航磁概查取得重要成果.中国地质,28(2):21-24.

徐仁,陶君容,孙湘君.1973.希夏邦马峰高山栎化石层的发现及其在植物学和地质学上的意义.植物学报,15(1):105-121.

徐锡伟,陈文彬,于贵华,等.2002.2001年11月14日昆仑山库赛湖地震(M_s 8.1)地表破裂带的基本特征.地震地质,24(1):1-13.

徐锡伟,于贵华,马文涛,等.2008.昆仑山地震(M_w 7.8)破裂行为、变形局部化特征及其构造内涵讨论.中国科学,39(7):785-796.

许志琴.2007.造山的高原——青藏高原的地体拼合、碰撞造山及隆升机制.北京:地质出版社.

许志琴,杨经绥,姜枚,等.2001.青藏高原北部东昆仑-羌塘地区的岩石圈结构及岩石圈剪切断层.中国科学:地球科学,31(S1):1-7.

许志琴,姜枚,杨经绥,等.2004.青藏高原的地幔结构:地幔羽,地幔剪切带及岩石圈俯冲板片的拆沉.地学前缘,11(4):329-343.

许志琴,李海兵,杨经绥.2006a.造山的高原——青藏高原巨型造山拼贴体和造山类型.地学前缘,13(4):1-17.

许志琴,杨经绥,李海兵,等.2006b.青藏高原与大陆动力学——地体拼合、碰撞造山及高原隆升的深部驱动力.中国地质,33(2):221-238.

许志琴,李海兵,唐哲民,等.2011a.大型走滑断裂对青藏高原地体构架的改造.岩石学报,27(11):3157-3170.

许志琴,杨经绥,李海兵,等.2011b.印度-亚洲碰撞大地构造.地质学报,85(1):1-33.

许志琴,杨经绥,李文昌,等.2013.青藏高原中的古特提斯体制与增生造山作用.岩石学报,29(6):1847-1860.

薛艳.2012.巨大地震活动特征及其动力学机制探讨.北京:中国地震局地球物理研究所.

薛重生.1997.遥感技术在区域地质调查中的应用研究进展.地质科技情报,16(S1):16-23.

闫立娟,齐文.2012.青藏高原湖泊遥感信息提取及湖面动态变化趋势研究.地球学报,33(1):65-74.

杨博辉,郎侠.2007.青藏高原景观多样性和生物遗传多样性.家畜生态学报,28(1):6-9.

杨经绥,吴才来,史仁灯,等.2002.青藏高原北部鲸鱼湖地区中新世和更新世两期橄榄玄粗质系列火山岩.岩石学报,18(2):161-176.

杨经绥,史仁灯,吴才来,等.2008.北阿尔金地区米兰红柳沟的早古生代蛇绿岩.矿物岩石地球化学通报,27(S1):62.

杨世瑜.2004.三江并流世界遗产地旅游地质学研究展望.昆明理工大学学报(理工版),29(4):85-90.

姚波,刘兴起,王永波,等.2011.可可西里库赛湖KS-2006孔矿物组成揭示的青藏高原北部晚全新世气候变迁.湖泊科学,23(6):903-909.

姚晓军,刘时银,孙美平,等.2012.可可西里地区库赛湖变化及湖水外溢成因.地理学报,67(5):689-698.

姚晓军,刘时银,李龙,等.2013.近40年可可西里地区湖泊时空变化特征.地理学报,68(7):886-896.

姚晓军,李龙,赵军,等.2015.近10年来可可西里地区主要湖泊冰情时空变化.地理学报,70(7):1114-1124.

叶笃正.2011.夏季青藏高原上空热力结构,对流活动和与之相关的大尺度环流现象.大气科学,12(S1):1-12.

叶建青.1994.青海可可西里地区的活动构造与地震.高原地震,6(2):11-23.

叶庆华,程维明,赵永利,等.2016.青藏高原冰川变化遥感监测研究综述.地球信息科学,18(7):920-930.

伊海生,林金辉,黄继钧,等.2004.乌兰乌拉湖幅地质调查新成果及主要进展.地质通报,23(5-6):525-529.

伊海生,林金辉,周恳恳,等.2008.可可西里地区中新世湖相叠层石成因及其古气候意义.矿物岩石,28(1):
　　106-113.

殷鸿福,张克信.1997.东昆仑造山带的一些特点.地球科学——中国地质大学学报,22(4):339-342.

尹安,党玉琪,陈宣华,等.2007.柴达木盆地新生代演化及其构造重建——基于地震剖面的解释.地质力
　　学学报,13(3):193-211.

袁万明,莫宣学.2000.东昆仑印支期区域构造背影的花岗岩记录.地质论评,46(2):203-211.

袁学诚,李廷栋,肖序常,等.2006.青藏高原岩石圈三维结构及高原隆升的液压机模型.中国地质,
　　33(4):711-729.

苑耀文.2013.世界自然保护联盟对新疆天山申遗的评估结论.世界遗产,3:72-73.

曾秋生.1992.东昆仑断裂带的古地震研究.高原地震,4(2):10-18.

张成渝.2004.《世界遗产公约》中两个重要概念的解析与引申——论世界遗产的"真实性"和"完整性".北
　　京大学学报(自然科学版),40(1):129-138.

张丁玲.2013.青藏高原水资源时空变化特征的研究.兰州大学博士学位论文.

张国伟,董云鹏,赖绍聪,等.2003.秦岭—大别造山带南缘勉略构造带与勉略缝合带.中国科学,33(12):
　　1121-1135.

张洪瑞,侯增谦.2015.大陆碰撞造山样式与过程:来自特提斯碰撞造山带的实例.地质学报,89(9):
　　1539-1559.

张继承.2008.基于RS/GIS的青藏高原生态环境综合评价研究.长春:吉林大学.

张继平,张镱锂,刘峰贵,等.2011.长江源区当曲流域高寒湿地类型划分及分布研究.湿地科学,9(3):
　　218-226.

张金流,刘再华.2010.世界遗产——四川黄龙钙华景观研究进展与展望.地球与环境,38(1):79-84.

张进,马宗晋,任文军.2005.宁夏中南部新生界沉积特征及其与青藏高原演化的关系.地质学报,79(6):
　　757-773.

张军龙,任金卫,陈长云,等.2014.东昆仑断裂带东部晚更新世以来活动特征及其大地构造意义.中国科学
　　(D辑),44(4):654-667.

张克信,王国灿,陈奋宁,等.2007.青藏高原古近纪-新近纪隆升与沉积盆地分布耦合.地球科学——中国地
　　质大学学报,32(5):583-597.

张克信,王国灿,曹凯,等.2008.青藏高原新生代主要隆升事件:沉积响应与热年代学记录.中国科学(D
　　辑),38(12):1575-1588.

张克信,梁银平,王国灿,等.2009.青藏高原古近纪-新近纪沉积演化及其对隆升的响应.全国沉积学大会论
　　文集.

张克信,王国灿,洪汉烈,等.2013.青藏高原新生代隆升研究现状.地质通报,32(1):1-18.

张弥曼,Miao D S.2016.青藏高原的新生代鱼化石及其古环境意义.科学通报,(9):981-995.

张培震,王琪,马宗晋.2002.中国大陆现今构造运动的GPS速度场与活动地块.地学前缘,9(2):
　　430-441.

张新荣,胡克,王东坡,等.2004.植硅体研究及其应用的讨论.世界地质,23(2):112-117.

张雪飞,郑绵平,陈文西,等.2015.可可西里盆地东部五道梁群热水湖相成因新认识.地球学报,36(4):
　　507-512.

张雪亭,王秉璋,俞建,等.2005.巴颜喀拉残留洋盆的沉积特征.地质通报,24(7):613-620.

张燕,程顺有,赵炳坤,等.2013.青藏高原构造结构特点:新重力异常成果的启示.地球物理学报,56(4):
　　1369-1380.

张以茀.1993.青藏高原北部地质构造演化初论.青海地质,2(2):1-7.

张以弗.1994.青海及邻近地区地质构造演化初探.高原地震,6(3):10-16.

张以弗,郑健康.1994.青海可可西里及邻区地质概论.北京:地震出版社.

张以弗,郑祥身.1996.青海可可西里地区地质演化.北京:科学出版社.

张云红,许长军,亓青,等.2011.青藏高原气候变化及其生态效应分析.青海大学学报:自然科学版,29(4):18-22.

张运东,宋建国,朱如凯.1999.塔里木盆地西南坳陷上第三系沉积相及岩相古地理特征.新疆石油地质,20(2):123-126,171.

赵福岳,张瑞江,陈华,等.2012.青藏高原隆升的生态地质环境响应遥感研究.国土资源遥感,(3):116-121.

赵洪菊,贾小龙,王永贵,等.2010.长江源区新构造运动特征分析.西北地质,43(1):60-65.

赵尚民.2007.基于遥感和DEM的青藏高原数字冰缘地貌提取方法研究.太原理工大学硕士学位论文.

赵越,钱方,朱大岗,等.2009.青藏高原第四纪冰川的早期记录及其构造与气候含义.中国地质,26(6):1195-1207.

赵振明,李荣社,计文化,等.2007.青藏高原北羌塘地区古近纪火山岩中埃达克岩的地球化学特征及其构造意义.地球科学——中国地质大学学报,32(5):651-661.

郑德文,张培震,万景林.2000.碎屑颗粒热年代学——一种揭示盆山耦合构成的年代学方法.地震地质,22(S1):25-36.

郑德文,张培震,万景林.2003.青藏高原东北边缘晚新生代构造变形的时序—临夏盆地碎屑颗粒磷灰石裂变径迹记录.中国科学(D辑),33(S1):190-197.

郑洪伟.2006.青藏高原地壳上地幔三维速度结构及其地球动力学意义.中国地质科学院博士学位论文.

郑洪伟,孟令顺,贺日政.2010.青藏高原布格重力异常匹配滤波分析及其构造意义.中国地质,37(4):995-1001.

郑健康.1992.东昆仑区域构造的发展演化.青海地质,(1):15-25.

郑来林,金振民,潘桂棠,等.2004.东喜马拉雅南迦巴瓦地区区域地质特征及构造演化.地质学报,78(6):744-751.

郑喜玉.2002.中国盐湖志.北京:科学出版社.

郑祥身,郑健康.1997.青海可可西里地区侵入岩的岩石化学特征及其成因意义研究.岩石学报,13(1):44-58.

郑祥身,边千韬,郑健康.1996.青海可可西里地区新生代火山岩研究.岩石学报,29(4):1017-1026.

钟大赉,丁林.1996.青藏高原的隆起过程及其机制探讨.中国科学(D辑),26(4):289-295.

周成虎,程维明,钱金凯,等.2009.中国陆地1:100万数字地貌分类体系研究.地球信息科学学报,11(6):707-724.

周伏洪,姚正煦.2002.青藏高原中部北北东向深部负磁异常带的成因及其意义.物探与化探,26(1):12-16.

周恩恩.2007.可可西里盆地古-新近纪湖相碳酸盐岩沉积与古环境变化研究.成都理工大学硕士学位论文.

周幼吾,郭东信,邱国庆,等.2000.中国冻土.北京:科学出版社.

朱大岗,孟宪刚,郑达兴,等.2007.青藏高原近25年来河流,湖泊的变迁及其影响因素.地质通报,26(1):22-30.

朱立平,谢曼平,吴艳红.2010.西藏纳木错1971~2004年湖泊面积变化及其原因的定量分析.科学通报,55(18):1789-1798.

朱迎堂,郭通珍,张雪亭,等.2003.青海西部可可西里湖地区晚三叠世诺利期地层的厘定及其意义.地质通报,22(7):474-479.

朱迎堂,郭通珍,彭伟,等.2004.可可西里湖幅地质调查新成果及主要进展.地质通报,23(Z1):543-548.

朱迎堂,贾全香,伊海生,等.2005.青海可可西里湖地区新生代两期火山岩.矿物岩石,25(4)：23-29.

朱迎堂,李建星,伊海生,等.2006.青藏高原东部玉树隆宝蛇绿混杂岩中早二叠世放射虫的发现及其地质意义.成都理工大学学报：自然科学版,33(5)：485-490.

朱迎堂,田景春,白生海,等.2009.青海省石炭纪-三叠纪岩相古地理.古地理学报,11(4):384-392.

祝有海,卢振权,谢锡林.2011.青藏高原天然气水合物潜在分布区预测.地质通报,30(12):1918-1926.

Acton G D. 1999. Apparent polar wander of India since the Cretaceous with implications for regional tectonics and true polar wander. Mem Geol Soc India,44:129-175.

Adams G F. 1975. Planation surfaces：peneplains, pediplains, and etchplains. Dowden, Hutchinson & Ross, distributed by Halsted Press.

Aitchison J C, Davis A M. 2001. When did the India-Asia collision really happen? Gondwana Research,4(4)：560-561.

Aitchison J C, Xia X, Baxter A T, et al. 2011. Detrital zircon U-Pb ages along the Yarlung-Tsangpo suture zone, Tibet：implications for oblique convergence and collision between India and Asia. Gondwana Research,20(4)：691-709.

Allégre C J, Courtillot V, Tapponnier P, et al. 1984. Structure and evolution of the Himalaya Tibet orogenic belt. Nature, 307(5946):17-22.

Arnaud N O, Vidal P, Tapponnier P, et al. 1992. The high K_2O volcanism of northwestern Tibet：Geochemistry and tectonic implications. Earth & Planetary Science Letters,111(2-4)：351-367.

Arnaud N O, Brunel M, Cantagrel J M, et al. 1993. High cooling and denudation rates at Kongur Shun, eastern Pamir (Xinjiang, China) revealed by $^{40}Ar/^{39}Ar$ alkali feldspar thermochronology. Tectonics,12(6):1335-1346.

Bai X S, Zhang R F, Zhou D M. 2010. Distribution Laws of Slope Lands in Northern Mountainous Area in China. Soil & Water Conservation in China.

Barbin V, Blanc P. 2000. Cathodoluminescence in geosciences. Berlin：Springer.

Bendick R, Bilham R, Freymueller J, et al. 2000. Geodetic evidence for a low slip rate in the Altyn Tagh fault system. Nature, 404(6773):69.

Bernet M, Garver J I. 2005. Fission-track analysis of detrital zircon. Reviews in Mineralogy and Geochemistry, 58(1):205-237.

Bian Q T, Li D H, Pospelov I, et al. 2004. Age, geochemistry and tectonic setting of Buqingshan ophiolites, North Qinghai-Tibet Plateau, China. Journal of Asian Earth Sciences,23(4)：577-596.

Bijwaard H, Spakman W, Engdahl E R. 1998. Closing the gap between regional and global travel time tomography. Journal of Geophysical Research Solid Earth,103(B12):30055-30078.

Bull J M, Scrutton R A. 1992. Seismic reflection images of intraplate deformation, Central Indian Ocean, and their tectonic significance. Journal of the Geological Society,149(6):955-966.

Castillo P R. 2006. An overview of adakite petrogenesis. Science Bulletin, 51(3):257-268.

Cheng G, Wu T. 2007. Responses of permafrost to climate change and their environmental significance, Qinghai-Tibet Plateau. Journal of Geophysical Research,112(F2):1-10.

Chung S L, Lo C H, Lee T Y, et al. 1998. Diachronous uplift of the Tibetan plateau starting 40 Myr ago. Nature, 394(6695):769-773.

Chung S L, Chu M F, Zhang Y, et al. 2005. Tibetan tectonic evolution inferred from spatial and temporal variations in post-collisional magmatism. Earth-Science Reviews,68(3-4):173-196.

Cook K L, Royden L H. 2008. The role of crustal strength variations in shaping orogenic plateaus, with application to Tibet. Journal of Geophysical Research Atmospheres,113(113):4177-4183.

Cyr A J, Currie B S, Rowley D B. 2005. Geochemical evaluation of Fenghuoshan Group lacustrine carbonates, north-central Tibet: Implications for the paleoaltimetry of the Eocene Tibetan Plateau. The Journal of Geology, 113(5): 517-533.

Dai J, Wang C, Hourigan J, et al. 2013. Multi-stage tectono-magmatic events of the Eastern Kunlun Range, northern Tibet: Insights from U-Pb geochronology and (U-Th) / He thermochronology. Tectonophysics, 599(4): 97-106.

Deng W, Huang X, Zhong D. 1998. Alkali-rich porphyry and its relation with intraplate deformation of north part of Jinsha River belt in western Yunnan, China. Science in China, 41(3): 297-305.

Ding L, Kapp P, Zhong D, et al. 2003. Cenozoic Volcanism in Tibet: Evidence for a Transition from Oceanic to Continental Subduction. Journal of Petrology, 44(10): 1833-1865.

Dingwall P, Weighell T, Badman T. 2005. Geological world heritage: a global framework. Switzerland: Protected Area Programme, IUCN.

Gill R. 2010. Igneous rocks and processes : a practical guide. Wiley- Blackwell.

Grosse G, Romanovsky V, Jorgenson T, et al. 2011. Vulnerability and feedbacks of permafrost to climate change. Eos Transactions American Geophysical Union, 92(9): 73-74.

Guillot S, Replumaz A, Riel N, et al. 2013. Importance of continental subductions for the growth of the Tibetan plateau. Bulletin De La Societe Geologique De France, 8(184): 199-223.

Guo Z, Wilson M, Liu J, et al. 2006. Post-collisional, Potassic and Ultrapotassic Magmatism of the Northern Tibetan Plateau: Constraints on Characteristics of the Mantle Source, Geodynamic Setting and Uplift Mechanisms. Journal of Petrology, 47(6): 1177-1220.

Hacker B R, Gnos E, Ratschbacher L, et al. 2000. Hot and dry deep crustal xenoliths from tibet. Science, 287(5462): 2463-2466.

Harris N B W, Tindle A G. 1988. Plutonic Rocks of the 1985 Tibet Geotraverse, Lhasa to Golmud. Philosophical Transactions of the Royal Society B Biological Sciences, 327(1594): 145-168.

Harris N B W, Xu R, Lewis C L, et al. 1988. Plutonic rocks of the 1985 Tibet geotraverse, Lhasa to Golmud. Philosophical Transactions of the Royal Society of London A: Mathematical, Physical and Engineering Sciences, 327(1594): 145-168.

Harris N. 2006. The elevation history of the Tibetan Plateau and its implications for the Asian monsoon. Palaeogeography Palaeoclimatology Palaeoecology, 241(1): 4-15.

Harrison T M, Copeland P, Kidd W S, et al. 1992. Raising Tibet. Science, 255(5052): 1663-70.

Harrison T M, Copeland P, Kidd W S F, et al. 1995. Activation of the Nyainqentanghla Shear Zone: Implications for uplift of the Southern Tibetan Plateau. Tectonics, 14(3): 658-676.

He R, Liu G, Golos E, et al. 2014. Isostatic gravity anomaly, lithospheric scale density structure of the northern Tibetan plateau and geodynamic causes for potassic lava eruption in Neogene. Tectonophysics, 6(28): 218-227.

Hirn A, Lepine J C, Jobert G, et al. 1985. Crustal structure and variability of the Himalayan border of Tibet. Geophysical Prospecting for Petrole, 307(5946): 23-25.

Hodges K, Coleman M. 1995. Evidence for Tibetan plateau uplift before 14 Myr ago from a new minimumage for east-west extension. Nature, 374(6517): 49-52.

Kapp P, Manning C E, Harrison T M, et al. 2003. Tectonic evolution of the early Mesozoic blueschist-bearing Qiangtang metamorphic belt, central Tibet. Tectonics, 22(4): 1-11.

Karplus M S, Zhao W, Klemperer S L, et al. 2011. Injection of Tibetan crust beneath the south Qaidam Basin: Evidence from INDEPTH IV wide-angle seismic data. Journal of Geophysical Research Atmospheres, 116(B7):

86-94.

Klemperer S. 2011. Crustal structure of the Tethyan Himalaya, southern Tibet: new constraints from old wide-angle seismic data. 中国科学院地质与地球物理研究所第十届学术年会论文集.

Kosarev G, Kind R, Sobolev S V, et al. 1999. Seismic evidence for a detached Indian Lithospheric Mantle Beneath Tibet. Science, 283(5406): 1306-1309.

Kreemer C, Holt W E, Goes S, et al. 2000. Active deformation in eastern Indonesia and the Philippines from GPS and seismicity data. 105(B1):663-680.

Li T. 1996. The process and mechanism of the rise of the Qinghai-Tibet Plateau. Tectonophysics, 260(1): 45-53.

Li Y, Wang C, Dai J, et al. 2015. Propagation of the deformation and growth of the Tibetan – Himalayan orogen: A review. Earth-Science Reviews, 143(1):36-61.

Li Y, Wang C, Yi H, et al. 2006. Cenozoic Thrust System and Uplifting of the Tanggula Mountain, Northern Tibet. Acta Geologica Sinica, 80(8): 1118-1130.

Li Y, Wang C, Li Y, et al. 2010. The Cretaceous tectonic event in the Qiangtang Basin and its implications for hydrocarbon accumulation. Petroleum Science, 7(4): 466-471.

Li Y, Wang C, Zhao X, et al. 2012. Cenozoic thrust system, basin evolution, and uplift of the Tanggula Range in the Tuotuohe region, central Tibet. Gondwana Research, 22(2):482-492.

Lian X, Su J, Zhang T, et al. 2003. Grouping behavior of the Tibetan gazelle (Procapra picticaudata) in Hoh Xil region, China. Chinese Biodiversity, 12(5): 488-493.

Lin A, Fu B, Guo J, et al. 2002. Co-seismic strike-slip and rupture length produced by the 2001 Ms 8.1 Central Kunlun earthquake. Science, 296(5575):2015-7.

Liu G S, Wang G X, Sun X Y, et al. 2012. Variation characteristics of stable isotopes in precipitation and river water in Fenghuoshan permafrost watershed. Shuikexue Jinzhan/advances in Water Science, 23(5):621-627.

Liu X, Chen B. 2000. Climatic warming in the Tibetan Plateau during recent decades. International journal of climatology, 20(14): 1729-1742.

Liu Z, Wang C. 2001. Facies analysis and depositional processes of Cenozoic sediments in the Hoh Xil basin, northern Tibet. Sedimentary Geology, 140: 151-270.

Liu Z, Wang C, Yi H, et al. 2001. Evolution and Mass Accumulation of the Cenozoic Hoh Xil Basin, Northern Tibet. Journal of Sedimentary Research, 71(6): 971-984.

Liu Z, Colin C, Trentesaux A, et al. 2005. Late Quaternary climatic control on erosion and weathering in the eastern Tibetan Plateau and the Mekong Basin. Quaternary Research, 63(3):316-328.

Liu Z, Zhao X, Wang C, et al. 2003. Magnetostratigraphy of Tertiary sediments from the Hoh Xil Basin: implications for the Cenozoic tectonic history of the Tibetan Plateau. Geophysical Journal International, 154(2): 233-252.

Luo Z, Feng X, Wang H, et al. 2015. Mir-23a induces telomere dysfunction and cellular senescence by inhibiting TRF2 expression. Aging Cell, 14(3):391-399.

Madanipour S, Ehlers T A, Yassaghi A, et al. 2013. Synchronous deformation on orogenic plateau margins: Insights from the Arabia-Eurasia collision. Tectonophysics, 608(6):440-451.

Meade B J. 2007. Present-Day Deformation at the India-Asia Collision Zone. Geology, 35(1):81.

Miller C, Schuster R, Frank W, et al. 1999. Post-Collisional Potassic and Ultrapotassic Magmatism in SW Tibet: Geochemical and Sr-Nd-Pb-O Isotopic Constraints for Mantle Source Characteristics and Petrogenesis. Journal of Petrology, 66(3): 699-715.

Mo X, Hou Z, Niu Y, et al. 2007. Mantle contributions to crustal thickening during continental collision: Evidence from Cenozoic igneous rocks in southern Tibet. Lithos, 96(1-2): 225-242.

Molnar P, England P. 1990. Late Cenozoic uplift of mountain ranges and global climate change: chicken or egg? Nature, 346(346):29-34.

Montgomery D R. 1994. Valley incision and the uplift of mountain peaks. Journal of Geophysical Research Atmospheres, 991(B7):13913-13921.

Owen L A, Dortch J M. 2014. Nature and timing of Quaternary glaciation in the Himalayan-Tibetan orogen. Quaternary Science Reviews, 88(88):14-54.

Owen L A, Finkel R C, Barnard P L, et al. 2005. Climatic and topographic controls on the style and timing of Late Quaternary glaciation throughout Tibet and the Himalaya defined by ^{10}Be cosmogenic radionuclide surface exposure dating. Quaternary Science Reviews, 24(12): 1391-1411.

Pan G, Wang L, Li R, et al. 2012. Tectonic evolution of the Qinghai-Tibet plateau. Journal of Asian Earth Sciences, 53(2): 3-14.

Peltzer G, Crampe F. 1998. The Surface Displacement Field of the November 8, 1997, M_w 7. 6 Manyi (Tibet) Earthquake Observed with ERS InSAR Data.

Polissar P J, Freeman K H, Rowley D B, et al. 2009. Paleoaltimetry of the Tibetan Plateau from D/H ratios of lipid biomarkers. Earth and Planetary Science Letters, 287(1): 64-76.

Pullen A, Kapp P, Gehrels G E, et al. 2008. Triassic continental subduction in central Tibet and Mediterranean-style closure of the Paleo-Tethys Ocean. Geology, 36(5): 351-354.

Reid A, Wilson C J L, Shun L, et al. 2007. Mesozoic plutons of the Yidun Arc, SW China: U/Pb geochronology and Hf isotopic signature. Ore Geology Reviews, 31(1-4):88-106.

Richards J P. 2015. Tectonic, magmatic, and metallogenic evolution of the Tethyan orogen: From subduction to collision. Ore Geology Reviews, 70:323-345.

Roger F, Arnaud N, Gilder S, et al. 2003. Geochronological and geochemical constraints on Mesozoic suturing in east central Tibet. Tectonics, 22(4): 11-1.

Roger F, Jolivet M, Malavieille J. 2008. Tectonic evolution of the Triassic fold belts of Tibet. Comptes Rendus Geosciences, 340(2-3): 180-189.

Roger F, Jolivet M, Malavieille J. 2010. The tectonic evolution of the Songpan-Garzê (North Tibet) and adjacent areas from Proterozoic to Present: A synthesis. Journal of Asian Earth Sciences, 39(4): 254-269.

Rowley D B, Currie B S. 2006. Palaeo-altimetry of the late Eocene to Miocene Lunpola basin, central Tibet. Nature, 439(7077):677-81.

Sengor A M C, Natalin B A. 1996. Paleotectonics of Asia: fragments of a synthesis. New York: Cambridge

Şengor A M. 1990. A new model for the late Palaeozoic-Mesozoic tectonic evolution of Iran and implications for Oman. Geological Society, London, Special Publications, 49(1): 797-831.

Sha J, Grant Mackie J. 1996. Late Permian to Miocene bivalve assemblages from Hohxil, Qinghai-Xizang Plateau, China. Journal of the Royal Society of New Zealand, 26(4): 429-455.

Shapiro N M, Ritzwoller M H, Molnar P, et al. 2004. Thinning and Flow of Tibetan Crust Constrained by Seismic Anisotropy. Science, 305(5681):233-236.

Shin Y H, Shum C K, Braitenberg C, et al. 2015. Moho topography, ranges and folds of Tibet by analysis of global gravity models and GOCE data.. Scientific Reports, 5(11681).

Staisch L M, Niemi N A, Chang H, et al. 2014. A Cretaceous-Eocene depositional age for the Fenghuoshan Group, Hoh Xil Basin: Implications for the tectonic evolution of the northern Tibet Plateau. Tectonics, 33(3):281-301.

Staisch L M, Niemi N A, Clark M K, et al. 2016. Eocene to late Oligocene history of crustal shortening within the Hoh Xil Basin and implications for the uplift history of the northern Tibetan Plateau. Tectonics, 35: 862-895.

Stern C R, Kilian R. 1996. Role of the subducted slab, mantle wedge and continental crust in the generation of adakites from the Andean Austral Volcanic Zone. Contributions to Mineralogy & Petrology, 123(3):263-281.

Sun S S, Mcdonough W F. 1989. Chemical and Isotopic Systematics of Oceanic Basalts; Implications for Mantle Composition and Processes. Geological Society London Special Publications, 42(1): 313-345.

Tapponnier P, Peltzer G, Armijo R. 1986. On the mechanics of the collision between India and Asia. Geological Society of London Special Publications, 19(1):113-157.

Tapponnier P, Zhiqin X, Roger F, et al. 2001. Oblique stepwise rise and growth of the Tibet Plateau. Science, 294(5547): 1671-1677.

Turner S, Arnaud N, Liu J, et al. 1996. Post-collision, shoshonitic volcanism on the Tibetan plateau: Implications for convective thinning of the lithosphere and the source of ocean island basalts. Journal of Petrology, 37(1):45-71.

Turner S, Hawkesworth C, Liu J, et al. 1993. Timing of Tibetan uplift constrained by analysis of volcanic rocks. Nature International Weekly Journal of Science, 364(6432): 50-54.

W Z, Barosh P J, Wu Z, et al. 2008. Vast early Miocene lakes of the central Tibetan Plateau. Geological Society of America Bulletin, 120(9-10): 1326-1337.

Wagner G A. 1988. Apatite fission-track geochrono-thermometer to 60℃: projected length studies. Chemical Geology: Isotope Geoscience section, 72(2): 145-153.

Wang C, Liu Z, Yi H, et al. 2002. Tertiary crustal shortening and peneplanation in the Hoh Xil region: implications for the tectonic history of the northern Tibetan Plateau. Journal of Asian Earth Sciences, 20(3): 211-223.

Wang C, Zhao X, Liu Z, et al. 2008. Constraints on early uplift history of the Tibetan Plateau. Proceedings of the National Academy of Sciences, 105(13):4987-4992.

Wang C, Hu X, Huang Y, et al. 2011. Cretaceous oceanic red beds as possible consequence of oceanic anoxic events. Sedimentary Geology, 235(1):27-37.

Wang C, Dai J, Zhao X, et al. 2014. Outward-growth of the Tibetan Plateau during the Cenozoic: A review. Tectonophysics, 621:1-43.

Wang Q, Mcdermott F, Xu J F, et al. 2005. Cenozoic K-rich adakitic volcanic rocks in the Hohxil area, northern Tibet: Lower-crustal melting in an intracontinental setting. Geology, 33(6): 366-381.

Wang Q, Li Z X, Chung S L, et al. 2011. Late Triassic high-Mg andesite/dacite suites from northern Hohxil, North Tibet: Geochronology, geochemical characteristics, petrogenetic processes and tectonic implications. Lithos, 126(1): 54-67.

Wang S, Zhang Z. 2002. Earthquake-affeted Time-space Domain, Recurrence Interval and Effective Preparation Time of Earthuqakes. Earthquake Research in China, 16(4):380-395.

Wang X, Lu H, Vandenberghe J, et al. 2012. Late Miocene uplift of the NE Tibetan Plateau inferred from basin filling, planation and fluvial terraces in the Huang Shui catchment. Global & Planetary Change, 88-89(2):10-19.

Wei W, Unsworth M, Jones A, et al. 2001. Detection of Widespread Fluids in the Tibetan Crust by Magnetotelluric Studies. Science, 292(5517):716-719.

Worley B, Powell R, Wilson C J L. 1997. Crenulation cleavage formation: Evolving diffusion, deformation and equilibration mechanisms with increasing metamorphic grade. Journal of Structural Geology, 19(8): 1121-1135.

Wu C, Yin A, Zuza A V, et al. 2016. Pre-Cenozoic geologic history of the central and northern Tibetan Plateau and the role of Wilson cycles in constructing the Tethyan orogenic system. Lithosphere, 8(3): 254-292.

Yan L, Zheng M. 2015. Influence of climate change on saline lakes of the Tibet Plateau, 1973-2010. Geomorphology, 246(1): 68-78.

Yang J S, Robinson P T, Jiang C F, et al. 1996. Ophiolites of the Kunlun Mountains, China and their tectonic implication. Tectonophysics,258(1-4): 215-231.

Yang J, Hall J M. 1996. An intermediate-fast spreading rate of the Troodos type oceanic crust: a comparison to modern oceanic crusts. Continental Dynamics. Continental Dynamics, 1(1):70-80.

Yao T D, Zhou H, Yang X X. 2009. Indian monsoon influences altitude effect of δ18O in precipitation/river water on the Tibetan Plateau. Chinese Science Bulletin, 54(16): 2724-2731.

Yao X, Liu S, Sun M, et al. 2012. Volume calculation and analysis of the changes in moraine-dammed lakes in the north Himalaya: a case study of Longbasaba lake. Journal of Glaciology, 58(210):753-760.

Yin A. 2010. Tectonic Evolution of Tibet: Space-time Patterns, Lithospheric Structures and Formation Mechanisms of the Plateau. AGU Fall Meeting Abstracts.

Yin A, Harrison T M. 2000. Geologic Evolution of the Himalayan-Tibetan Orogen. Annual Review of Earth & Planetary Sciences,28(1): 211-280

Yin A, Kapp P, Manning C E, et al. 1998. Extensive exposure of Mesozoic melange in Qiangtang and its role in the Cenozoic development of the Tibetan plateau. Eos,79: 816.

Zhang L Y, Ding L, Pullen A, et al. 2014. Age and geochemistry of western Hoh-Xil-Songpan-Ganzi granitoids, northern Tibet: Implications for the Mesozoic closure of the Paleo-Tethys ocean. Lithos,190(14): 780-781.

Zhang X, Forsberg R. 2007. Assessment of long-range kinematic GPS positioning errors by comparison with airborne laser altimetry and satellite altimetry. Journal of Geodesy, 81(3):201-211.

Zhang X, He X, Wang Y, et al. 2008. Planation surfaces on the Tibet Plateau, China. Journal of Mountain Science, 5(4): 310-317.

Zhang Z, Klemperer S L. 2010. Crustal structure of the Tethyan Himalaya, southern Tibet: new constraints from old wide-angle seismic data. Geophysical Journal International,181(3): 1247-1260.

Zhenhan W, Barosh P J, Zhonghai W, et al. 2008. Vast early Miocene lakes of the central Tibetan Plateau. Geological Society of America Bulletin, 120(9):1326-1337.

Zhou H W, Murphy M A. 2005. Tomographic evidence for wholesale underthrusting of India beneath the entire Tibetan plateau. Journal of Asian Earth Sciences,25(3):445-457.

Zhu L, Wang C, Zheng H, et al. 2006. ctonic and sedimentary evolution of basins in the northeast of Qinghai-Tibet Plateau and their implication for the northward growth of the Plateau. Palaeogeography Palaeoclimatology Palaeoecology, 241(1):49-60.

附　图

附图1　青藏高原数字地形图

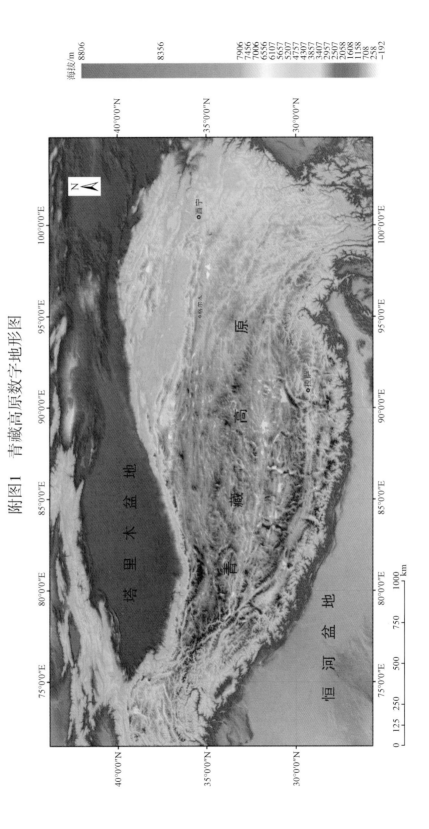

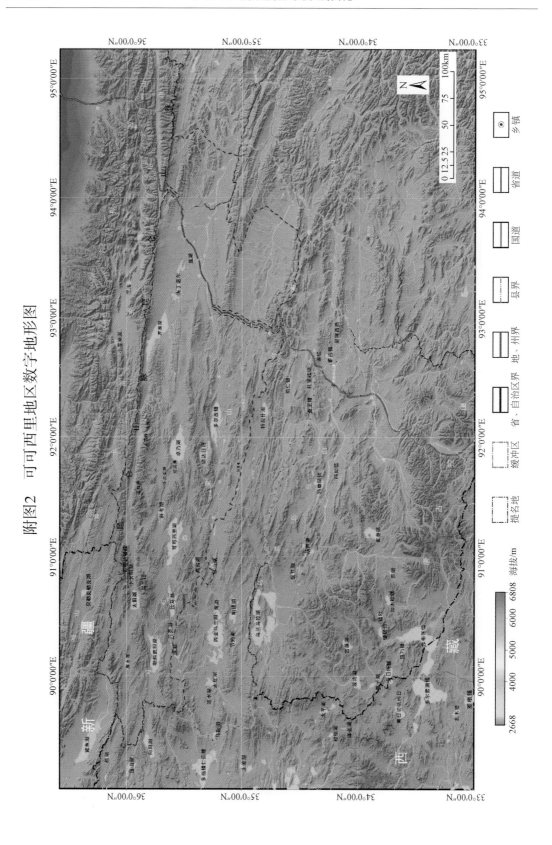

附图2　可可西里地区数字地形图

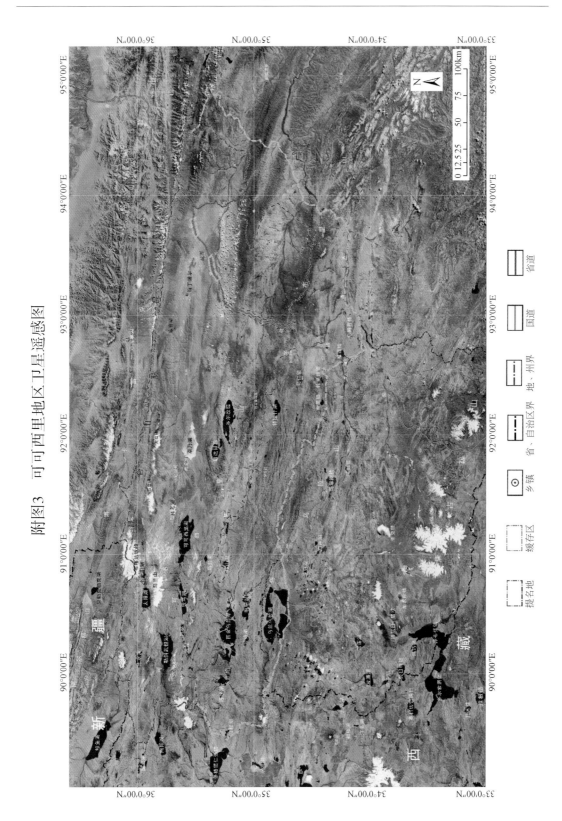

附图3　可可西里地区卫星遥感图

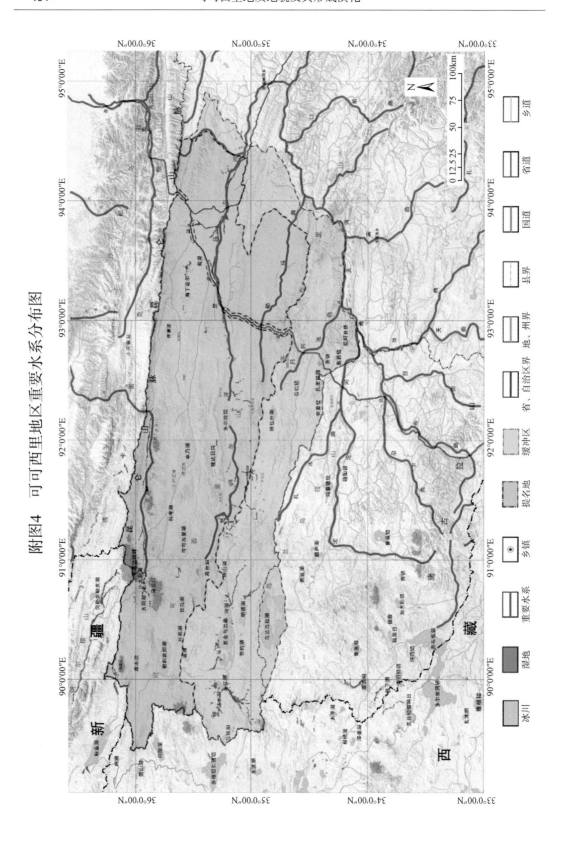

附图4　可可西里地区重要水系分布图

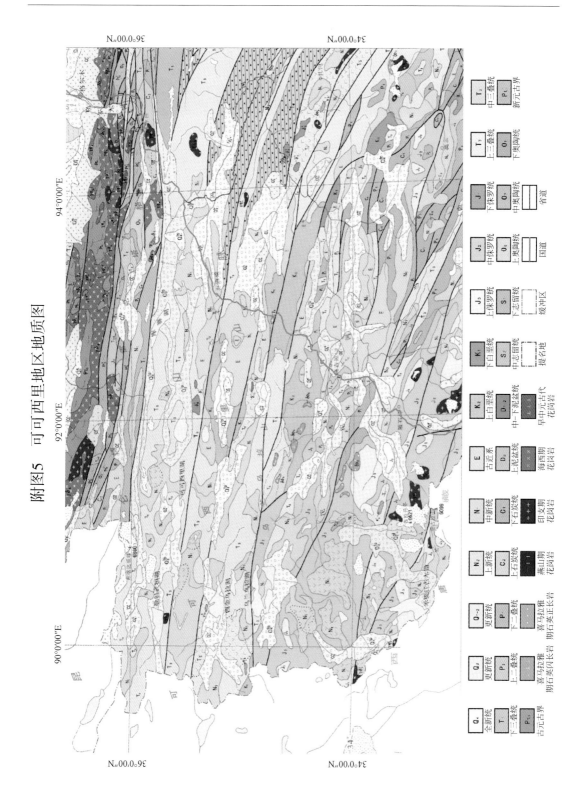

附图5　可可西里地区地质图

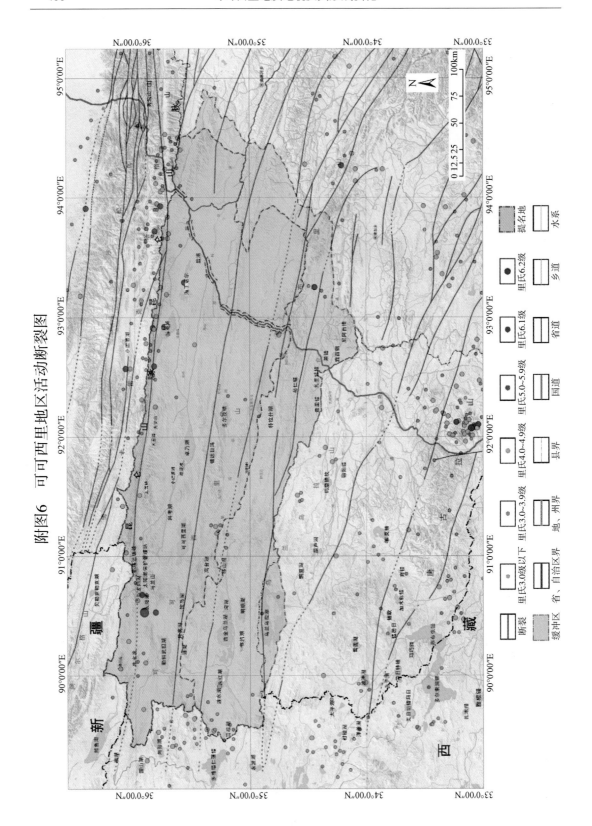

附图6 可可西里地区活动断裂图

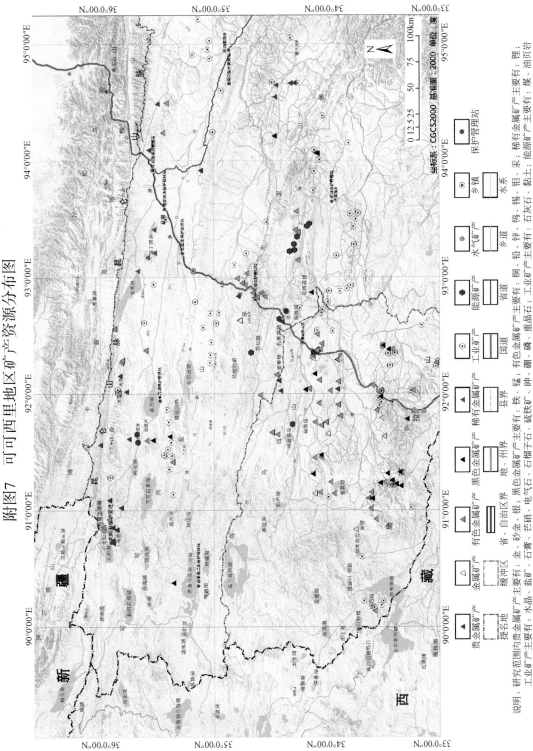

附图7　可可西里地区矿产资源分布图

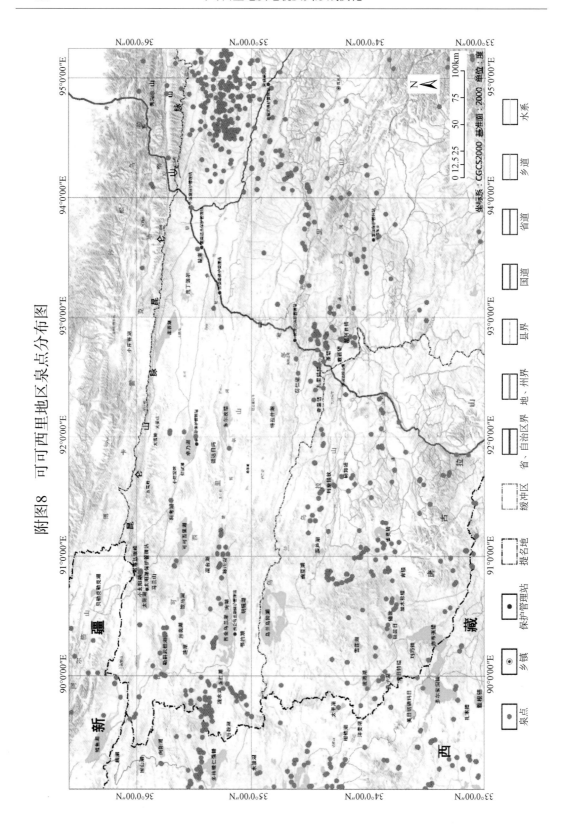

附图8　可可西里地区泉点分布图

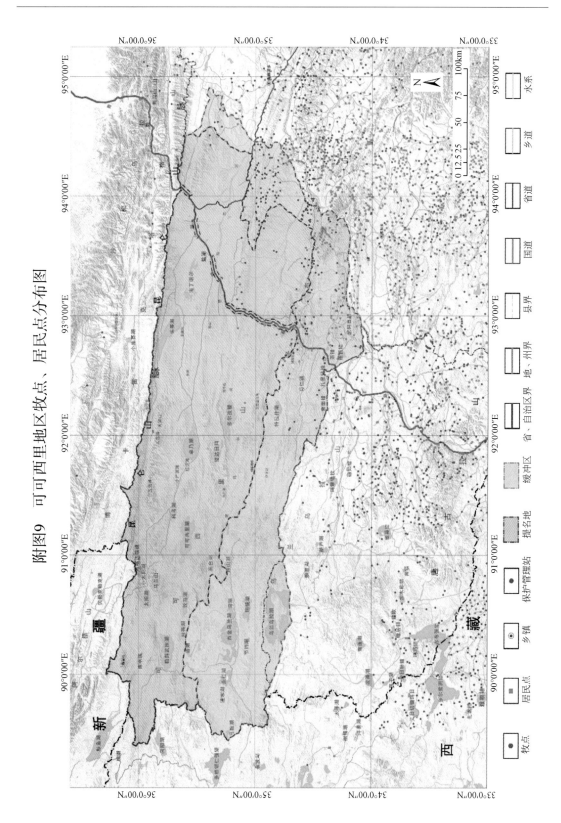

附图9　可可西里地区牧点、居民点分布图

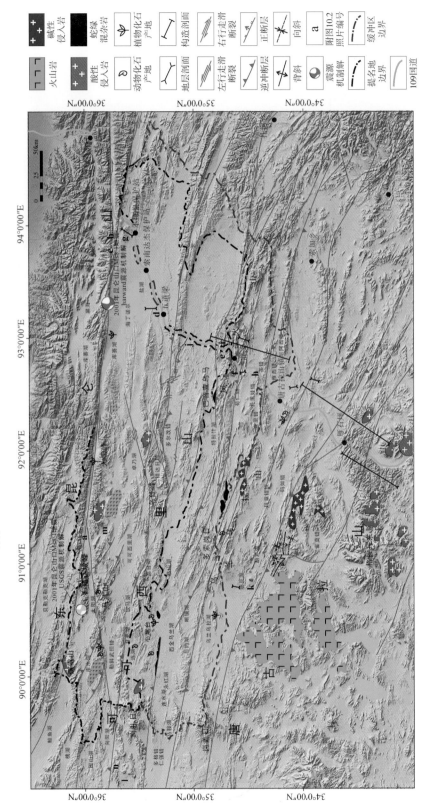

附图10.1　可可西里地区地质遗迹分布图

附图10.2 （编号见附图10.1）

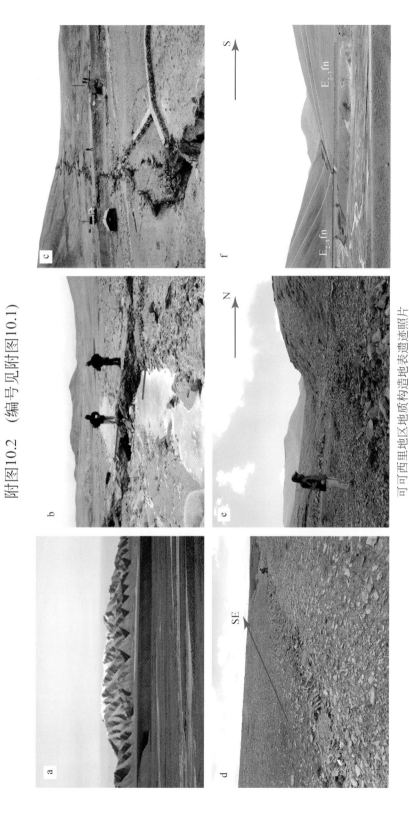

a.布喀达坂峰—库赛湖—昆仑山口全新世活动断裂断层三角面；b.2001年11月14日昆仑山口西8.1级地震地表左行位移；c.2001年11月14日昆仑山口西8.1级地震地表遗迹照片；d.五道梁南活动断裂系地表破裂带；e.乌兰乌拉湖—风火山活动断裂系地表破裂；f.风火山逆冲推覆构造（照片b、c来自付碧宏，2011）

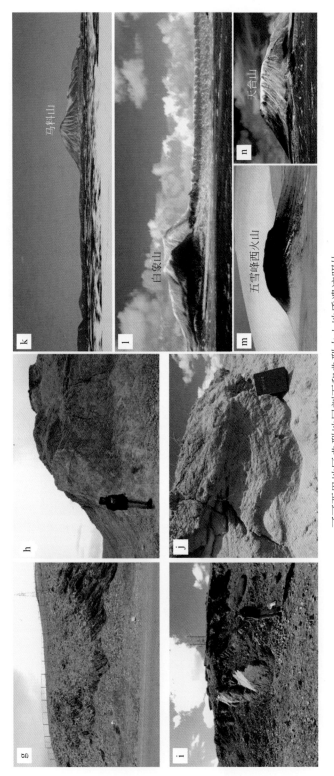

可可西里地区典型地层剖面和典型火山地质遗迹照片

g.不冻泉北三叠系巴颜喀拉群剖面；h.风火山南麓始新统—渐新统风火山群剖面；i.风火山地区始新统—渐新统风火山群剖面；j.风火山地区渐新统雅西措群西措剖面；k.马料山喜马拉雅期花岗岩岩株；l.白象山中新统粗面岩中新统熔岩台地；m.五雪峰西粗面安山岩熔岩台地；n.天台山中新统粗面安山岩熔岩台地(图片m来自新华网，2006)

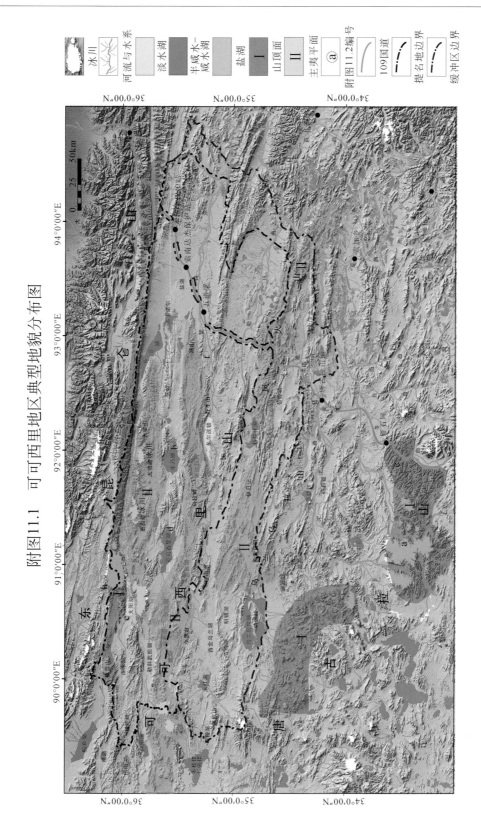

附图11.1　可可西里地区典型地貌分布图

附图11.2 （编号见附图11.1）

图a~c来自百度百科；图b来自荆楚网，2011；图c来自搜狗百科；图d来自搜狗百科；图e来自三江源国家公园政务网，2016；图f来自互动百科

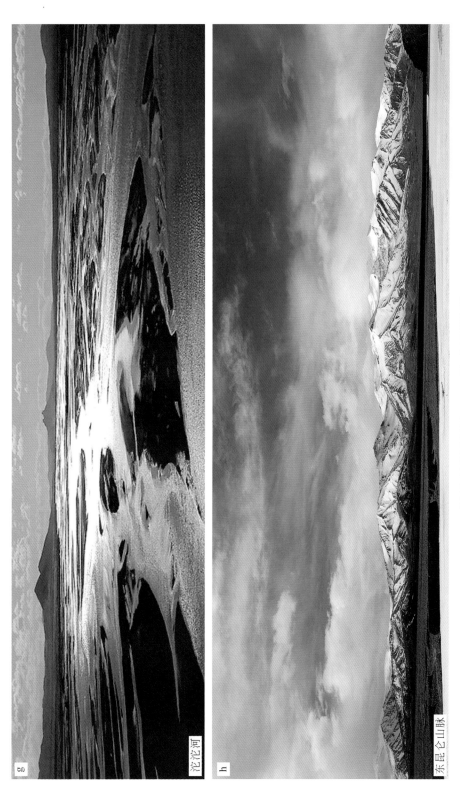

g　沱沱河

h　东昆仑山脉

图g来自瞭望中国网，2014；图h来自百度百科

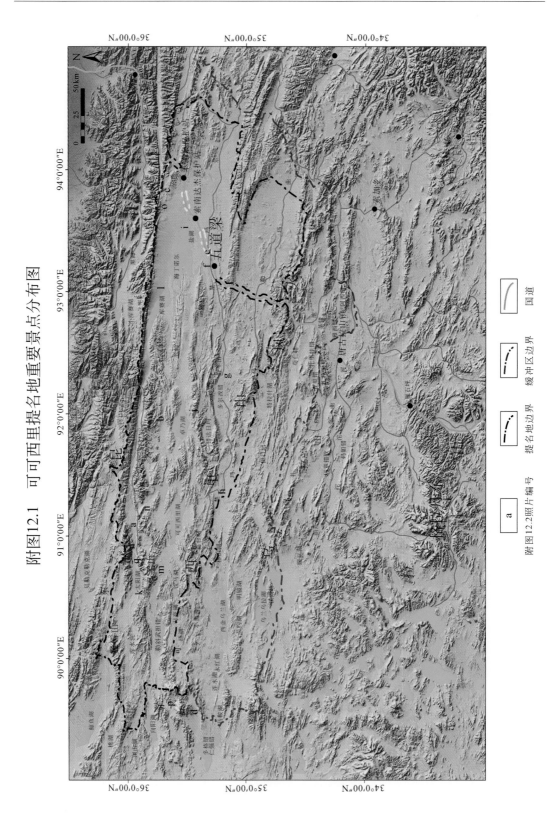

附图12.1　可可西里提名地重要景点分布图

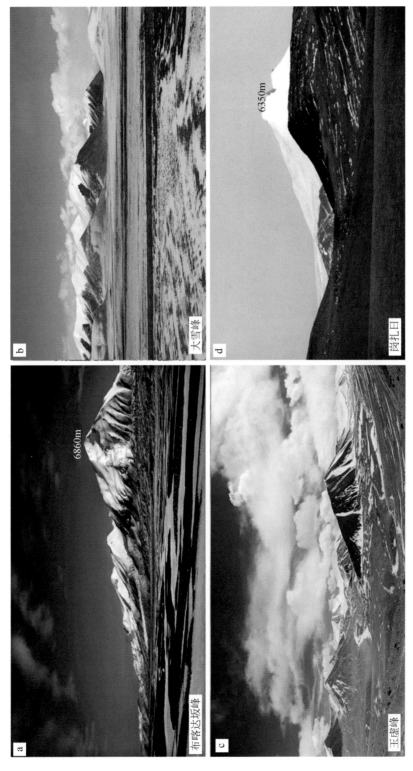

附图12.2　（编号见附图12.1）

可可西里地区主要山峰照片(图a来自青海省住建部；图b来自http://www.yododo.com/photo/01432EB09F8B1C97FF808081432B88E8；图c来自http://photo12089666_1.html；图d来自http://dp.pconline.com.cn/dphoto/2089666.html)

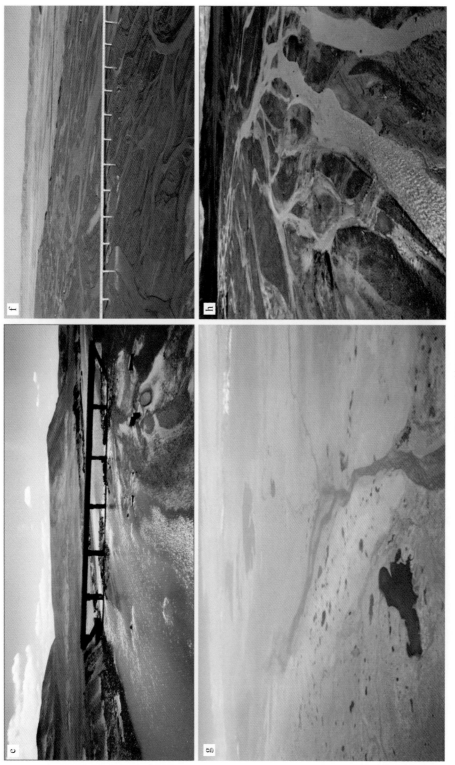

可可西里地区楚玛尔河照片

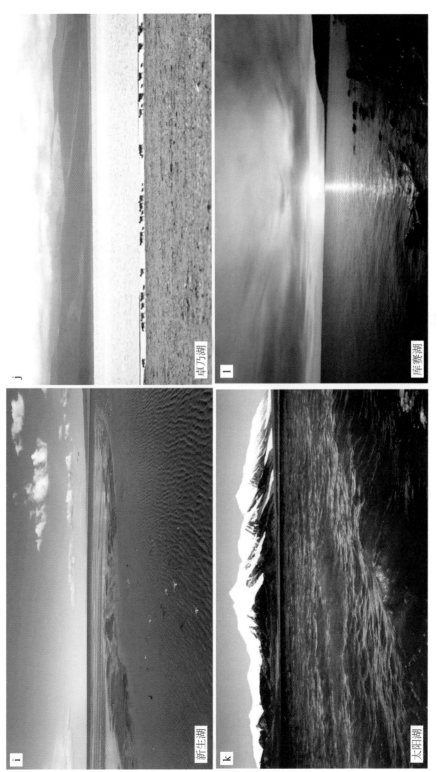

可可西里地区主要湖泊照片(图片来自青海省住房和城乡建设厅)

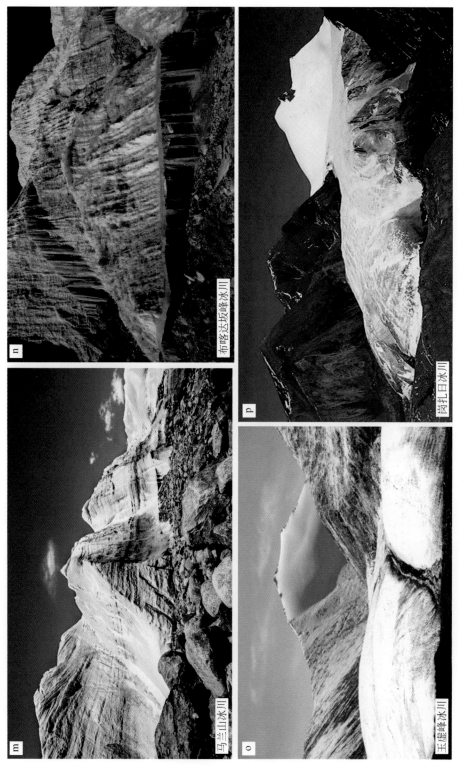

可可西里地区主要冰川照片 (图m来自青海省住房和城乡建设厅；图p来自陈志伟，2005)

可可西里布喀达坂峰南温泉(图片来自青海省住房和城乡建设厅)

附　　表

附表 1　可可西里地区地质遗迹分类列表

地质遗迹大类	地质遗迹亚类	地质遗迹点
地质构造	缝合带	西金乌兰—蛇形沟蛇绿混杂岩、冈齐曲蛇绿混杂岩、巴音查乌马蛇绿混杂岩
	构造变形带	唐古拉山逆冲推覆构造剖面、风火山逆冲推覆构造剖面、雀莫错北褶皱—冲断构造带
	活动断裂及地震遗迹	布喀达坂峰—库赛湖—昆仑山口全新世活动断裂带、勒斜武担湖—太阳湖活动断裂、五道梁南活动断裂带、乌兰拉湖—风火山活动断裂带、2001 年 11 月 14 日昆仑山口西 8.1 级地震遗迹
岩浆岩	火山岩	大帽山中新统粗面岩熔岩台地、可考湖东中新统流纹岩火山颈、大坎顶中新统粗面岩熔岩台地、五雪峰西粗面岩中新统熔岩台地、马兰山东中新统粗面安山岩火山锥、马兰山南中新统流纹斑岩火山锥、黑锅头中新统粗面安山岩熔岩台地、黑驼峰中新统粗面安山岩熔岩台地、平台山中新统粗面安山岩熔岩台地、巍雪山北火山锥、勒斜武担湖西南火山锥、天台山中新统粗面安山岩火山锥、白象山中新统粗面安山岩熔岩通道、祖尔肯乌拉山始新统粗面安山岩熔岩台地
	侵入岩	五雪峰印支期花岗岩、马兰山印支期花岗岩、巍雪峰印支期花岗岩、卓乃湖印支期花岗岩、岗扎日燕山期花岗岩、格拉丹东燕山晚期—喜马拉雅期早期花岗岩、马料山喜马拉雅期花岗岩、木乃燕山期晚期—喜马拉雅期早期花岗岩、岗齐曲燕山晚期—喜马拉雅期早期正长斑岩、雀莫错燕山期晚期—喜马拉雅期早期正长斑岩
化石类型及产地		西金乌兰湖北早石炭世放射虫和牙形石化石；岗齐曲早二叠世放射虫化石；蛇形沟和开心岭晚二叠世有孔虫、钙藻、双壳类、腹足类化石；蛇形沟早三叠世牙形石类、双壳类、有孔虫化石；勒斜武担湖北晚三叠世腹足类、双壳类化石；乌兰乌拉湖侏罗纪双壳类、腹足类、海百合化石；苟鲁错古新世非海相双壳类化石
地层剖面		不冻泉北三叠系巴颜喀拉群地层剖面、乌兰乌拉湖白垩系错居日组—桑恰山组、羌北雁石坪地区侏罗系雁石坪组海相地层剖面、豌豆湖地区始新统—渐新统风火山群地层剖面、风火山地区始新统—渐新统风火山群—雅西措群地层剖面、沱沱河地区渐新统雅西措群地层剖面、沱沱河地区中新统五道梁群地层剖面、海丁诺尔地区中新统五道梁群地层剖面

附表 2　可可西里地区地貌分类列表

地貌类型	地貌区/亚类	地貌点
山脉	东昆仑山	布喀达坂峰、巍雪山、马兰山、五雪峰、大雪峰、岗扎日、玉虚峰、玉珠峰昆仑山山口
	可可西里山	东岗扎日、天台山、汉台山、高山、黑石山、乌什峰、野牛山
	冬布里山	风火山
	乌兰乌拉山	多索岗日、镇湖岭、寨落日
	唐古拉山	格拉丹东峰、唐古拉山山口
河流		红水河、昆仑河、楚玛尔河、沱沱河、勒玛曲、那曲、布曲、冬曲、当曲
湖泊	淡水湖	多尔改措、太阳湖
	咸水湖	可可西里湖、卓乃湖、库赛湖、错达日玛、移山湖、库水浣、饮马湖、永红湖、节约湖、移山湖、连水湖、马鞍湖、高台湖、可考湖、苟仁错、霍莫错、葫芦湖、诺尔湖、特拉什湖、涟湖、月亮湖
	盐湖	西金乌兰湖、勒斜武担湖、盐湖、明镜湖、茶错
现代冰川	东昆仑山	布喀达坂峰冰川、马兰山冰川、太阳湖冰川、煤矿冰川、野牛沟冰川、湖北冰峰冰川、足冰川、北莫诺玛哈冰川、冰鳞川冰川
	唐古拉山	姜古迪如北侧冰川、姜古迪如南侧冰川、龙匣宰陇巴冰川、冬克玛底冰川
第四纪冰期遗迹		岗扎日第四纪冰川作用遗迹、多索岗日第四纪冰川作用遗迹、布喀达坂峰第四纪冰川作用遗迹、马兰山第四纪冰川作用遗迹